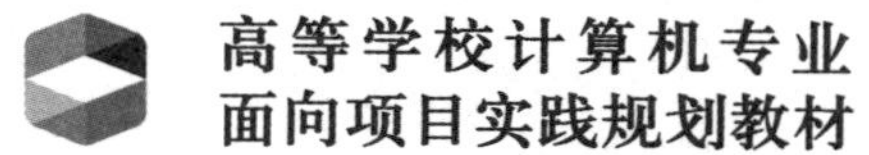

C++程序设计案例实践教程

◎ 朱林 主编

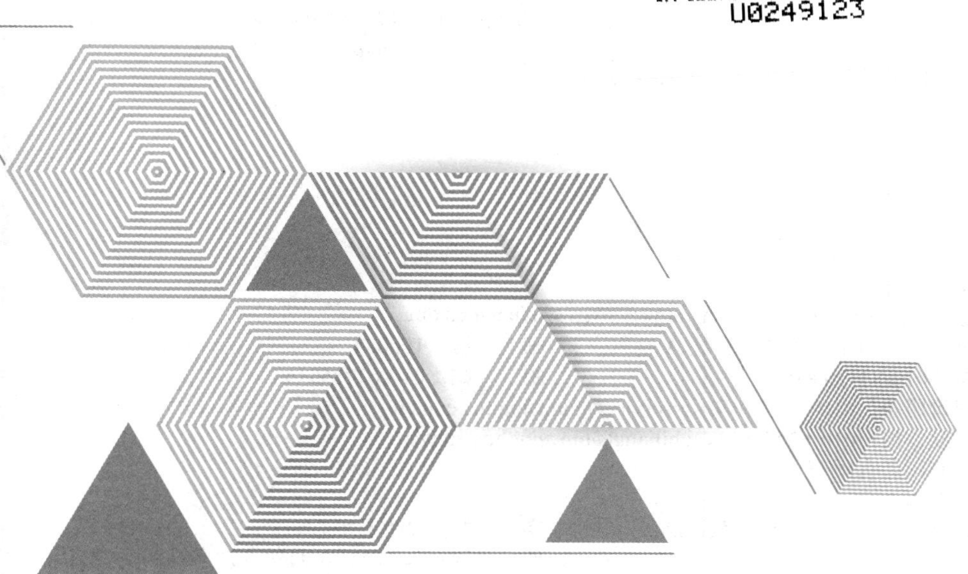

清華大学出版社
北京

内容简介

本书从应用型人才培养的角度全面介绍了 C++语言程序设计的主要概念、基本语法及程序设计技巧等方面的内容，以简单实用为原则，讲解通俗易懂，行文流畅。在内容安排上由浅入深，让读者循序渐进地掌握 C++语言编程技术。

本书是多年来 C++教学内容和课程体系改革的综合成果，内容以面向工程实践和编程能力训练为主，具有较强的操作性和应用性，为 C++语言程序设计课程教学内容和课程体系改革构建了一个新的框架。本书从应用开发和数据存储的角度来写，贯穿全书安排两条线，一是应用线：用一个学生管理系统的开发贯穿全书，先从提示页面的显示再到增、删、改、查各功能的实现，先在 DOS 窗口下显示功能及操作，最后再用 MFC 和 ODBC 实现。二是数据存储线：先讲变量如何在内存中存储，再讲数组在内存中的存储，由物理相邻的存储结构（数组）的缺点过渡到与指针结合的逻辑相邻的存储结构——链表，讲解链表如何解决操作数组时存在的缺点，然后在输入输出流中讲述数据存放在文件中该如何操作，对比与数据存放在内存中（数组、链表）的不同，然后阐述文件存储是一种最初的数据仓库模型，从而引入简单的 Access 数据库用法，为学生学习以后的数据库知识打下基础，同时方便用户使用 MFC 和 ODBC 开发基于界面的管理系统。

本书可作为应用型高校工科类专业的"C++语言程序设计""面向对象程序设计""程序设计导论"等课程的教材，也可以作为各专业学生和工程技术人员进行项目编程时的教材及参考书籍。

图书在版编目（CIP）数据

C++程序设计案例实践教程 / 朱林主编. —北京：清华大学出版社，2018（2024.8重印）
（高等学校计算机专业面向项目实践规划教材）
ISBN 978-7-302-51265-3

Ⅰ. ①C… Ⅱ. ①朱… Ⅲ. ①C++语言-程序设计-高等学校-教材 Ⅳ. ①TP312.8

中国版本图书馆 CIP 数据核字（2018）第 212813 号

责任编辑： 贾 斌
封面设计： 刘 键
责任校对： 焦丽丽
责任印制： 沈 露

出版发行： 清华大学出版社
网 址：https://www.tup.com.cn, https://www.wqxuetang.com
地 址：北京清华大学学研大厦 A 座 邮 编：100084
社 总 机：010-83470000 邮 购：010-62786544
投稿与读者服务：010-62776969，c-service@tup.tsinghua.edu.cn
质 量 反 馈：010-62772015，zhiliang@tup.tsinghua.edu.cn
印 装 者： 三河市君旺印务有限公司
经 销： 全国新华书店
开 本： 185mm×260mm **印 张：** 24.5 **字 数：** 598 千字
版 次： 2018 年 10 月第 1 版 **印 次：** 2024 年 8 月第 5 次印刷
印 数： 4301 ~ 5500
定 价： 69.00 元

产品编号：071598-02

前言

FOREWORD

目前，很多高校向应用型高校转型，应用型人才的培养在高等教育中占的比重越来越大，本教材以案例教学的方式讲解 C++语言程序设计，可以进一步提高学生的实践应用能力、开拓创新能力，能够促进应用型高校的转型步伐。

本书是多年来 C++教学内容和课程体系改革的综合成果。内容以面向工程实践和编程能力训练为主，具有较强的操作性和应用性，为 C++教学内容和课程体系改革构建了一个新的框架。本书从应用开发和数据存储的角度来写，贯穿全书安排两条线：

（1）应用线：用一个学生管理系统的开发贯穿全书，先从提示页面的显示再到增、删、改、查各功能的实现，先在 DOS 窗口下显示功能及操作，最后使用 MFC 和 ODBC 实现。

（2）数据存储线：先讲变量如何在内存中存储，再讲数组在内存中的存储，由物理相邻的存储结构（数组）的缺点过渡到与指针结合的逻辑相邻的存储结构——链表，讲解链表如何解决操作数组时存在的缺点，然后在输入输出流中讲述数据存放在文件中该如何操作，对比与数据存放在内存中（数组、链表）的不同，然后阐述文件存储是一种最初的数据仓库模型，从而引入简单的 Access 数据库的用法，为学生学习以后的数据库知识打下基础，同时方便用户使用 MFC 和 ODBC 开发基于界面的管理系统。

本书具有以下特点：

（1）本书内容广泛、案例丰富，其中的例题、习题及实践案例都来源于一线教学。

（2）本书按照读者在学习程序设计中遇到的问题来组织内容，随着读者对程序设计的理解和实际动手能力的提高，内容由浅入深地向前推进。

（3）本书每章后都给出了相应的案例实践，给出技能训练要点和任务实现，这些代码不仅能够与理论知识点无缝对接，而且短小精练，方便读者尝试完成。

（4）本书以学生信息管理系统项目案例贯穿始终，每章中的知识点则使用独立的案例，并辅以实例输出和任务实现。

（5）课后练习题覆盖面广，种类多样，方便读者巩固理论与实践知识。

本书特别适合培养应用型人才高校的工科类专业使用，可以作为“C++语言程序设计”“面向对象程序设计”“程序设计导论”等课程的教材，也可以作为各专业学生和工程技术人员进行编程时的教材及参考书籍。

本书在编写过程中得到了清华大学出版社和同行专家、学者的大力支持和帮助，在此表示衷心的感谢。此外，本书的编写参考了部分书籍和报刊，并从互联网上参考了部分有价值的材料，在此向有关的作者、编者、译者和网站表示衷心的感谢。

本书配有电子教案，并提供程序源代码，以方便读者自学，请到清华大学出版社官方网站下载。

由于编者水平有限，书中难免有不妥之处，敬请读者和专家批评、指正。

朱 林

2018 年 3 月

目录

CONTENTS

第 1 章

C++概述

1.1 C++语言简介

C++语言是一种应用广泛、支持多种程序设计范型的高级程序设计语言。C++语言是在 C 语言的基础之上发展起来的，它既适合于编写面向过程的程序，也适合于编写面向对象的程序，所以在一定程度上将其称为半面向过程半面向对象的语言。

自 1946 年第一台电子数字计算机 ENIAC 问世以来，随着计算机技术的高速发展，计算机应用领域不断扩大，程序设计语言作为计算机应用的一种工具也得到不断充实和完善。每年都有新的程序设计语言问世，同时，老的程序设计语言也在不断地更新换代。

在 C 语言推出之前，操作系统等系统软件主要是用汇编语言编写的，汇编语言的好处是能对硬件直接进行操作，速度快、效率高。但由于汇编语言依赖于计算机硬件，且写法较为底层，因此程序的可移植性和可读性较差。为了使语言的编写和可读性更接近于人的语言习惯，同时也为了提高高级语言的速度和效率，1973 年，贝尔实验室的 Thompson 和 Ritchie 开发了 C 语言，并用它重写了 UNIX 的大部分代码。C 语言具有以下的特点：

（1）C 语言是一种结构化的程序设计语言，语言本身比较简洁，使用起来比较灵活方便。

（2）它具有一般高级语言的特点，又具有汇编语言的特点。除了提供对数据进行算术、逻辑运算外，还提供了二进制整数的位运算。用 C 语言开发的应用程序，不仅结构性较好，且程序执行效率高。

（3）程序的可移植性好。在某一种计算机上用 C 语言开发的应用程序，其源程序基本上可以不作修改，在其他型号和不同档次的计算机上重新编译连接后，即可完成应用程序的移植。

（4）程序的语法结构自由度大。精通 C 语言的程序设计者正是利用这一特点，设计出高质量的通用应用程序。对于初学者来说，掌握 C 语言并不是一件容易的事。往往是源程序编译时容易通过，程序运行时出错，且这种错误不易解决。

随着 C 语言应用的不断推广，C 语言存在的一些不足也开始流露出来。例如，C 语言对数据类型检查的机制比较弱、缺少支持代码重用的结构，随着计算机应用面的推广和软件工程规模的扩大，难以适应开发特大型的程序、软件维护困难等。在使用它做较大型项目编程的时候，由于数据的共享和函数的调用错综复杂，所以在维护方面会出现大量的问题。面向对象的技术就是在这种情况下产生的，1980 年，贝尔实验室的 Bjarne Stroustrup 博士及其同事对 C 语言进行了改进和扩充。在保持了 C 语言简洁、高效前提下，克服了 C 语言存在的不足，并把 Simula67 中类和对象的概念引入到 C 中。1983 年由 Rick Maseitti 提议将改进后的 C 命名为 C++（C Plus Plus）。后来又把运算符重载、引用、虚函数等功能加入到 C++中，使 C++的功能日趋完善，使之可以支持面向对象的程序设计，同时，它既可以支持 DOS 下的程序设计，也可以用来开发 Windows 环境下的应用程序。

C++除了继承 C 语言的一些特点之外，还具有以下特点：

（1）C++是 C 语言的一个超集，它基本上具备了 C 语言的所有功能。

用 C 语言开发的源程序代码可以不作修改或略作修改后，就可在 C++的集成环境下编译、调试和运行。这对推广或进一步开发仍有使用价值的软件是极为重要的，可节省人力和物力。

（2）C++是一种面向对象的程序设计语言。

C++从 C 语言中继承了过程化编程的高效性，并集成了面向对象程序设计的功能。除了 C++标准库中提供的大量功能。还有许多商业 C++库也支持数量众多的操作系统环境和专门的应用程序。编写出的面向对象的程序可大大增强程序的可读性和可理解性，使得各个模块的独立性更强、更好，程序代码的结构性更加合理。这对于设计和调试大的应用软件是非常重要的。

（3）用 C++语言开发的应用程序，扩充性强、可维护性好。

首先，在应用软件的开发过程中，对要解决的实际问题有一个认识、理解，再进一步认识和理解，直至客观地弄清楚问题本质的过程。这种认识和理解的过程，往往伴随着可能需要改变程序的结构或功能，这就要求应用软件具有较强的可扩充性。其次，对于任何一个已开发的应用软件，随着时间的推移和应用的深入，常要求增加或扩充新的功能、改进某些功能或修正程序故障。这均要求所设计的程序具有可扩充性和可维护性的特点。所以，对于较大应用程序的设计，这一特点非常重要。

（4）C++适用的应用程序范围极广。

C++几乎可用于所有的应用程序，从字处理应用程序到科学应用程序，从操作系统组件到计算机游戏等。C++还可用于硬件级别的编程，例如实现设备驱动程序。

1.2 本章知识目标

（1）了解 C++语言的基本概念和特点。

（2）了解 C++应用程序的基本结构，学会编写简单的 C++应用程序并了解编程中需要注意的问题。

（3）学会使用 C++的开发环境，会在开发环境下对应用程序进行编译、构建、运行等操作。

（4）学会 C++语言输入输出的写法，会使用输入输出语句做简单的输出测试及实现应用程序的界面。

1.3 程序

其实，日常生活中人们在不断地创造程序并执行程序，只不过并没有明确地意识到而已。举个例子，要用全自动洗衣机洗衣服，应该怎么做呢？

第一步把脏衣服扔进洗衣机；

第二步打开上水的水龙头并安装好电源插头；

第三步放入洗衣粉；

第四步按下洗衣机的开始按钮；

第五步等待洗衣机洗完衣服（当然，这段时间不妨去干点别的事情）。在洗衣机提示洗完的蜂鸣声响了以后，就可以从洗衣机中拿出干净衣服去晾晒了。

上面所描述的五个步骤，就是人们洗衣服的“程序”。也许不同的人使用的步骤并不完全一样，例如将第一步和第二步互换一下，也同样能将衣服洗干净，所以干一件事的“程序”可以不唯一，这也是计算机程序的一个特点。

对于计算机来说，程序就是由计算机指令构成的序列。计算机按照程序中的指令逐条执行，就可以完成相应的操作。实际上计算机自己不会做任何工作，它所做的工作都是由人们事先编好的程序来控制的。程序需要人来编写，使用的工具就是程序设计语言。

1.4 C++程序基本结构

程序结构是程序的组织结构，是指该程序语言特定的语句结构、语法规则和表达方式，其内容包括代码的组织结构和文件的组织结构两部分。只有严格遵守程序结构的规则，才能编写出高效、易读的程序，否则写出的代码将晦涩难懂，甚至不能被正确编译运行。

本章通过一个简单程序向读者介绍 C++程序的基本结构，同时也说明 C++程序中简单的输入输出操作方法，以方便后续章节中的讲解。

例 1-1　一个简单的 C++程序。

```
/*第一部分*/
//这是一个演示程序
/*第二部分*/
#include <iostream.h>
/*第三部分*/
void main()
{
    cout<<"This is a c++ program";
}
```

C++程序通常会包括示例中所示的三部分。

第一部分是整个文件的注释部分，注释内容是为了增加程序的可读性，系统不编译注释内容，自动忽略从“/*”到“*/”之间的内容。C++中以“//”开头直到本行结束的部分也是注释。与“/*……*/”的区别在于“//”只能注释一行，不能跨行，这种注释也称为行注释，而“/*……*/”注释可以跨行，称为多行注释或块注释。

第二部分是预处理部分。它是在编译前要处理的工作。这里是以#include 说明的头文件包含代码#include <iostream.h>，它指示编译器在预处理时将文件 iostream.h 中的代码嵌入到该代码指示的地方。其中#include 是编译指令。头文件 iostream.h 中声明了程序需要的输入输出操作的信息，在 C++中，用标准输入设备（键盘）和标准输出设备（显示器）进行输入输出时，使用输入输出流中的对象 cin（输入）和 cout（输出）来完成，它们的定义就属于头文件 iostream.h，所以不使用#include <iostream.h>就不能使用上述的输入输出对象。需要注意的是，在 Visual Studio 中，有时还会看到#include <iostream>的引入方式，这也是 Visual Studio 中鼓励使用的方式。但是采用这种方式时，还需要用 using namespace std;引入 std 命名空间。

在编译源程序时，先调用编译预处理程序对源程序中的编译预处理指令进行加工处理后，形成一个临时文件，并将该临时文件交给 C++编译器进行编译。由于编译预处理指令不属于 C++的语法范畴，为了把编译预处理指令与 C++语句区分开来，每一条编译预处理指令单独占一行，均用符号#开头。根据编译预处理指令的功能，将其分为三种：文件包含、宏和条件编译。

文件包含是在一个源程序文件中的任一位置可以将另一个源程序文件的全部内容包含进来。include 编译预处理指令可实现这一功能。该编译预处理指令的格式为：#include <文件名>，编译预处理部分的内容将在后面章节中详细介绍。

第三部分是代码的主要部分，它实现了一个函数，结构如下：

```
void  main()
{
    …

}
```

程序中定义的 main()函数又被称为主函数，其中 main 是函数名，void 表示该函数的返回值类型为空。任何程序必须有一个且只能有一个主函数，且程序的执行总是从主函数开始，其他函数只能被主函数调用或通过主函数调用的其余函数调用。关于函数定义及调用的内容会在后面章节做详细介绍。

程序中的代码 cout<<"This is a C++ program";在执行后屏幕上会出现 This is a C++ program 这句话，即 C++输出语句中双引号中的内容会被原样输出。

1.5　C++程序的调试与运行

针对一个实际问题，用 C++语言设计一个实用程序时，通常要经过如下五个开发步骤。

（1）用户需求分析。根据要解决的实际问题，分析用户的需求，并用合适的方法、工具进行详细描述。

（2）根据用户需求，设计 C++源程序。利用 C++的集成环境或某一种文本编辑器将设计好的源程序输入到计算机的一个文件中。文件的扩展名为 cpp。

（3）编译源程序，并产生目标程序。在编译源程序文件时，若发生语法或语义错误时，要修改源程序文件，直到没有编译错误为止。编译后，源程序会产生目标文件。在 PC 上，目标程序文件的扩展名为 obj。

（4）将目标文件连接成可执行文件。将一个或多个目标程序与库函数进行连接后，产生一个可执行文件。在 PC 上，可执行文件的扩展名为 exe。

（5）调试程序。运行可执行程序文件，输入测试数据，并分析运行结果。若运行结果不正确，则要修改源程序，并重复以上的过程，直到得到正确的结果为止。

1.5.1　用 Visual C++开发环境运行程序

Visual Studio 6.0 为用户提供了良好的可视化编程环境，程序员可以利用该开发环境轻松地使用 C ++源代码编辑器、资源编辑器和内部调试器，并且可以创建项目文件。Visual C++开发环境不仅包含编译器，而且还包含了许多有用的组件，通过这些组件的协同工作，可以在 Visual C++集成环境中轻松地完成创建源文件、编辑资源，以及对程序的编译、连接和调试等各项工作。

（1）启动 Visual C++开发环境。

成功地安装了 Visual C++以后，可以在“开始”菜单中的“程序”选项中选择Microsft Visual Studio 6.0 级联菜单下的Microsft Visual C++6.0 命令，启动 Visual C++，进入 Visual C++ 6.0 的集成环境，如图 1-1 所示。

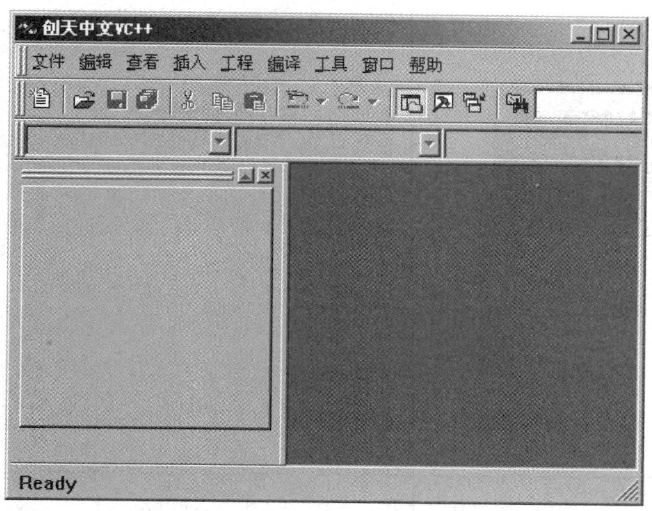

图 1-1　Visual C++界面

（2）创建项目。

若开始一个新程序的开发，可以先用 AppWizard（应用程序向导）建立新工程项目。

① 建立新工程项目。

在“文件”菜单下，选择“新建”命令，弹出“新建”对话框的“工程”标签，如图 1-2 所示。Visual C++可为用户创建用于多种目的的项目，如创建 DOS 平台及 Windows 平台下的项目文件；创建数据库项目、动态链接文件等，如在“工程”标签下选择 Win32 Console Application 项，可创建一个基于 DOS 平台的项目文件；在“位置”编辑栏中选择该工程项目所存放的位置；在“工程”编辑栏中输入该项目名称。单击“确定”按钮，弹出创建 Win32 Console Application 项目步骤对话框，如图 1-3 所示。

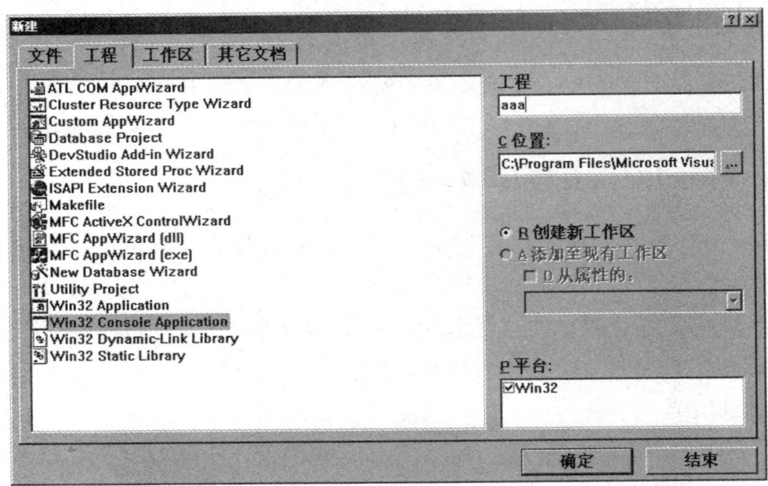

图 1-2 “新建”对话框中的“工程”标签

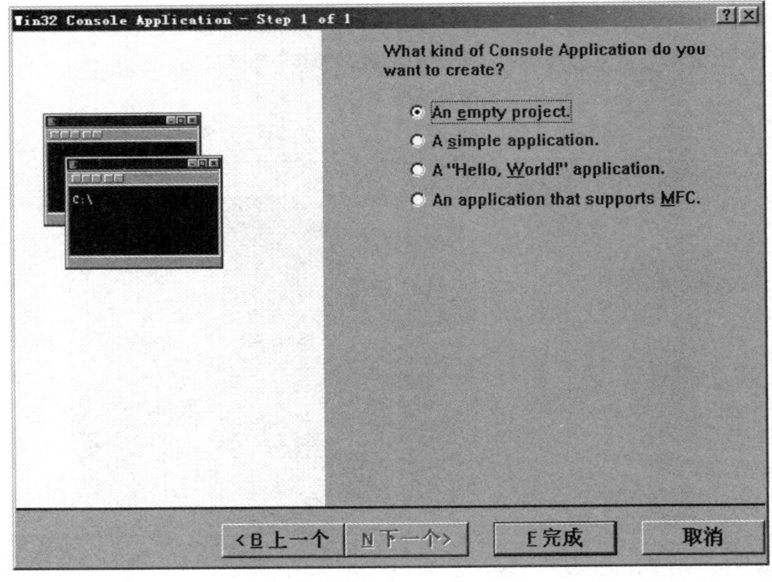

图 1-3 创建 Win32 Console Application 对话框

该对话框提供了四种项目的类型，可选择不同的项目类型，意味着系统自动生成一些程序代码，为项目增加相应的功能。如选择 An empty project 选项，则生成一个空白的项目，单击“完成”按钮，完成创建新项目，并生成一个工作区文件，扩展名为.dsw。

② 打开已有的项目。

在“文件”菜单下，选择“打开”命令，或使用工具栏中的“打开”按钮，弹出“打开”对话框，该对话框可用于打开任何类型的文件，如 C++头文件、资源文件等。通过打开工作文件（扩展名为. dsw），可打开相应项目。选择相应文件后，单击“打开”按钮，即可打开已有的工作项目，可编辑项目中的各个文件内容。

打开已有的项目文件，也可直接选择“文件”菜单下的“打开工作空间”命令，弹出“打开”对话框，选择相应项目的工作区文件，单击“打开”按钮即可打开项目文件，如图 1-4 所示。

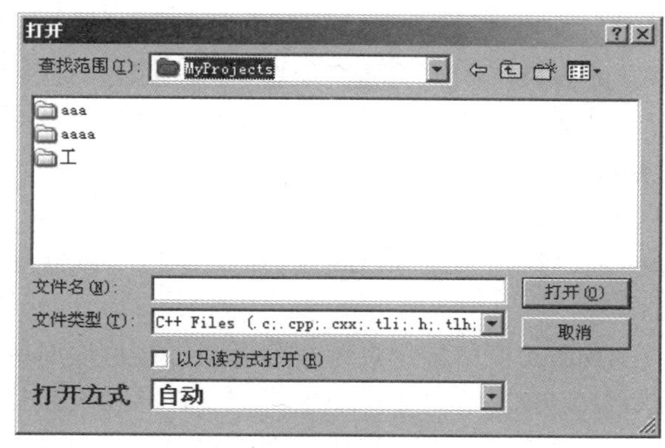

图 1-4　“打开”对话框

（3）编辑源代码文件。

① 建立新源代码文件。

创建的空白项目中没有任何文件，这时可在“文件”菜单下选择“新建”命令，弹出“新建”对话框，选择“文件”标签，在该标签中选择新建的文件类型。如果新建 C++源程序文件，则选择 C++ Source File 选项。在“文件名”编辑栏中输入新建文件名，单击“确定”按钮便激活文件编辑窗口，在此窗口中就可以输入源代码文件的内容。

② 在项目文件中添加一个文件。

若在已有的项目文件中增加一个文件，如 C++源文件*.CPP 或头文件*.h ，需要执行如下步骤：

打开相应的项目文件。选择“工程”菜单下“增加到工程”级联菜单中的“文件”命令，弹出“插入文件到工程”对话框，在该对话框中选择需要加入的文件名，并在“文件名”编辑栏中选择相应的项目文件名，单击“确定”按钮，即可将选择的文件加入到相应的项目文件中，如图 1-5 所示。

（4）保存源文件。

编辑完源文件，可直接用鼠标单击工具栏中的“保存”按钮，或选择“文件”菜单下的“保存”命令，保存源文件。

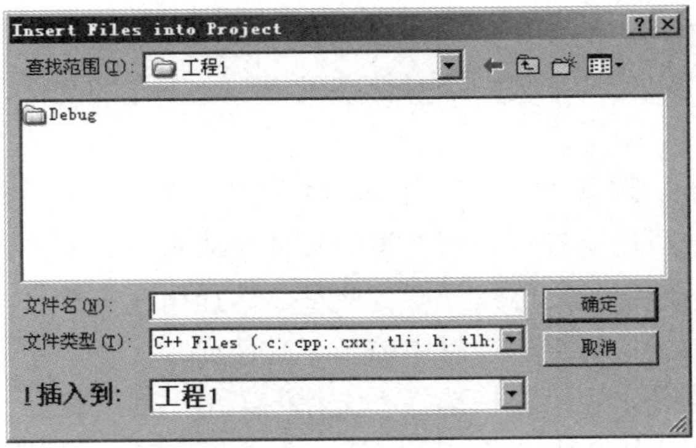

图 1-5 “添加文件到项目”对话框

（5）编译源程序文件。

先激活相应源程序文件窗口，选择“组建”菜单中的“编译”命令，或按快捷键 Ctrl+F7，编译该源程序文件后形成目标文件.obj 文件。若该项目文件中包括多个源程序文件，可依次激活并编译成.obj 文件。

（6）链接目标程序，形成可执行文件。

选择“组建”菜单中的“组建”命令，或按快捷键 F7，可将目标文件（.obj 文件）链接并形成可执行文件。

在编译或链接时，在 Output 窗口显示系统在编译或链接程序时的信息，如图 1-6 所示。若编译或链接时出现错误，则在该窗口中标识出错误文件名、发生错误的行号及错误原因等。须找出错误原因并加以修改，然后再编译、链接直至形成可执行文件。

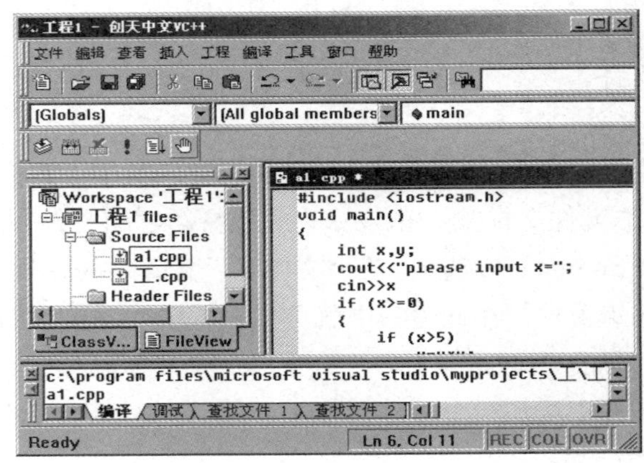

图 1-6 Output 窗口

（7）运行程序。

成功地建立了可执行文件后，即可执行 Build 命令菜单中的 Execute 命令或按组合键 Ctrl+F5，执行该程序。在执行 MS-DOS 程序时，Windows 自动显示 DOS 窗口，并在 DOS 窗口中列出运行结果。

读者可以依照上述步骤对本章案例进行编译和输出。

当程序较小时，用一个文件就可以保存所有代码。但是有实际用途的程序一般都不会太小。所以，通常会将程序分成几个文件分别保存，再通过包含语句放到一起。这种做法既有利于模块化开发，也有利于代码的重用。

1.5.2　用 VS 建立 C++控制台程序

随着操作系统的发展，目前 Visual Studio 6.0 在很多机器上无法安装，所以需要使用 VS 的更高版本来编译 C++程序，例如 VS2010、VS2012、VS2015 等。编译过程如下：

（1）启动 Visual Studio 开发环境之后，可以通过两种方法创建项目：一是选择“文件”|“新建”|“项目”命令，如图 1-7 所示；二是在起始页直接单击“新建项目”按钮，如图 1-8 所示。

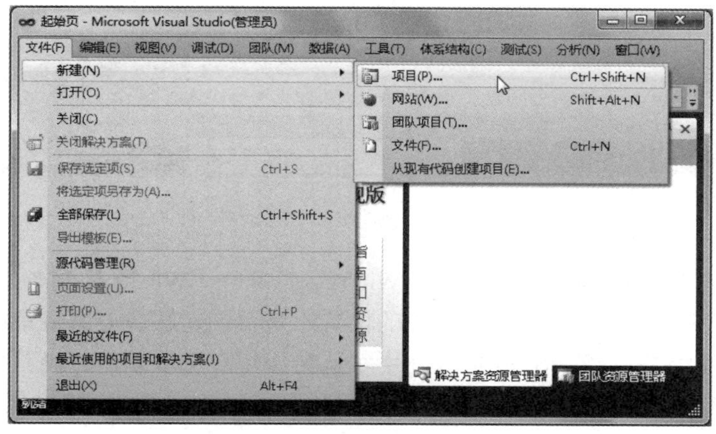

图 1-7　选择命令创建项目

图 1-8　直接创建项目

选择其中一种方法创建项目，将弹出如图 1-9 所示的“新建项目”对话框。

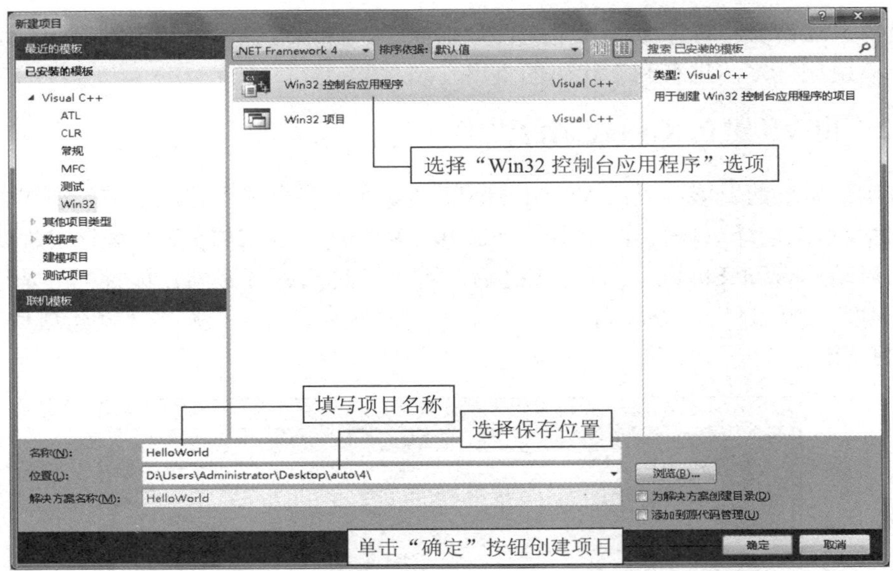

图 1-9 “新建项目”对话框

（2）在图 1-9 所示的对话框左侧选择 Win32，再选择“Win32 控制台应用程序”选项，可对所要创建的项目进行命名、选择保存的位置、是否创建解决方案目录的设定。在命名时可以使用用户自定义的名称，也可以使用默认名，用户可以单击“浏览”按钮，设置项目保存的位置，需要注意的是，解决方案名称与项目名称一定要统一。设置完成后单击“确定”按钮。

进入 Win32 应用程序向导界面，单击“完成”按钮，则接受当前设置并完成创建；单击“下一步”按钮，则可进行详细设置，如图 1-10 所示。这里选择默认设置，进入项目。

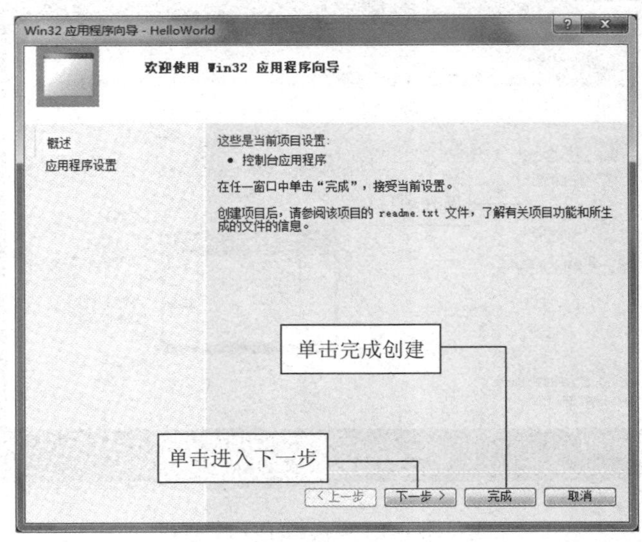

图 1-10 应用程序向导

例 1-2　使用 VS 编写 C++程序输出 Hello World。

如图 1-11 所示，在项目左边的解决方案资源管理器中显示了本程序所有包含和依赖的文件。

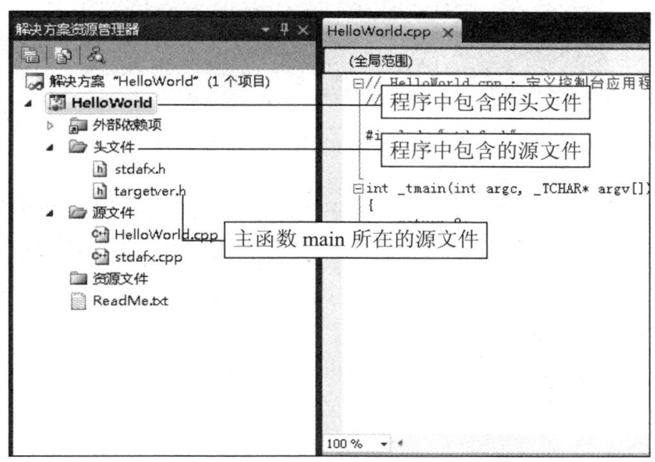

图 1-11　解决方案资源管理器

在编辑器中输入如下源代码：

```
#include <iostream.h>
void main()
 {
   cout<<"HelloWorld! ";
 }
```

在菜单栏中选择“调试”命令，会看到如图 1-12 所示的包含“启动调试”和“开始执行（不调试）”两种程序运行方式。选择“启动调试”命令时会查找程序中的错误，并在设置的断点处进行停留；选择“开始执行（不调试）”命令则不会进行调试，直接运行程序，当程序遇到编译错误时，执行失败。这里直接运行程序，如图 1-13 所示。

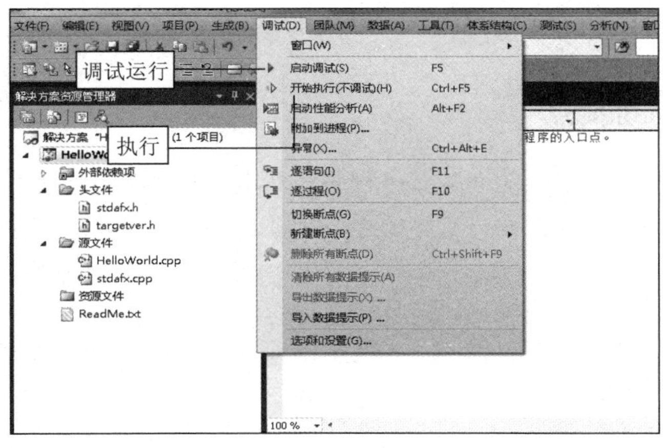

图 1-12　运行程序

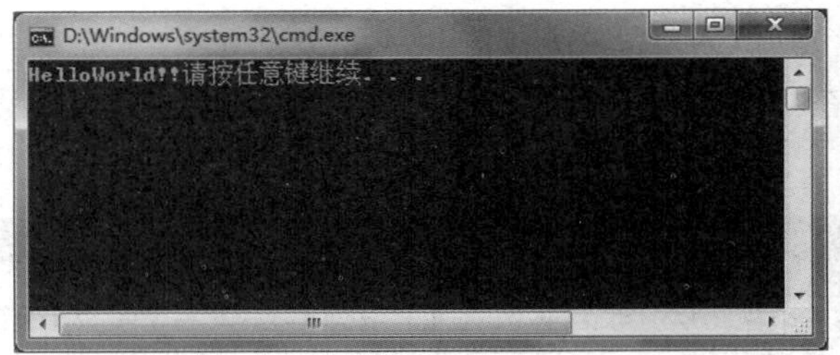

图 1-13　HelloWorld 程序

用 VS 编译 C++程序时，编译出的结果闪一下很快就会消失。在编写程序的过程中，如果在程序的最后加上一句代码：system("pause")，VS 就能像 VC 6.0 一样让编译框暂停下来。

1.6　本章实践任务

1.6.1　任务需求说明

编程实现学生管理系统的主页面，可以提示用户将要进行的操作，如图 1-14 所示。

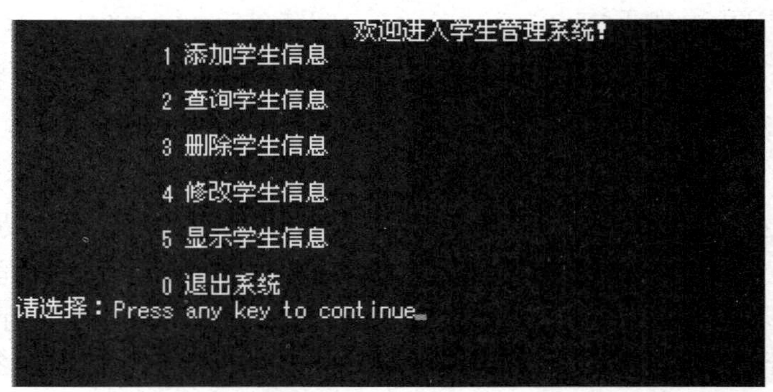

图 1-14　学生管理系统的主页面

1.6.2　技能训练要点

要完成上面的任务，必须能理解 C++程序的基本结构，能熟练使用基本输入和输出函数进行数据操作的方法，掌握 C++程序的上机步骤，并对设计好的程序进行调试。

1.6.3　任务实现

根据前面知识点的讲解可知，输出语句中双引号里面的可以原样输出，设计程序如下：

```
#include <iostream.h>
void main()
```

```
{
cout<<"欢迎进入学生管理系统！"<<endl;
cout<<"1 添加学生信息"<<endl<<endl;
cout<<"2 查询学生信息"<<endl<<endl;
cout<<"3 删除学生信息"<<endl<<endl;
cout<<"4 修改学生信息"<<endl<<endl;
cout<<"5 显示学生信息"<<endl<<endl;
cout<<"0 退出系统"<<endl;
cout<<"请选择："；
}
```

执行程序后，发现所有的输出都是靠左顶格输出的，所以要想输出取得如图 1-14 所示效果，则可以使用输入输出的格式控制符函数 setw()。它指定输出内容所占有的宽度，如果指定宽度大于要输出的内容宽度，则内容靠右显示，前面保留空格。本例可以被改写为：

```
#include <iostream.h>
#include <iomanip.h>
void main()
{
cout<<setw(50)<<"欢迎进入学生管理系统！"<<endl;
cout<<setw(26)<<"1 添加学生信息"<<endl<<endl;
cout<<setw(26)<<"2 查询学生信息"<<endl<<endl;
cout<<setw(26)<<"3 删除学生信息"<<endl<<endl;
cout<<setw(26)<<"4 修改学生信息"<<endl<<endl;
cout<<setw(26)<<"5 显示学生信息"<<endl<<endl;
cout<<setw(22)<<"0 退出系统"<<endl;
cout<<"请选择："；
}
```

需要注意的是：如果使用了控制符，在程序单位的开头除了要添加 iostream 头文件外，还要加 iomanip 头文件。

本章小结

通过本章的学习，要求读者能理解 C++程序的特点及基本结构，能熟练使用基本输入和输出进行数据操作，掌握 C++程序的上机步骤，为后面的学习奠定基础。

课后练习

1．C++源文件的扩展名为________。

A．cpp　　B．c　　C．txt　　D．exe

2．C++语言程序从________开始执行。

A．程序中第一条可执行语句　　B．程序中第一个函数

C．程序中的 main 函数　　D．包含文件中的第一个函数

3．C++的合法注释是________。

A．/*This is a C program/*　　B．// This is a C program

C．"This is a C program"　　D．/*This is a C program//

4．简述 C++语言的特点。

5．编辑、编译、连接和运行一个程序输出"Hello，C++！"。

第 2 章

C++程序设计基础

2.1 本章简介

数据是组成程序的基本单位，本章主要介绍数据类型及数据定义的相关概念，进而介绍对各种形式数据的处理过程。数据在内存中存放的情况由数据类型所决定，而数据的操作要通过运算符实现，数据和运算符共同组成了程序设计中的表达式。上一章介绍的程序是按 main 函数中语句书写的顺序依次执行的，这种程序结构只能解决一些简单的问题，对稍微复杂的问题就无能为力了，这就需要用较复杂的流程控制结构（选择、循环）来控制程序流程的执行。数据和流程控制是进行 C++程序设计的基础，要在理解的基础上牢固掌握。

2.2 本章知识目标

（1）掌握常量和变量的概念，掌握各种类型的变量说明及初始化。

（2）掌握整型数据和实型数据、字符型数据和字符串型数据的概念和区别。

（3）掌握算术运算、关系运算、逻辑运算、赋值运算、逗号运算、条件运算等概念，掌握自增、自减运算的规则。

（4）了解运算符的优先级与结合性。

（5）了解表达式求值时的自动转换和强制类型转换。

（6）掌握程序的三种基本流程控制语句，掌握程序的选择控制结构，包括单分支、双分支、多分支，选择嵌套及 switch 开关语句。

（7）重点掌握程序的循环控制结构，包括 while、do…while、for 及循环嵌套语句。

（8）了解 C++流程控制语句在程序设计中的重要作用，掌握 C++流程控制语句中的几大重点题型，了解排序与查找算法的应用。

（9）掌握数组、结构体、枚举类型等常用的导出数据类型。

2.3 数据类型

数据是程序处理的对象，数据可以依据自身的特点进行分类。例如，在数学中有整数、实数的概念，在日常生活中需要用字符串来表示人的姓名和家庭地址，有些问题的回答只能为“是”和“否”。也就是说，不同的数据具有不同的数据类型，有不同的处理方法。任何一种数据都有自身的属性，即数据类型和数据值。

C++程序所处理的数据都具有一定的数据类型，C++提供了丰富的数据类型，如图 2-1 所示。

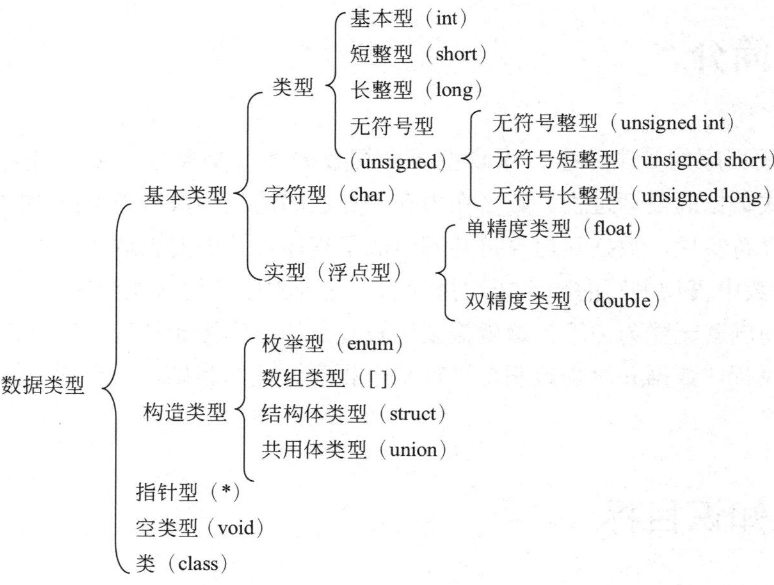

图 2-1 数据类型

基本数据类型是 C++内部预先定义的数据类型，而构造类型、指针、类等为非基本数据类型，也称用户自定义数据类型。

数据类型的描述确定了数据在内存所占的空间大小，也确定了其表示范围。基本数据类型描述如表 2-1 所示。

表 2-1 C++基本数据类型描述

数 据 类 型	存 储 位 数	数 值 范 围
基本型(int)	32 位	−2147483647～2147483647
短整型(short int)	16 位	−32768～32767
长整型(long int)	32 位	−2147483648～2147483647
无符号型(unsigned int)	32 位	0～4294967295
有符号型(singned int)	32 位	−2147483648～2147483647
无符号短整型(unsigned short int)	16 位	0～65535

续表

数据类型	存储位数	数值范围
有符号短整型(signed short int)	26 位	−32768～32767
无符号长整型(unsigned long int)	32 位	0～4294967295
有符号长整型(singned long int)	32 位	−2147483648～2147483647
字符型(char)	8 位	0～255
单精度浮点型(float)	32 位	-3.4×10^{38}～3.4×10^{38}
双精度浮点型(double)	64 位	-1.7×10^{308}～1.7×10^{308}
长双精度(long double)	64 位	-1.7×10^{308}～1.7×10^{308}
无值类型	0	无值

unsigned 和 signed 只能修饰 int 和 char。一般情况下，默认的 char 和 int 为 signed。而实型数 float 和 double 总是有符号的，不能用 unsigned 修饰。数据类型所占据的存储位数在进行科学计算和某些应用程序开发时需要特别注意，一定要根据实际用到的数值大小来选择相应的数据类型。

2.4　关键字与标识符

1．关键字

关键字就是系统已经预定义的、关键的且具有一定含义的文字，关键字不能再用来定义为其他意义，也被称作保留字。C++中常见的关键字主要如表 2-2 所示的几种。

表 2-2　C++中的常见关键字

_asm	abstract	bool	break	case
catch	while	char	class	const
continue	default	delete	do	double
else	enum	explicit	extern	false
float	for	friend	goto	if
inline	int	long	namespace	new
operator	private	protected	public	struct
class	register	return	short	signed
sizeof	static	switch	template	this
throw	true	try	typedef	union
unsigned	using	virtual	void	volatile

关键字是系统预留的符号，这些符号已经被赋予特定的意义。所以程序员只能直接使用它们而不能修改其定义。例如，保留字 int 和 float 分别被用来表示整型数据类型和浮点型数据类型，for 和 while 则被用来表示循环语句。

2．标识符

标识符是由若干个字符组成的字符序列，是为变量、函数、类等命名时所用的符号，可用作常量名、变量名、函数名和类名等。C++语言中构成标识符的语法规则如下：

（1）标识符由字母（a～z，A～Z）、数字（0～9）和下画线（_）组成。

（2）第一个字符必须是字母或下画线。例如，example1、Birthday、My_Message、Mychar、Myfriend、thistime 是合法的标识符；8key、b-milk、-home 是非法的标识符。

（3）VC++中标识符最多由 247 个字符组成。

（4）在标识符中，严格区分大小写字母。例如，book 和 Book 是两个不同的标识符。

（5）关键字不能作为自定义的标识符在程序中使用，但自定义的标识符中可以包含关键字。例如，intx、myclass 是合法的标识符。

标识符的命名除了满足字符组合方面的原则外，还要遵循下述原则。

（1）一致性。

同一个模块内部的标识符命名要一致。例如，如果规定变量的首字母大写，常量用全部大写表示，那么整个模块内都应该这么写。

（2）准确性。

用词要准确，避免概念模糊或形式相近的标识符。例如，定义 Total 表示总数要比随意用一个变量来表示要明确的多。

（3）长度短、信息多。

在保持准确性的前提下，要力争长度短、信息多，即用最短数目的字符数表示尽可能多的信息。例如，用 Total 表示总数，而不用 Total Of Numbers。

2.5 变量与常量

2.5.1 变量

1. 变量定义

变量是指在程序的运行过程中其值可以改变的量。变量具有三要素：类型、名字和值。在 C++程序设计中使用变量前，必须首先对它进行定义和说明。

变量定义的一般格式为：

```
数据类型  变量名表;
```

其中，数据类型可以是 C++基本数据类型，也可以是构造类型及其他用户自定义的数据类型；变量名表一般需要符合标识符的命名规则，既可以包含一个变量，也可以包含若干个变量，彼此之间用逗号分开。

例如：

```
int x,y,z;                                    //定义 3 个整型变量
float area,width,length;                      //定义 3 个单精度浮点变量
```

在 C++中，变量在使用之前一定要先定义，即“先定义，后使用”，其定义可放在使用前的任何地方。例如以下程序段：

```
cout<<"请输入两个整数:";
int  x,y
```

```
cin>>x>>y;          //使用 cin 输入
cout<<"x 加 y 的和为："<<x+y<<"\n";
```

上例中定义了变量 x 和 y，其定义语句（int x,y;）应该在使用变量的语句（cin>>x>>y;）之前。

C++中命名变量名要遵守以下规则：

（1）不能是 C++的关键字。

（2）第一个字符必须是字母或下画线，后跟字母、数字或下画线。

（3）中间不能有空格。

（4）不能与 C++库函数名、类名和对象名相同。

例如：

```
way_1,right,Bit32,_mycar,Case   //正确
case,2a,x 1,a$1                 //错误
```

C++编程时字母是区分大小写的，如 DAY 和 day 是两个不同的变量名，在进行 C++程序设计时，程序员习惯将变量名用小写字母表示，而大写字母常用来表示宏、符号常量或自定义的类型名等。

2．变量赋值与初始化

每一个变量就相当于一个容器，对应着计算机内存中的某一块存储单元。使用已定义的变量前，要对它进行赋值。用赋值运算符“=”给变量赋值，例如：

```
int x,y;
x=5;y=10;  //给 x 和 y 赋值
```

也可以在定义时直接给变量赋值。在定义的同时，给变量一个初始值，称为变量的初始化。例如：int width=5; //定义的同时进行初始化，定义时也可以初始化多个变量，例如：int width=8，radius=20。

例 2-1　在银行中存储 1000 元钱，银行一年的利息是 5%，问存的钱一年后变成了多少？

```
#include <iostream.h>
void main()
{
    int money,total;
    money =1000;
    total= money+ money*0.05
    cout<<"总钱数为："<< total;
}
```

运行结果为：

```
总钱数为：1050
```

2.5.2　常量

在程序设计语言中，凡是在程序运行过程中值不能被改变的量，都称为常量。常量都

具有一定的数据类型，由其表示方法决定。与变量不同的是在程序中不必对常量做任何说明就可以使用。在C++语言中，常量有：整型、浮点型、字符型和字符串型。

1．整型常量

整型常量即整型常数，在C++语言中，整常数可用十进制、八进制和十六进制三种数制中的任何一种来书写，所表示的数据中不能带小数点。

十进制整数：以0～9数字、正、负号组成的常数，如234、10、-9为合法的十进制整常数。

八进制整数：以0开头的，由0～7数字组成的数字串，如01777、010、032767为合法的八进制整常数。

十六进制整数：以0x开头的，由0～9、a～f（或A～F）数字组成的数字串，如0x10、0x2f、0xa为合法的十六进制整常数。

长整常数：在十进制、八进制和十六进制表示的整常数中，若数字串后面加上字母l（或L），则说明该常数为长整常数，如22l、-123L、010L、027L、0xaL、0x97FL。

2．浮点常量（实型常量）

实型数据在C++中又称浮点数，浮点常量有两种表示方法：一般形式和指数形式。

一般形式：它是由符号、数字和小数点组成的常数（注意：必须有小数点），如2.55、0.123、-12.3、0.0、.234、250.等都是合法的实数。

指数形式：是由数符、尾数（整数或小数）、阶码标志（E 或 e）、阶符和整数阶码组成的常数。要注意E或e的前面必须要有数字，且E后面的指数必须为整数。如3.1E+5、243E-3、123e3都是合法的，而345、-.5、3.E、e5都是非法的指数形式。

在C++中，一个浮点常数如果没有任何说明，则表示double型。若要表示float型，则必须在实型数后面加上F或f。

3．字符常量

C++有两种字符常量，即一般字符常量和转义字符常量。

一般字符常量：字符常量是用单引号括起来的一个字符，其值为ASCII码值（ASCII表见附录）。如'a'、'A'、'x'、'$'、'#'等都是合法的字符常量。注意'a'和'A'是不同的字符常量。

转义字符常量：除了使用一般字符常量外，C++还允许用一种特殊形式的字符常量，即以“\”开头的特定字符序列——转义字符。用于表示ASCII字符集中控制代码及某些用于功能定义的字符。常用的转义字符请参见表2-3。

表2-3　转义字符表

字符形式	ASCII码值	功　能
\0	0x00	NULL
\a	0x07	响铃
\b	0x08	退格（Backspace键）
\t	0x09	水平制表（Tab键）
\f	0x0c	走纸换页
\n	0x0a	回车换行
\v	0x0b	垂直制表
\r	0x0d	回车（不换行）

续表

字 符 形 式	ASCII 码值	功　　能
\\	0x5c	反斜杠
\'	0x27	单引号
\"	0x22	双引号
\?	0x3f	问号
\ddd	0ddd	1～3 位八进制数所代表的字符
\xhh	0xhh	1～2 位十六进制数所代表的字符

表中所列的转义字符，意思是将反斜杠“\”后面的字符转变成另外的意义。有些是控制字符，如'\n'；有些是表示字符的符号，如用“\'”表示单引号“'”。

反斜杠可以和八进制或十六进制数值结合起来使用，用字符的 ASCII 码值表示该字符。例如，'\03'表示 Ctrl+C，'\0X0A'表示回车换行。转义字符使用八进制数表示时，最多是三位数，必须以 0 开头，如'\03'。转义字符的八进制数表示范围是'\000'～'\377'。转义字符使用十六进制数表示时，是两位数，用 x 或 X 引导，表示的范围是'\x00'～'\xff'。

例如，下面的代码响铃的同时输出一个字符串。

```
cout<<"\x7operating\tsystem\nOk!";
```

其输出内容为：在响铃的同时显示：

```
Operating     system
Ok!
```

该结果在单词 Operating 和 system 之间的空隙是制表符'\t'产生的作用，单词 Ok!在下一行输出是'\n'回车换行的结果。

4．字符串常量

字符串常量是用一对双引号括起来的字符序列。如"a" "aaa" "123" "CHINA" "How do you do?" "￥1.23"等都是字符串常量。

在 C++中，字符串常量与字符常量是不同的，字符串常量中的字符连续存储，并在最后加上字符'\0'作为串结束的标志。例如字符串"CHINA"，它在内存中占连续 6 个内存单元，如图 2-2 所示。

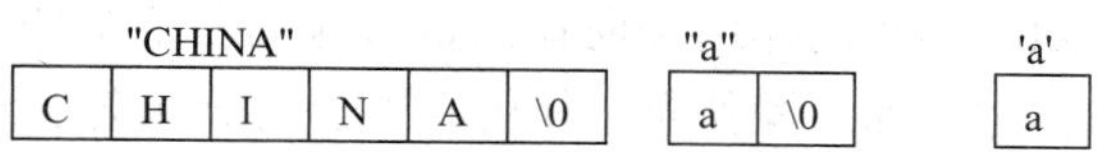

图 2-2　字符串在内存中的存储

字符常量用单引号引起来，例如'x'在内存中占一个字节；而含有一个字符的字符串"x"在内存中占两个字节，第二个字节隐含存放'\0'结束符，所以，'x'和"x"是不同的。

5．符号常量

C++程序中如果想使变量的内容自初始化后一直保持不变，可以定义一个符号常量。例如，在圆面积计算中经常要用常数 3.1415926（π），此时，通过命名一个容易理解和记忆的名字（例如 PI）来改进程序的可读性，在定义时加关键字 const。

一般形式为：

```
const 数据类型  符号常量=常量值;
```

例如：

```
const float PI=3.1415926;
```

注意：符号常量习惯用大写字母表示，符号常量一定要在声明时赋初值，而在程序中间不能改变其值。例如：

```
const float PI=3.14;
PI=3.1415926;              //错! 常量值不能被改变
```

使用符号常量有两个好处：一是含义清楚；二是在需要改变一个常量时能做到“一改全改”。

2.6 数据的输入与输出

输入是指将数据从外部设备传送到计算机内存的过程，输出则是将数据从计算机内存传送到外部输出设备的过程。本节主要介绍通过标准输入设备及标准输出设备进行输入输出的方法。

在C++程序中，数据从一个对象到另一个对象的流动抽象为“流”。流在使用前要被定义，使用后要被删除。从流中获取数据的操作称为提取操作（输入），向流中添加数据的操作称为插入操作（输出）。数据的输入输出是通过I/O流实现的，相应的操作符为cin和cout，它们被定义在iostream.h头文件中。在需要使用cin和cout时，要用编译预处理中的文件包含命令#include 将头文件（iostream.h）包含到用户的源文件中，即输入输出说明：

```
#include <iostream.h>
```

2.6.1 数据的输出

数据的输出使用cout，cout的作用是向输出设备输出若干个任意类型的数据，cout必须配合操作符“<<”（又称流插入操作符）使用。用于向cout输出流中插入数据，引导待输出的数据输出到计算机屏幕上。输出一般可以分为无格式输出和格式输出两种。

1．无格式输出

使用cout对数据进行无格式输出的语句如下：

```
cout<<输出项1 <<输出项2…<<输出项n;
```

“输出项”是需要输出的一些数据，这些数据可以是变量、常量或表达式。每个输出项前都必须使用插入操作符<<进行引导。

在cout中，实现输出数据换行功能的方法是：既可以使用转义字符'\n'，也可以使用表示行结束的流操作符endl。

例 2-2　输出变量、常量与表达式。

```
#include <iostream.h>
void main()
{
   int a=10;
   double b=20.3;
   char c='y';
   cout<<a<<','<<b<<','<<c<<','<<a+b<<endl;
   cout<<200<<','<<2.5<<','<<"hello\n";
}
```

输出结果为：

```
10，20.3，y，30.3
200，2.5，hello
```

上例中，双引号括起来的内容原样输出，其中'\n'和 endl 相同都表示换行。

2．格式输出

当使用 cout 进行数据的输出时，无论处理什么类型的数据，都能够自动按照正确的默认格式处理。但有时这还不够，因为编程时经常会需要设置特殊的格式。例如：

```
double  average = 9.400067;
```

此时语句“cout <<average;”只能显示 9.40007，因为对于浮点数来说，系统默认显示 6 位有效位。如果希望显示的是 9.40，即保留两位小数，就要使用 C++提供的控制符（manipulators）对 I/O 流的格式进行设置，控制符是在头文件 iomanip.h 中定义的。使用控制符时，要用文件包含命令#include 将头文件（iomanip.h）包括到用户的源文件中。包含头文件后就可以直接将控制符插入流中。设置格式的控制符有很多种，表 2-4 中列出了几种常用的控制符。

表 2-4　C++常用控制符

控　制　符	描　　述
dec	设置以十进制方式输出
oct	设置以八进制方式输出
hex	设置以十六进制方式输出
setfill (c)	设填充字符 c
setprecision (n)	设浮点数的有效位数为 n
setw (n)	设域宽为 n 个字符
setiosflags (ios::fixed)	固定的浮点显示
setiosflags (ios::scientific)	指数表示
setiosflags (ios::left)	左对齐
setiosflags (ios::right)	右对齐
setiosflags (ios::skipws)	忽略前导空白
setiosflags (ios::uppercase)	十六进制数大写输出

续表

控　制　符	描　　述
setiosflags (ios::lowercase)	十六进制数小写输出
setiosflags (ios::showpoint)	显示小数点
setiosflags (ios::showpos)	显示正数符号

例 2-3　输出变量 amount 的值，控制小数点后面有效数字的个数。

```
#include <iostream.h>
#include <iomanip.h>                              //要用到格式控制符
void main()
{
    double amount = 22.0/7;
    cout<<amount<<endl;
    cout<<setprecision (2)<<amount <<endl;
    cout<<setiosflags(ios::fixed)<<setprecision(2)<<amount<<endl;
}
```

运行结果为：

```
3.14286
3.1
3.14
```

程序中，第 1 行输出数值之前没有设置有效位数，所以用流的有效位数默认设置值 6；在第 2 行输出设置中，setprecision(n)中的 n 表示有效位数。在第 3 行输出中，使用 setiosflags(ios::fixed)设置为定点输出后，与 setprecision(n)配合使用，其中 n 表示小数位数，而非全部数字个数。

当最后一条语句改为：

```
cout<<setiosflags (ios::scientific)<<setprecision (2)<<amount<<endl;
```

可以控制变量以指数方式输出，此时 amount 的输出结果为：

```
3.14e+000
```

在用指数形式输出时，setprecision (n)表示小数位数。另外，当设置小数后面的位数时，对于截短部分的小数位数进行四舍五入处理。

2.6.2　数据的输入

在 C++中，数据的输入通常采用 cin 完成。cin 在输入数据时不管是哪种数据类型，使用的格式都相同。使用 cin 将数据输入到变量的格式如下：

```
cin>>变量 1>>变量 2…>>变量 n;
```

例 2-4　变量的输入。

```
#include <iostream.h>
void main()
```

```
{
    int a;
    double b;
    char c;
    cin>>a>>b>>c;
    cout<<"a="<<a<<",b="<<b<<"\nc="<<c<<"\n";
}
```

运行时，从键盘输入：

```
10  20.3   x
```

这时，变量 a、b、c 分别获取值 10、20.3、x，则输出结果为：

```
a=10,b=20.3
c=x
```

使用 cin 时要注意：

（1）“>>”是流提取运算符，用于从 cin 输入流中取得数据，并将取得的数据传送给其后的变量，从而完成输入数据的功能。

（2）cin 的功能是当程序在运行过程中执行到 cin 时，程序会暂停执行并等待用户从键盘输入相应数目的数据，用户输入完数据并回车后，cin 从输入流中取得相应的数据并依次传送给其后的变量。

（3）“>>”操作符后面除了变量名外不得有其他常量、字符、字符串常量或转义字符等。如：

```
cin>>"x=">>x;                    //错误，因为含有字符串"x="
cin>>'x'>>x;                     //错误，因为含有字符'x'
cin>>x>>10;                      //错误，因为含有常量 10
cin>>x>>endl;                    //错误，因为含有 endl
```

（4）当一个 cin 后面跟有多个变量时，则用户输入数据的个数应与变量的个数相同，各数据之间用一个或多个空格隔开，输入完毕后按回车键，或者每输入一个数据后按回车键也可。

（5）当程序中用 cin 输入数据时，最好在该语句之前用 cout 输出一个需要输入数据的提示信息，以正确引导和提示用户输入正确的数据。例如：

```
cout<<"请输入一个整数:";
cin>>x;
```

2.7　运算符与表达式

C++程序中对数据进行的各种运算是由运算符来决定的。运算符范围很广，这里只介绍常用的算术运算符、关系运算符、逻辑运算符、赋值运算符、逗号运算符等，其他运算符在以后的章节涉及再作说明。

用运算符将操作对象连接起来就构成了表达式，其中操作对象可以是常量、变量、函数等，其目的是用来说明一个计算过程。表达式的种类也很多，如算术表达式、条件表达式、逻辑表达式等。

当一个表达式中出现多种运算时，要考虑运算符的优先级及结合性。因为运算符的优先级及结合性决定了一个表达式的求值顺序。优先级别高的运算符先运算，优先级别低的运算符后运算；运算符的结合性体现了运算符对其操作数进行运算的方向。当相邻的两个运算符同级时，根据其结合性决定计算顺序。如果一个运算符对其操作数从左向右进行规定的运算，称此运算符是左结合的，反之称其为右结合的。注意，表达式中使用圆括号可以改变运算的优先级别。

2.7.1 算术运算符及算术表达式

算术运算符连接相应的操作数组成算术表达式，实现算术运算。基本的算术运算符有：+(加)、–(减或负号)、*(乘)、/(除)、%(取余)。

例如 3*8+i、x+y、9%5 等都是合法的算术表达式。如果表达式中出现圆括号（），会改变运算优先级，要先算括号里面的。

取余运算符是针对整数的运算，其两边不能出现实数，即取整数相除后的余数。例如：

8%5 运算结果为 3

9%12 运算结果为 9

12%12 运算结果为 0

要注意除法运算（/）与取余运算（%）的区别。除法运算可以对不同的数据类型进行操作；取余运算只能对整型数进行操作，如果对浮点数操作，则会引起编译错误。

另外，在 C++程序中，表达式的书写也应注意。下面将数学上的表达式与 C++的表达式进行对比：

数学表达式	合法的 C++表达式
a×（-b）	a*(-b)
ab－cd	a*b-c*d
2(b+y/c)+8	2.0*(b+y/c)+8.0
x^2+3x+2	x*x+3*x+2

2.7.2 关系运算符及关系表达式

关系运算符的作用是用来表示一个量与另一个量之间的关系，主要是比较两个量的大小，即实际上是比较运算。关系运算符共有 6 种，参见表 2-5。

表 2-5 关系运算符

运 算 符	操 作	结 合 性
>	大于	左结合
>=	大于或等于	左结合
<	小于	左结合
<=	小于或等于	左结合
==	等于	左结合
!=	不等于	左结合

关系运算符都是双目运算符。>=、<=、!=、==是一个整体，所以中间不能有空格。其优先级为：

>、>=、<、<= ——————→ !=、==

高 ——————————→ 低

用关系运算符将两个表达式连接起来的式子称为关系表达式，一般格式为：

```
表达式 1　关系运算符　表达式 2
```

例如：a<b、a+b!=c+d、'a'>'b'等都是合法的关系表达式。

说明：

（1）如果关系表达式成立，其值为 1，表示“真”；否则是 0，表示“假”。即关系表达式的值是常整数（0 或 1）。

（2）关系运算符两侧的表达式可以是算术表达式、关系表达式、逻辑表达式、赋值表达式等。

注意：等于(==)和赋值(=)是两个不同的操作，等于用于测试给定的两个操作数是否相等。例如：

```
if(x==999)          //if 在程序中是"如果"的意思。
   cout<<"x is 999\n";
```

赋值操作符产生的值是所赋的值。例如：

```
x=0;
if (x=9)
cout<<"x is not 0\n";
```

即不管 x 的初值是什么，总是执行 cout 语句。因为 x=9 是赋值表达式，其表达式的值是 9，为非 0 值，即 if 语句的条件为真，所以总执行 cout 语句。

例 2-5　输出关系表达式的运算结果。

```
#include <iostream.h>
void main()
{
    int a=10,b=20;
    cout<<" <      <=     >     >=     ==     !=\n";
    cout<<(a<b)<<"\t"<<(a<=b)<<"\t"<<(a>b)<<"t";
    cout<<(a>=b)<<"\t"<<(a==b)<<"\t"<<(a!=b)<<endl;
    cout<<(a*b<a+b)<<"\t"<<(a*b<a+b)<<"\t"<<(a*b>a+b)<<"\t";
    cont<<(a*b>=a+b)<<"\t"<<(a*b==a+b)"\t"<<(a*b!=a+b)<<endl;
}
```

运行结果为：

```
<  <=  >  >=  ==  !=
1 1  0  0  0  1
0 0  1  1  0  1
```

2.7.3 逻辑运算符及逻辑表达式

逻辑运算符表示操作数之间的逻辑关系，C++提供三种基本的逻辑运算符，参见表 2-6。

表 2-6 逻辑运算符

运 算 符	操 作	结 合 性
!	逻辑非	右结合
&&	逻辑与	左结合
||	逻辑或	左结合

其中，&&和||是双目运算符；! 是单目运算符。&&和||都是一个操作符的整体，中间不能有空格。其优先级为：

! ————→ && ————→ ||

高 ————→ 低

用逻辑运算符操作数连接起来的式子称为逻辑表达式，用于表示复杂的运算条件。例如，下列左边所示是表示运算条件的数学不等式，右边是相应的 C++逻辑表达式：

```
0<x≤1              x>0&&x<=1
x≠0 并且 y≠0       x!=0&&y!=0
x>1 或 x<-1        x>1||x<-1
```

逻辑表达式运算时要整体考虑表达式的值是否为 0；0 表示逻辑假，非 0 表示逻辑真。其运算结果若为真，则产生整数 1，否则产生 0。

逻辑运算规则：

（1）逻辑与（&&）：仅当两个操作数的值都为真（非 0）时，逻辑结果为真（值为 1），否则为假（值为 0）。

（2）逻辑或（||）：两个操作数的值只要有一个为真，其结果即为真，否则为假。

（3）逻辑非（!）：单目运算符，若操作数的值为真，其结果为假，否则为真。

注意：如果逻辑表达式中同时出现多种运算符时，按下列顺序进行运算：

算术运算→关系运算→逻辑运算

例 2-6 输出逻辑表达式的运算结果。

```
#include <iostream.h>
void main()
{
int a=1,b=2,c=3;
cout<<"&&      ||       !\n";
cout<<(a&&b)<<"\t"<<(b||c)<<"\t"<<(!b)<<endl;
}
```

运行结果为：

```
&&      ||       !
1       1        0
```

2.7.4　赋值运算符及赋值表达式

在 C++中，基本赋值运算符为“=”，其功能是将一个数据赋给一个变量，即存入变量所对应的存储空间。另外基本赋值运算符还可以与算术运算符、位运算符等组成复合赋值运算符。赋值运算符的结合性为右结合。

用赋值运算符将变量和表达式连接起来的式子称为赋值表达式，例如：

```
x=8
y=x
z=x+y
```

说明：

（1）对于不同的变量 V_1、V_2、…、V_n，$V_1=V_2=\cdots=V_n$ 称为多重赋值。执行时，把表达式的值按照 V_n、…、V_2、V_1 的顺序依次赋给每个变量。如 a=b=c=1，运算时，先执行 c=1，然后把它的结果赋给 b，再把 b 的赋值表达式的结果 1 赋给 a。

（2）由复合赋值运算符构成复合赋值表达式，一般形式为：

```
V oper= E
```

其中，设定 oper 表示算术运算符，E 是一个表达式，V 为变量。实质上上述表达式等价于 V=V oper E。例如：

a+=3 等价于 a=a+3

a%=2 等价于 a=a%2

a%=b+2 等价于 a=a%(b+2)，而不是 a=a%b+2（括号不能丢）

a*=x-y 等价于 a=a*(x-y)，而不是 a=a*x-y（括号不能丢）

例 2-7　输出赋值表达式的运算结果。

```
#include <iostream.h>
void main()
{
int a,b,c,d,e=7;
a=b=1;
c=5;
d=a++;
d*=a+b;                        //等价于 d=d*(a+b)
e%=c-b;                        //等价于 e=e%(c-b)
cout<<"a        b        c        d        e"<<endl;
cout<<a<<'\t'<< b<<'\t'<< c<<'\t'<< d<<'\t'<< e<< endl;
}
```

运行结果为：

```
a        b        c        d        e
2        1        5        3        3
```

2.7.5 逗号运算符及逗号表达式

C++中提供了一种特殊的运算符——逗号运算符（或称顺序求值运算符），其功能是用逗号将表达式连接起来，从左向右求解各个表达式，而整个表达式的值为最后求解的表达式的值。

逗号表达式的一般形式为：

```
表达式 1，表达式 2，表达式 3，…，表达式 n
```

C++按顺序计算表达式 1，表达式 2，……，表达式 *n* 的值。整个表达式的值为表达式 *n* 的值。

例如：

```
int a,b,c
a=1,b=a+2,c=b+3;
```

由于按顺序求值，所以能够保证 b 一定在 a 赋值之后，c 一定在 b 赋值之后。该逗号表达式可以用下面三个有序的语句来表示：

```
a=1;
b=a+2;
c=b+3;
```

逗号表达式的值为第 *n* 个子表达式的值，即表达式 *n* 的值。例如：

```
int a,b,c,d;
d=(a=1,b=a+2,c=b+3);
cout<<d<<endl;
```

输出结果为 6

逗号运算符的优先级别最低，引入逗号表达式目的是简化程序书写，一般在 C++中常用逗号表达式代替几条语句。

例 2-8 输出逗号表达式的运算结果。

```
#include <iostream.h>
void main()
{
int x,y;
y=(x=3,3*x);
cout<<y;
}
```

运行结果为：

```
9
```

2.7.6 自增、自减运算符及表达式

自增“++”、自减“--”运算符都是单目运算符。“++”和“--”是一个整体，中间不能用空格隔开。++是使操作数按其类型增加 1 个单位，--是使操作数按其类型减少 1 个单位。

自增（自减）运算符可以放在操作数的左边，也可以放在操作数的右边，放在操作数左边时称为前置增量（减量）运算符，放在操作数右边时称为后置增量（减量）运算符。前置增量（减量）运算符是先使操作数自增（自减）1 个单位后，然后取其值作为运算的结果；后置增量（减量）运算符是先将操作数的值参与运算，然后再使操作数自增（自减）1 个单位。例如：

```
int count=15,digit=16,number,amount;
number=++count;                         //count 和 number 都为 16
amount =digit++;                        //amount 的值为 16，digit 的值为 17
```

例 2-9 阅读下列程序，给出运行结果。

```
#include <iostream.h>
void main( )
{
    int count,result1,result2,result3,result4;
    count=9;
    result1=++count;    //count 先自加 1，使 count 的值为 10，并将 10 赋给 result1
    result2=count++;    //先将 count 的值 10 赋给 result2，然后 count 再自加 1
    result3=--count;//count 先自减 1，使得 count 的值为 10，然后将 10 赋给 result3
    result4=count--;    //先将 count 的值 10 赋给 result4，然后 count 再自减 1
    cout<<"result1="<<result1<<"  count="<<count<<endl;
    cout<<"result2="<<result2<<"  count="<<count <<endl;
    cout<<"result3="<<result3<<"  count="<<count <<endl;
    cout<<"result4="<<result4<<"  count="<<count <<endl;
}
```

程序运行后，在屏幕上输出的结果为：

```
result1=10  count=9
result2=10  count=9
result3=10  count=9
result4=10  count=9
```

读者可以思考一下，如果要将 count 的变化过程输出应该如何调整此程序？

例 2-10 阅读下列程序，给出运行结果。

```
#include <iostream.h>
void main( )
{
    int a=9,n=11,b=8,c=5,m,k;
    a%=n%=2;  cout<<"a="<<a<<"\t\t n="<<n<<endl;
    b+=b-=b*b;  a=5+(c=6);
    cout<<"b="<<b<<"\t\t a="<<a<<"\t\t c="<<c<<endl;
    n=a++;        cout<<"a="<<a<<"\t\t n="<<n<<endl;
    m=++++a;      cout<<"m="<<m<<"\t\t a="<<a<<endl;
```

```
    k=a+++c;    cout<<"k="<<k<<"\t\t a="<<a<<endl;
}
```

程序运行后，在屏幕上输出的结果为：

```
a=0             n=1
b=-112          a=11          c=6
a=12            n=11
m=14            a=14
k=20            a=15
```

一般地，对于 k=a+++c;，由于不同的编译器解释不同，所以结果会有不同，出于避免二义性的考虑，读者应尽量避免使用这种格式。

2.7.7 sizeof 运算符

sizeof 运算符的功能是求某一数据类型或某一变量在内存中所占空间的字节数。其使用的一般形式为：

sizeof（变量名或数据类型）或 sizeof 变量名或数据类型

例 2-11 sizeof 运算符使用。

```
#include <iostream.h>
void main( )
{
   short int ashort; float afloat;
   int aint; long along; char achar;
   cout<<"data type\tmemory used(bytes) \n";
   cout<<"short int\t"<<sizeof(ashort)<<"\n";
   cout<<"integer  \t"<<sizeof(aint)<<"\n";
   cout<<"long integer\t"<<sizeof(along)<<"\n";
   cout<<"char   \t"<<sizeof(achar)<<"\n"<<"float   \t"<<sizeof(afloat);
}
```

运行结果为：

```
data type    memory used(bytes)
short int          2
integer            4
long integer       4
char               1
float              4
```

2.8 类型转换

在 C++中，整型、单精度、双精度及字符型数据可以进行混合运算。当表达式中不同类型的数据进行运算时，会发生数据类型的转换。C++中有两种类型转换的方法：自动类型转换和强制类型转换。

2.8.1　自动类型转换

C++编译系统可以自动完成对同一表达式中不同类型的数据自动进行类型转换，遵循一定的规则，即：在运算时，不同类型的数据要先转换成同一类型的数据，然后进行计算，所有操作数都是向“所占存储空间更大”的操作数转换，如图 2-3 所示。图 2-3 中箭头表示自动转换的方向。

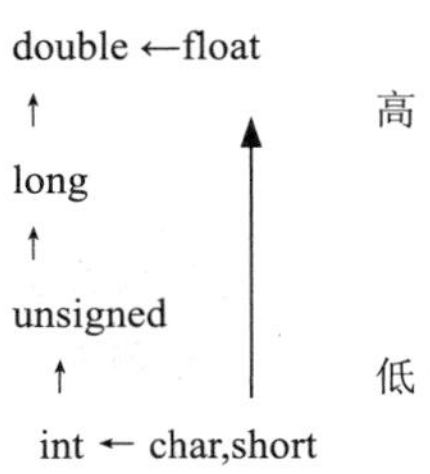

图 2-3　类型转换规则

2.8.2　强制类型转换

自动类型转换是由编译系统自动进行的。除此之外，C++还提供了在程序中进行强制类型转换的方法。即在表达式中可以根据需要把任意一个数据的类型转换为另一个数据类型。强制类型转换是靠强制类型转换控制运算符实现的，其一般形式为：

数据类型（操作数）或（数据类型）操作数

其中，操作数可以是变量名或表达式，功能是把操作数的数据类型强行转换为前面指定的数据类型。例如：

```
double (a)                    //将 a 转换成 double 型
int (x+y)                     //将 x+y 的值转换成 int 型
float (5%3)                   //将 5%3 的值转换成 float 型
```

注意：

（1）数据类型转换，仅仅是为了在本次操作中对操作数进行临时性的转换，并不改变数据类型说明中所规定的数据类型。例如：

```
#include <iostream.h>
void main()
{
    float x;
    int i;
    x=5.6;
    i=int(x);
    cout<<"x="<<x<<"i="<<i;
}
```

运行结果为：

```
x=5.6   i=5
```

可见 x 类型仍为 float 型，值为 5.6。

（2）当操作数为表达式时，表达式应用括号括起来。例如：将 x+y 的值转换成 int 型，应表示为（int）(x+y),如果写成（int）x+y，则将只转换 x 为整型，然后与 y 相加。例如：

```
#include <iostream.h>
void main()
{
    float  x=5.6,y=7.8;
    float  z;
    z=int(x+y);                    //强制转换 x+y 的值的类型为整型
    cout<<"x+y="<<x+y<<endl;       //直接输出 x+y 的值(float 型)
    cout<<"z="<<z<<endl;
}
```

运行结果为：

```
x+y=13.4
z=13
```

可见直接输出 x+y 的值的类型仍为 float 型，而强制转换 x+y 的值的类型为整型，所以 z 的值为 13。如果将上例中的 z=int(x+y)；语句改为(int)x+y；语句，只将 x 转换为整型值 5，然后与 y 相加，那么 z 的值将变为 12.8。

2.9 流程控制

从结构化程序设计的角度出发，程序有三种结构：顺序结构、选择（分支）结构、循环结构，其中顺序结构就是按照程序的先后顺序执行，是一种最常见也最容易理解的结构，在本节之前遇到的例题和习题中的程序都是顺序结构的，所以在本节不再做太多讲解和说明。

2.9.1 选择结构语句

选择结构语句也称为分支结构语句，它的流程控制方式是根据给定的条件，选择执行两个或两个以上分支程序段中的某一个分支程序段。在编写选择语句之前，应该首先明确判断条件是什么，并确定当判断结果为“真”或“假”时应分别执行什么样的操作。

1．单选条件语句

格式：

```
if （表达式）    语句
```

其中，表达式可以是关系表达式、逻辑表达式或其他表达式，常用的是关系表达式或逻辑表达式；语句可以是单一语句，也可以是复合语句。

例如：

```
if(x>1.5)
   y+=5;
y=x*x+5*x;
```

当 x>1.5 成立时，做 y+=5;然后再执行到 y=x*x+5*x;而当 x>1.5 不成立时，跳过 y+=5;直接执行 y=x*x+5*x;。

而对于程序：

```
if(x>1.5)
 {
  y+=5;
  y=x*x+5*x;
 }
```

大括号内有多条语句时被称为复合语句，则当 x>1.5 成立时，大括号中的两句话同时都要做，否则大括号中的两句话都不做。

图 2-4 给出了 if 语句的执行过程。首先计算表达式的值，若表达式为非 0 值，则执行内嵌语句；否则结束 if 语句的执行。

2．双分支 if…else 语句

if…else 语句的语法格式为：

```
if（<表达式>） <语句 1>
else   <语句 2>
```

其中，语句 1 和语句 2 称为内嵌语句，它们可以是单条语句，也可以是复合语句。图 2-5 给出了 if…else 语句的执行过程。执行该语句时，先计算表达式的值，若表达式为非 0 值，则执行语句 1；否则执行语句 2。

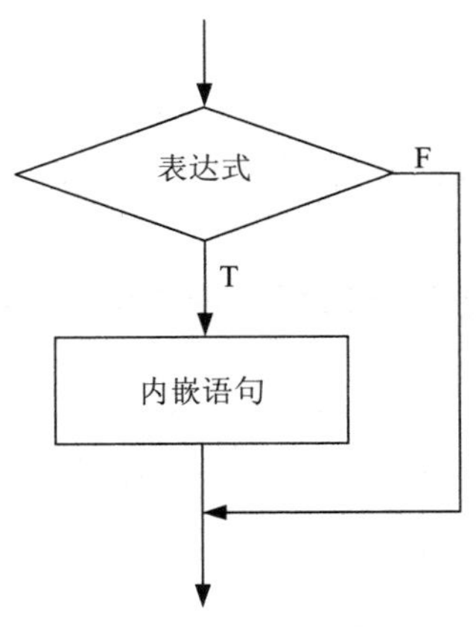

图 2-4　if 语句的执行过程

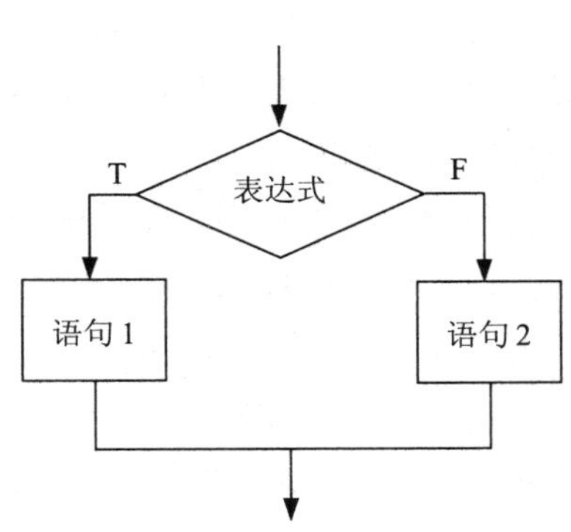

图 2-5　if…else 语句的执行过程

例 2-12 输入任意两个整数，如果第一个数的值比第二个数大，就将它们的值交换后输出。

```
#include <iostream.h>
void main ( )
{
    float a, b, t;
    cout<< "输入两个数:";
    cin>>a>>b;
if (a>b)
    {t=a; a=b; b=t;}
cout<<"交换后为: "<< a<< " ,"<<b<<endl;
}
```

因为内存中的数据有覆盖特性，所以交换时不可以直接赋值，一定要找一个中间变量 t 来交换两个变量的值。

例 2-13 输入三个数，利用例 2-12 中交换的方法将它们按从小到大的顺序输出。

```
#include <iostream.h>
void main ( )
{
    float a, b, c,t;
    cout<<"输入三个数:";
    cin>>a>>b>>c;
if (a>b)
    {t=a; a=b; b=t;}
if (a>c)
    {t=a; a=c; c=t;}
if (b>c)
    {t=b; b=c; c=t;}
cout<<"排序后为:"<< a<<","<<b<<","<<c<<endl;
}
```

这只是一个排序的雏形，后面的章节还会对排序算法作详细的讲解。

3. 嵌套的条件语句

当条件语句的内嵌语句还是条件语句时，称为嵌套的条件语句，图 2-6 给出了多重 if…ecse 语句的执行过程。格式如下：

```
if(表达式 1) 语句 1;
  else if(表达式 2) 语句 2;
    else if(表达式 3) 语句 3;
          …
         else if(表达式 m) 语句 m;
```

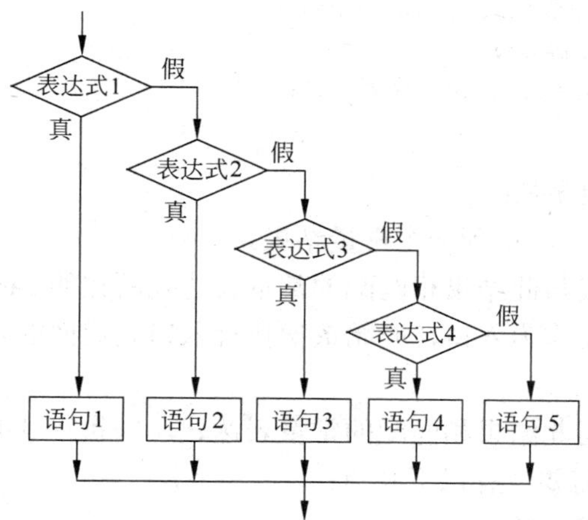

图 2-6　多重 if…else 语句的执行过程

例 2-14　已知函数 $y=\begin{cases}1 & x>0\\ 0 & x=0\\ -1 & x<0\end{cases}$，任意给定自变量 x 的值，求函数 y 的值。

```
#include <iostream.h>
void main( )
{
    float x,y;
    cout<<"input x=";
    cin>>x;
    if(x>0)     y=1;
      else if(x==0)     y=0;
         else  y=-1;
    cout<<"x="<<x<<"  y="<<y<<endl;
}
```

在程序中使用 if 语句的嵌套形式时要特别注意 else 与 if 的配对问题。一定要确保 else 与 if 的对应关系不存在歧义性。C++中规定的配对原则是：else 与其前边最近的未配对的 if 配对。

4．开关语句

switch 语句也叫多选择语句，可以根据给定的条件，从多分支语句序列中选择执行一个分支的语句序列。其语法格式为：

```
switch （表达式）
      {
         case 常量表达式 1：《语句序列 1》;
              《break;》
         case 常量表达式 2：《语句序列 2》;
              《break;》
               ……
```

```
        case 常量表达式 n:《语句序列 n》;
            《break;》
          《default:语句序列 n+1;》
    }
```

switch 语句的执行顺序是:

(1)先计算“表达式”,得到一个常量结果。

(2)再从上到下寻找与此结果相匹配的常量表达式所在的 case 语句。

(3)如果匹配则以此作为入口,开始依次执行入口处后面的各语句,直到遇到“}”,才结束 switch 语句。

(4)如果没有找到与此结果相匹配的常量表达式,则执行 default 处语句 n+1。

使用 switch 语句还需要注意以下几点:

(1)default 语句是默认的。

(2)switch 后面括号中的表达式只能是整型、字符型或枚举型。

(3)在各个分支语句中,break 起着退出 switch 语句的作用。

(4)case 语句起标号的作用,标号不能重名。

(5)可以使多个 case 语句共用一组语句序列。

例如:

```
int digit,white,other;
char c;
...
switch(c){
case '0':
case '1':
case '2':
case '3':
case '9':  digit++;
           break;
default:   other++;
}
```

即当 c 的值为'0'、'1'、'2'、'3'、'9'时都会执行 digit++。另外,switch 结构可以嵌套且各个 case(包括 default)语句的出现次序可以任意。

例 2-15 输入一个百分制成绩,转换成“优、良、中、及格或不及格”的五级制输出。

```
#include <iostream.h>
#include <stdlib.h>
void main( )
{
    int  score;
    cout<<"请输入分数:";
    cin>>score;
    if(score<0 || score>100){
```

```
        cout<<"分数输入错误!"<<endl;
        exit(1);                                    //成绩异常时，结束程序运行
    }
    switch(score/10) {                              //取 score/10 的整数商
    case 10:
    case 9:
        cout<<"优"<<endl;   break;
    case 8:
        cout<<"良"<<endl;   break;
    case 7:
        cout<<"中"<<endl;   break;
    case 6:
        cout<<"及格"<<endl;break;
    default:
        cout<<"不及格"<<endl;
    }
}
```

程序首先对输入的成绩进行正确性检查，保证成绩在 0～100。若成绩异常时终止程序的执行；否则，通过开关语句将成绩转换为优、良、中、及格或不及格。

2.9.2　循环结构语句

如果在程序中反复执行同一语句序列，直至满足某个条件为止，这种重复执行过程称为循环。C++提供了三种循环语句：while 语句、do…while 语句和 for 语句。

循环都具有三要素：一是循环的初始条件，主要用于设置循环的入口点；二是循环的结束条件，用于设置循环的出口点；三是循环变量的修改，使循环变量向结束条件靠近。循环三要素在编写循环语句时非常重要，缺一不可。

1．while 语句

while 语句的语法格式为：

```
while (<表达式>) <循环体语句>
```

其中，表达式可以是任意表达式，它是重复执行循环体语句的判断条件，通常是关系表达式或逻辑表达式；循环体语句可以是一个语句，也可以是复合语句。

图 2-7 描述了 while 语句的执行过程。它先计算表达式的值，若其值为逻辑真，则执行循环体语句，再计算表达式的值并重复以上的判断和执行过程，直到表达式的值为 0 时，结束循环的执行。

如果一开始表达式的值就为 0，则直接退出循环，不执行循环体语句。如果在执行循环过程中循环无法终止，就成了死循环或无限循环。通常在循环三要素中若有一个考虑不当，就有可能造成死循环。死循环在语法上是没有错误的，一般对程序设计是没有意义的，所以在程序设计时要避免产生死循环。例如，对于以下程序段：

```
while (x=3) {
    ++x;
    y=x;
}
```

由于表示循环条件的表达式是一个赋值表达式，其值永远为 3，循环无法终止，因此这是一个死循环。

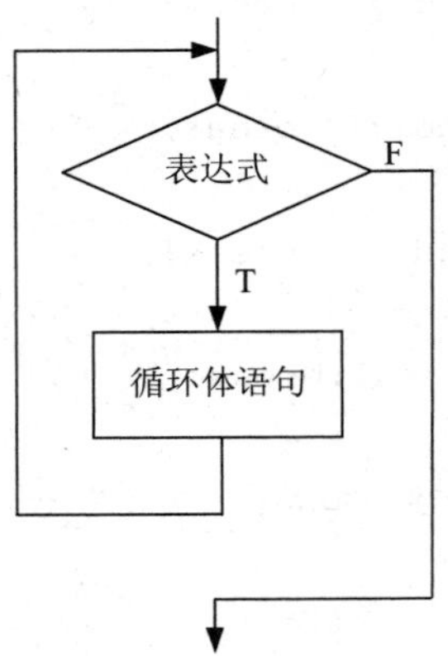

图 2-7 while 语句执行过程

例 2-16 计算$1+\frac{1}{2}+\frac{1}{3}+\frac{1}{4}+\cdots+\frac{1}{n}$的和刚好大于等于 3 时的项数 n。

```
#include <iostream.h>
void main( )
{
    int n=1;
    double sum=0;
    while(sum<3) {
        sum+=1.0/n;
        n++;
    }
    cout<<"n="<<n-1<<"  sum="<<sum<<endl;
}
```

该程序中的循环终止条件为 sum>=3。如果 sum<3，重复执行 sum+=1.0/n，直到 sum>=3 时终止循环。

请读者分析一下，若将程序中的表达式 sum+=1.0/n 改写成 sum+=1/n，那么会出现什么情况？

2．do…while 语句

do…while 语句的语法格式为：

```
do
    <循环体语句>
while (<表达式>);
```

do…while 语句的执行过程为：

（1）执行循环体语句。

（2）计算表达式的值。

（3）如果表达式的值为非 0，重复（1）、（2）步骤；否则结束循环语句的执行。

该语句的执行过程也可以用图 2-8 来描述。

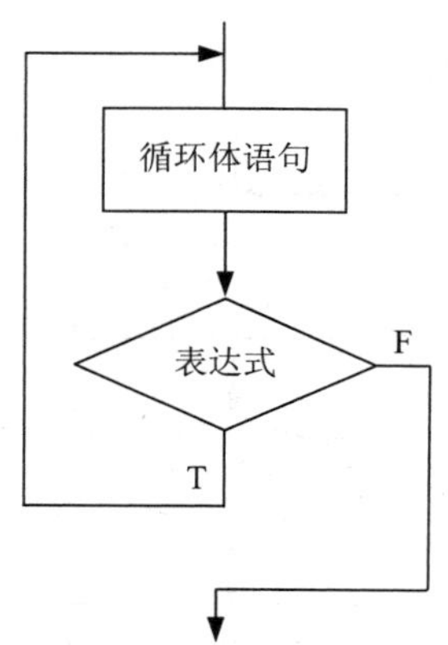

图 2-8　do…while 语句执行过程

例 2-17　从键盘输入若干字符，直至按下换行键结束，统计输入的字母个数。

```
#include <iostream.h>
void main( )
{
    int count=0;
    char ch;
    do{
        ch=cin.get();
        if(ch>='A' && ch<='Z' || ch>='a' && ch<='z')
                count++;
        }while(ch!='\n');        //用回车键作为循环终止条件
    cout<<"count="<<count<<endl;
}
```

程序中的 cin.get 用于从键盘读入任一字符，包括空格字符、换行字符等，然后将读入的字符赋给变量 ch。如果输入的是非换行字符且是字母字符时，则 count 加 1，并继续循环，直至读入的字符为换行符时，结束循环。

3．for 语句

for 语句的语法格式为：

```
for (<表达式 1>; <表达式 2>; <表达式 3>)
   <循环体语句>
```

其中，表达式 1、表达式 2 和表达式 3 可以是任意表达式。一般情况下，表达式 1 用于设置循环变量的初值；表达式 2 设置循环结束的条件；表达式 3 完成循环变量的修改。

for 循环的执行过程为：

（1）计算表达式 1 的值。

（2）计算表达式 2 的值。

（3）若表达式 2 的值为非 0，则执行循环体语句；否则结束 for 循环。

（4）计算表达式 3 的值。

（5）重复（2）～（5）步骤。

for 语句的执行过程如图 2-9 所示。

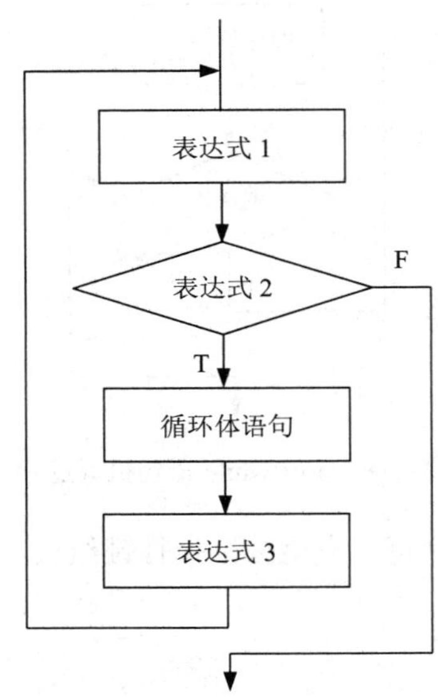

图 2-9　for 语句执行过程

例 2-18　计算 1+2+3+…+100 的和。

```
#include <iostream.h>
void main( )
{
    int n,sum=0;
    for(n=1;n<=100;n++)
      sum+=n;
    cout<<"sum="<<sum<<endl;
}
```

该程序中，表达式 n=1 用于初始化变量 n。当 n<=100 时，执行 sum+=n，执行完毕做 n++，直到 n>100 时结束循环。

例 2-19　每隔 5 个数，输出 1～100 的整数。

```
#include <iostream.h>
void main( )
  {
    int counter;
```

```
  for (counter=1;counter<=100;counter+=5)
     cout<<counter<<" ";
  cout <<"\n";
}
```

不少初学者容易将表达式 counter+=5 写成 counter+5，这是不对的，这样没有办法改变循环变量 counter 的值，导致输出的全是 1。

4．三种循环语句的比较

下面从循环三要素的角度来考虑三种循环语句的异同。

```
while 循环：
<循环变量>=<初值>;
while (<条件>) {
  <循环体语句>
  <改变循环变量>
}
```

```
do…while 循环：
<循环变量>=<初值>;
do {
  <循环体语句>
  <改变循环变量>
 } while (<条件>);
```

```
for 循环：
for (<循环变量>=<初值>;
<条件>; <改变循环变量>) {
    <循环体语句>
  }
```

（1）while 和 for 语句在每次执行循环体语句之前判断循环条件，然后决定是否执行循环体语句；而 do…while 语句在每次执行循环体语句之后判断循环条件，然后决定是否再次执行循环体语句。

（2）如果一开始循环条件不成立，while 和 for 语句不执行循环体语句；而 do…while 语句至少要执行一次循环体语句。

5．循环的嵌套及其应用

如果在循环体内又包含了循环语句就称为循环的嵌套。在 C++语言中，三种循环语句间的相互嵌套的层次没有限制。例如下面程序段：

```
int year,day;
for(year=1;year<=10000;year++)
    for(day=1;day<=365;day++)
    {cout<<"I wish you happy!"<<endl;}
```

程序的执行过程中，先是赋值 year=1，然后判断 year<=10 000 是否成立，成立则执行循环体，而它的循环体正好又是一个 for 循环，所以要将第二个 for 循环做完，即要输出 365 次 I wish you happy!，输出完毕后就会回到 year++，接着判断 year=2 是否小于 10 000，判断为真就会接着再做内层 for 循环，再输出 365 次 I wish you happy!，如此往复，最后计算机将输出 3 650 000 行 I wish you happy!，即任意一年的任意一天都会输出一句 I wish you happy!，所以多层的 for 循环可以匹配循环变量的任意组合。

例 2-20　100 元钱买 100 只鸡。公鸡 5 元一只，母鸡 3 元一只，小鸡 1 元 3 只，输出所有的购买方案。

```
#include <iostream.h>
void main( )
{
int a,b,c ;    //a b c 是公鸡、母鸡、小鸡数
```

```
for(a=0;a<=20;a++)
 for(b=0;b<=33;b++)
  for(c=0;c<=300;c++)
  if( a+b+c==100 && 5*a+3*b+c/3.0==100)
   cout<<"公鸡数="<<a<< " 母鸡数="<<b<<" 小鸡数="<<c<<endl;
}
```

第一个 for 循环控制公鸡可以购买的范围，第二个 for 循环控制母鸡可以购买的范围，第三个 for 循环控制小鸡可以购买的范围，三个 for 循环可以匹配所有公鸡、母鸡和小鸡的组合，然后用 if 语句进行判断，只要是符合百钱买百鸡条件的就输出出来，得到最终的结果。其实在第三个 for 循环中也可以将小鸡的范围缩小，因为要买 100 只鸡，所以 101~300 间的数据肯定不符合要求，可以改成 for(c=0;c<=100;c++)，又因为小鸡是 1 块钱 3 只，买的小鸡数量肯定是 3 的倍数，所以可以进一步修改成 for(c=0;c<=99;c++)。

嵌套的 for 循环还可以控制输出的行列数，外层循环控制输出的行数，内层循环控制输出的列数。

例 2-21 打印边长为 *m* 的正方形。

```
*  *  *  *
*  *  *  *
*  *  *  *
*  *  *  *
```

分析：可以分两步解决这个问题。

```
(1) 输入 m;
(2) for ( i=1; i<=m; i++)
     {
          打印 m 个 *;
          换新行;
     }
```

将这两步细化为：

```
(1) cin>>m;
(2) for ( i=1; i<=m; i++)
        {
          for ( j=1; j<=m; j++ )
             cout<< " * ";
          cout<<endl;
         }
```

编写程序如下：

```
#include <iostream.h>
void main( )
{
  int i, j, m;
```

```
    cout<<"输入行列数：";
    cin>>m;
    for (i=1; i<=m; i++)
        {
         for (j=1; j<=m; j++)
             cout<<"*";
         cout<<endl;
         }
}
```

可以考虑用同样的方法输出一些其余形状的图形。

例 2-22　请输出以下图形：

```
    *
   ***
  *****
 *******
*********
```

分析：这是一个等腰三角形，可以使用例 2-20 的方法按行列数输出相应的星数，星的个数为奇数，可以考虑行数的 2 倍减 1，但为了达到等腰三角形的效果，需要在每一行输出星之前先输出相应的空格数，如图 2-10 所示。

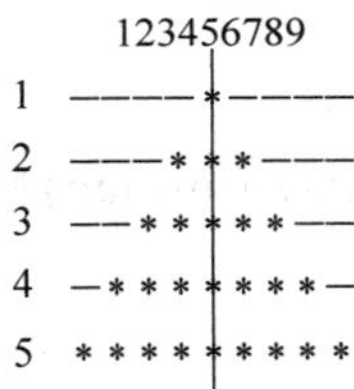

图 2-10　等腰三角形输出示意图

```
#include <iostream.h>
void main()
{ int i,j;
for ( i=1; i<=5; i++)
 {
   for ( j=1; j<=5-i; j++)
        cout<<"  ";
   for ( j=1; j<=2*i-1; j++)
        cout<<"*";
   cout<<endl;
 }
}
```

嵌套的循环除了可以输出图形外，也可以输出具有一定规则的数字，例如：

例 2-23 按下列格式打印九九表。

```
1*1=1
1*2=2    2*2=4
1*3=3    2*3=6    3*3=9
1*4=4    2*4=8    3*4=12   4*4=16
1*5=5    2*5=10   3*5=15   4*5=20   5*5=25
1*6=6    2*6=12   3*6=18   4*6=24   5*6=30   6*6=36
1*7=7    2*7=14   3*7=21   4*7=28   5*7=35   6*7=42   7*7=49
1*8=8    2*8=16   3*8=24   4*8=32   5*8=40   6*8=48   7*8=56   8*8=64
1*9=9    2*9=18   3*9=27   4*9=36   5*9=45   6*9=54   7*9=63   8*9=72   9*9=81
```

```
#include<iostream.h>
#include<iomanip.h>
void main( )
 {int bcs,cs;
   cout<<setiosflags(ios::left);                    //左对齐
   for (bcs=1; bcs<=9; bcs++)
   {
       for (cs=1; cs<=bcs ;cs++)
       cout<<cs<<'*'<<bcs<<'='<<setw(5) <<bcs*cs;
       cout<<endl;
   }
}
```

在该程序中，使用了操纵符 setiosflags(ios::left)和 setw(5)，目的是使输出的每个乘积左对齐，并占 5 个字符位。

2.9.3 跳转语句

跳转语句包括：break、continue，它们可以使程序无条件地改变执行的顺序。

1. break 语句

break 语句的语法格式为：

```
break;
```

break 语句只能用在 switch 语句和循环语句中。当程序执行到该语句时，将终止 switch 或循环语句的执行，并将控制转移到该 switch 或循环语句之后的第一个语句中，并开始执行该语句。switch 语句中的 case 分支只起一个入口标号的作用，而不具备终止 switch 语句的功能。因此，在 switch 语句内部，要终止该语句的执行，必须使用 break 语句。对于循环语句，在其循环体内，当某一条件成立要终止该循环语句的执行时，也可使用 break 语句。

例 2-24 输出 2～100 的所有素数。

```
#include <iostream.h>
#include <iomanip.h>
```

```
#include <math.h>
void main( )
{
   int i,j,flag,count=1;
   cout<<setiosflags(ios::right);
   cout<< setw(5)<<2;                          //先输出素数 2
   for(i=3;i<=100;i+=2) {                      //测试 100 以内的奇数是否为素数
           flag=1;                             //flag 为素数标志，先假定该数为素数
            for(j=2;j<=sqrt(i);j++)            //函数 sqrt 是求 i 的平方根
               if(i % j==0) {
                   flag=0;                     //i 不是素数将 flag 修改为 0
                   break;                      //只终止内层循环
               }
        if(flag==1) {                          //flag 仍然为 1，则 i 为素数
               count++;
                cout<<setw(5)<<i;
               if(count % 10==0)   cout<<endl; //控制每行输出 10 个数
           }
       }
 }
```

在该程序中使用了双重循环结构，外层循环（循环变量为 *i*）控制对 100 以内的奇数进行测试，内层循环（循环变量为 *j*）用来判断 *i* 是否为素数。根据素数的定义，如果 *i* 除了 1 和它本身之外，任何其他的数都不能整除，那么 *i* 就是素数。理论上已经证明，判断一个数 *i* 是否为素数，不必要从 2 开始除起直到 $i-1$ 为止，只要除到 $\sqrt{i}$ 为止就可以了。

在多重循环中，break 语句只终止其所在层次的循环，不会终止所有循环。同理，在 switch 的嵌套结构中，break 语句也只终止其所在层次的 switch 语句，不会终止所有 switch 语句。

注意，常用的数学函数都在头文件 math.h 中作了定义。程序中用到了函数 sqrt，为此在程序的开头要包含头文件 math.h。

2．continue 语句

continue 语句也称为继续语句。其语法格式为：

```
continue;
```

continue 语句只能用在循环语句中。当程序执行到该语句时，将终止本次循环，开始下一次循环。

例 2-25　阅读下列程序，给出运行结果。

```
#include<iostream.h>
void main()
{
   int i;
   for (i=100;i<200;i++)
    {
```

```
        if(i%3==0)continue;
          cout<<i<<"   ";
      }
}
```

程序运行后，在屏幕上输出 100～200 所有不能被 3 整除的数。

break 语句与 continue 语句的区别：

（1）break 语句是跳出本层循环，continue 语句是终止本次循环。

（2）break 语句可以用在循环和 switch 语句中，continue 语句只能用在循环语句中。

2.10 构造数据类型

C++的构造数据类型是相对于其基本数据类型而言的，许多书上也称为导出的数据类型，它们要比基本数据类型复杂。

2.10.1 数组

数组变量（简称数组）就是一种构造类型，是一组具有相同数据类型的变量的集合。数组中的每个数据都是数组的一个元素，叫做数组元素，它们之间具有固定的先后顺序。通过一个统一的数组名和下标就可以唯一地确定数组中的元素。具有一个下标的数组称为一维数组，具有两个或两个以上下标的数组称为二维或多维数组。

1．一维数组

（1）一维数组的定义。

一维数组定义的一般形式为：

```
数据类型  数组名[常量表达式];
```

例如：

```
int a[10];
```

表示定义一个数组名为 a 的数组，该数组中有 10 个整型元素。这 10 个元素分别是 a[0]、a[1]、a[2]、a[3]、a[4]、a[5]、a[6]、a[7]、a[8]、a[9]。可见，具体的数组元素是由数组名和数组下标组成，需要注意的是，数组元素的下标是从 0 开始的。

需要在程序中定义大量变量的时候就可以使用数组，例如 int a[1000]就表示定义了 1000 个变量，它们是 a[0]～a[999]。

说明：

① 数组名的命名规则和变量名相同，遵循标识符的命名规则。数组名除了作为数组的标识名字外，它同时还代表该数组存储空间的首地址，也就是第一个数组元素的地址，因此，数组名本身还是一个地址量。

② 数据类型是指数组的数据类型，也就是每一个数组元素的类型。它可以是基本数据类型中的任何一种，如 char、int、float 或 double，也可以是构造类型。

③ 数组名后是用方括号括起来的常量表达式，不能用圆括号。

④ 常量表达式表示该数组中的元素的个数，即数组长度。如上例 a[10]，其中的 10 表示 a 数组中有 10 个数组元素，下标从 0 开始，这 10 个数组元素分别为 a[0]、a[1]、a[2]、a[3]、a[4]、a[5]、a[6]、a[7]、a[8]、a[9]。应注意，这里不存在 a[10]这个数组元素。

⑤ 常量表达式中可以包含常量和符号常量，不能包含变量，即在 C++中不允许对数组的大小做动态定义。例如：

```
int m;
cin>>m;
int a[m];  //错误
```

可以使用符号常量或宏定义对数组的大小进行定义。例如：

```
const int N=10;
int a[N];
```

或

```
#define N 10    //宏定义，定义 N 的值为 10。
…
int a[N];
```

（2）一维数组的初始化。

在定义数组的同时对数组元素赋值，叫做数组的初始化。对一维数组的初始化可用以下方法实现：

① 在定义数组时对数组的全部元素赋初值。例如：

```
int a[10]={0,1,2,3,4,5,6,5,8,9};
```

将数组元素的初值放在一对大括号内，中间用逗号相隔。经过上面的定义和初始化后，a[0]=0，a[1]=1，a[2]=2，a[3]=3，a[4]=4，a[5]=5，a[6]=6，a[5]=5，a[8]=8，a[9]=9。

② 可以只给一部分数组元素赋初值。例如：

```
int a[10]={0,1,2,3,4};
```

这时 a 数组中 10 个数组元素只有 5 个数组元素被赋初值，即只给前 5 个元素赋初值，后 5 个数组元素系统自动赋初值 0。即：a[0]=0，a[1]=1，a[2]=2， a[3]=3，a[4]=4，a[5]=0，a[6]=0，a[7]=0，a[8]=0，a[9]=0。

③ 对全部数组元素赋初值时，可以不指定数组长度。例如：

```
int a[]={0,1,2,3,4,5,6,5,8,9};
```

此时系统会自动按初值的个数设定数组长度，为数组分配足够的存储空间。上例中，大括号中有 10 个数，由于未指明数组长度，系统自动定义 a 数组的长度为 10。

其实对一维数组的初始化除了上述的几种方法外，最重要的一种方法是通过一个 for 循环输入一系列的数据到数组中从而完成相应数组元素的初始化工作，这样可以极大地增加初始化时数据的灵活性。例如：

```
for (i=0;i<5;i++)
    cin>>a[i];        //依次输入数组的 5 个元素
for (i=4;i>=0;i--)
   cout<<a[i];       //逆序输出数组的 5 个元素
```

（3）排序和查找算法。

算法是解题方案准确而完整的描述，指完成一个任务所需要的策略机制，即给定初始状态或输入数据，能够得出所要求的终止状态或输出数据。排序和查找都是程序设计中经常用到的算法，利用数组和循环的关系可以设计排序与查找的算法。

例 2-26 将下列 10 个数按由小到大的顺序排列输出。

15，8，0，−6，2，39，−53，12，10，6

分析：这是对数组中元素的排序问题。对数据进行排序的算法是计算机的一种常用而重要算法。排序的方法很多，这里介绍两种比较简单的排序方法：选择排序和冒泡排序。

① 选择排序。

选择排序的基本思想（以升序排序为例）是固定位置的排序，从一组数的第一个位置开始，用当前位置上的数与后面各个位置上的数进行比较，发现一个比当前位置上的数小的数就换到当前位置上来，这样一轮下来当前位置上放的就是最小的数。然后从第二个位置上的数开始再进行一轮比较，找到次小值……，按照这种方法一直排下去，直到剩下最后一个数为止。假设有 n 个数据，那么要排序 n−1 轮。

以数列：15，8，0，−6，2，39，这 6 个数为例，下面给出这 6 个数的选择排序过程。

第一轮：

①[15]，[8]，0，−6，2，39

②[8]，15，[0]，−6，2，39

③[0]，15，8，[−6]，2，39

④[−6]，15，8，0，[2]，39

⑤[−6]，15，8，0，2，[39]

结果：[−6]，15，8，0，2，39

第二轮：

①[15]，[8]，0，2，39

②[8]，15，[0]，2，39

③[0]，15，8，[2]，39

④[0]，15，8，2，[39]

结果：[0]，15，8，2，39

第三轮：

①[15]，[8]，2，39

②[8]，15，[2]，39

③[2]，15，8，[39]

结果：[2]，15，8，39

第四轮：

①[15]，[8]，39

②[8]，15，[39]

结果：[8]，15，39

以数列：15，8，0，−6，2，39 这 6 个数为例，下面给出这 6 个数的选择排序过程。

第五轮：

①[15]，[39]

结果：[15]，39

选择排序的最后结果为：−6，0，2，8，15，39。实现选择排序的程序为：

```
#include <iostream.h>
void main( )
{
        int a[10]={15,8,0,-6,2,39,-53,12,10,6 };
        int i,j,temp;
        for(i=0;i<9;i++)                            //比较排序的总轮数
            for(j=i+1;j<10;j++)                     //每轮比较的次数
                if(a[i]>a[j])
                    {temp=a[i]; a[i]=a[j]; a[j]=temp;}
        for(i=0;i<10;i++)
            cout<<a[i]<<'\t';                       //输出排序后的数据
        cout<<endl;
    }
```

由程序可以看出，每找到一个比当前位置上的数小的数就要进行一次交换，如果数据交换的次数太多会影响程序的效率，所以可以找一个变量 k 用来记录数组的下标，每找到一个比当前位置上的数小的数，就将那个数的下标赋给这个变量 k，每轮的最后一次比完，变量 k 的值就是最小数的下标，再将当前位置上的数与 $a[k]$做一次交换即可。程序可更改如下：

```
#include <iostream.h>
  void main( )
  {
        int a[10]={15,8,0,-6,2,39,-53,12,10,6 };
        int i,j,k,min,temp;
        for(i=0;i<9;i++){                       //比较排序的总轮数
            min=a[i],k=i;                       //假设排头的数据最小
            for(j=i+1;j<10;j++){                //每轮比较的次数
                if(min>a[j]){                   //较小的数放在 min 中，位置由 k 标记
                    min=a[j]; k=j;
                }
            }
            if(i!=k)
             {temp=a[i]; a[i]=a[k]; a[k]=temp; }//若不是最小数，与最小值 a[k]交换
        }
        for(i=0;i<10;i++)
            cout<<a[i]<<'\t';                   //输出排序后的数据
        cout<<endl;
}
```

本例中数组的值是被固定赋值上去的，实际操作中被排序数组的值也可以通过一个 for 循环手动输进去，这样可以增加程序的灵活性。

② 冒泡排序。

冒泡排序的基本思想是（以升序排序为例）从前到后两两比较，将较大的数换到后面去（也可以诠释为从后到前两两比较，将较小的数换到前面去），使比较大的数据下沉到数

组的底部（如果是从后向前两两比较，则比较小的数据像气泡一样上浮到数组的顶部）。假设有 *n* 个数，要排序 *n*−1 轮。以数列：15，8，0，−6，2，39，这 6 个数为例，下面给出这 6 个数据的冒泡排序过程。

第一轮：
①15，8，0，−6，2，39
②8，15，0，−6，2，39
③8，0，15，−6，2，39
④8，0，−6，15，2，39
⑤8，0，−6，2，15，39
结果：8，0，-6，2，15，39

第二轮：
①8，0，−6，2，15
②0，8，−6，2，15
③0，−6，8，2，15
④0，−6，2，8，15
结果：0，−6，2，8，15

第三轮：
①0，−6，2，8
②−6，0，2，8
③−6，0，2，8
结果：−6，0，2，8

第四轮：
①−6，0，2
②−6，0，2
结果：−6，0，2

第五轮：
①−6，0
结果：−6，0

冒泡排序的最后结果为：−6，0，2，8，15，39。实现冒泡排序的程序为：

```
#include <iostream.h>
void main( )
{
        int a[10]={15,8,0,-6,2,39,-53,12,10,6};
        int i,j,temp;
        for(i=0;i<9;i++)                                         //冒泡排序的总轮次
            for(j=0;j<9-i;j++)                                   //每轮比较的次数
                if(a[j]>a[j+1])                                  //两数交换
                  {temp=a[j]; a[j]=a[j+1]; a[j+1]=temp;}         //较大的数后移
        for(i=0;i<10;i++)
            cout<<a[i]<<' ';                                     //输出排序后的数据
        cout<<endl;
}
```

③ 查找算法。

实现查找的方法很多，最简单的是顺序查找，即用要查找的数与数组中的数一个一个比较，其查找速度比较慢。这里介绍折半查找法，这是一种快速的查找方法。

折半查找的思想：折半查找也称为二分查找。其方法是将有序数列逐次折半，并确定折半数据的位置和大小，用待查找的数据与其比较，若相等则查找成功。否则，如果待查找的数据比折半位置的数据小，那么到前半区间继续查找，否则到后半区间继续查找。其具体做法是：

a．将有序数列存放在数组 s 中。

b．设置 3 个标记，low 指向待查区间的底部，high 指向待查区间的顶部，binary 指向折半的位置，即待查区间的中部（binary=(low+high)/2）。

c．比较待查数据 x 与 s[binary]是否相等。若相等，则查找成功并结束查找；若 x<s[binary]，说明 x 在[low, binary]（前半区间）范围内，使 high=binary-1；若 x>s[binary]，说明 x 在[binary, high]（后半区间）范围内，使 low=binary+1。

d．将待查区间继续缩小后，如果 low 不再小于 high，说明直到查找完毕也没有查找到相应的数，结束查找；否则在新的区间[low, high]上重复 b～d 步骤。

例 2-27　有序数列：{−56，−23，0，8，10，12，26，38，65，98}，查找数据 38 在这个数列中是否存在。

```
#include <iostream.h>
void main( )
{
        int s[10]={-56,-23,0,8,10,12,26,38,65,98};
        int low,high,binary,x;
        cout<<"请输入要查找的数据：";
        cin>>x;                                          //输入待查找数据
        low=0;high=9;                                    //标识查找区间
        binary=(low+high)/2;                             //确定折半位置
        while(x!=s[binary] && low<=high )
          {
            if(x<s[binary])  high=binary-1;              //在前半区间查找
              else low=binary+1;                         //在后半区间查找
            binary=(low+high)/2;
         }
        if(low<=high)
            cout<<"查找成功!在数组中的下标为："<<binary<<endl;
        else cout<<"没有找到数据!"<<endl;
}
```

2．二维数组

（1）二维数组的定义。

C++语言中除了能使用一维数组外，还可以使用二维数组和多维数组，掌握了二维数组的定义和使用就可以推广到多维数组的定义和使用，因为它们的原理是一样的。二维数组定义的一般形式为：

```
数据类型    数组名[常量表达式 1] [常量表达式 2];
```

其中，常量表达式 1 表示数组有多少行；常量表达式 2 表示数组有多少列。例如：

```
int a[2][3];     //定义 a 为 2×3（2 行 3 列）的数组。
```

说明：

① C++语言把二维数组看作是一种特殊的一维数组，特殊在这个一维数组中的元素又是一个一维数组。例如：int a[2][3];。

可以把 a 看作是一个一维数组，它有两个元素：a[0]、a[1]，而每个元素又是一个包含 3 个元素的一维数组。形式如下：

```
    ┌ a[0]…a[0] [0]    a[0] [1]    a[0] [2]
a ┤
    └ a[1]…a[1] [0]    a[1] [1]    a[1] [2]
```

此处把 a[0]、a[1]看作是一维数组名。C++语言的这种处理方法在数组初始化和用指针表示时显得很方便，这在以后的学习中会体会到。

② C++语言中，二维数组中的数组元素仍然存储在连续的存储空间内，在内存中数组元素排列的顺序是按行存放的。

（2）二维数组的初始化。

二维数组的初始化与一维数组类似。例如，下面都是正确的初始化数组元素的格式。

① int a[3][4]={{1,2,3,4},{3,4,5,6},{5,6,7,8}}; //按行的顺序初始化数组的全部元素

② int d[3][4]={1,2,3,4,3,4,5,6,5,6,7,8}; //按数的存放顺序初始化数组的全部元素

③ int b[][3]={{1,3,5},{5,7,9}}; //初始化全部数组元素，隐含行数为 2

④ int c[3][3]={{1},{0,1},{0,0,1}}; //初始化部分数组元素，其余值为 0

当初始化数组的所有元素时，②与①的初始化是等价的，所以可以省略内层的花括号。定义二维数组时，如果对所有元素赋初值，可以不指定该数组的行数，系统会根据初值化数据表中的数据个数自动计算出数组的行数。例如②也可以写为：

```
int d[ ][4]={1,2,3,4,3,4,5,6,5,6,7,8};
```

通常，用矩阵的形式表示二维数组中各元素的值。下面用 3 个矩阵形式表示上述数组初始化后各元素对应的数据值。

```
①与②数组:         ③数组:          ④数组:
1   2   3   4      1   3   5       1   0   0
3   4   5   6      5   7   9       0   1   0
5   6   7   8                      0   0   1
```

与一维数组类似，二维数组的初始化除了上述的几种方法外，最常用的方法是通过两个 for 循环输入一系列的数据到数组中从而完成相应数组元素的初始化工作。例如，以下程序段是对一个两行三列数组的输入输出：

```
for (i=0;i<2;i++)
    for (j=0;j<3;j++)
        cin>>a[i][j];     //输入
for (i=0;i<2;i++)
    for (j=0;j<3;j++)
        cout<<a[i][j];   //输出
```

例 2-28　按下列格式打印杨辉三角形。

1

1　1

1　2　1

1　3　3　1

1　4　6　4　1

1　5　10　10　5　1

1　6　15　20　15　6　1

1　7　21　35　35　21　7　1

1　8　28　56　70　56　28　8　1

1　9　36　84　126　126　84　36　9　1

杨辉三角形类似于一个表格形式，可以将它存放在一个二维数组中，程序的关键在于确定杨辉三角形中每个数据元素的值。根据杨辉三角形中数据元素的分布规律可知，数组中第一列 a[i][0] 和最后一列 a[i][i] 元素都为 1，其他元素符合下述规律：a[i][j]=a[i−1][j−1]+a[i−1][j]。程序首先按以上算法计算出杨辉三角形矩阵，然后输出该矩阵。程序为：

```
#include <iostream.h>
#include <iomanip.h>
void main( )
{
        const int m=10;
        int a[m][m],i,j;
        for(i=0;i<m;i++){
            a[i][0]=1;                    //将数组中第 0 列元素 a[i][0]置 1
            a[i][i]=1;                    //将数组中最后一列元素 a[i][i]置 1
            for(j=1;j<i;j++)
                a[i][j]=a[i-1][j-1]+a[i-1][j];        //计算其他元素的值
        }
        for(i=0;i<m;i++)
        {
            for(j=0;j<=i;j++)
                cout<<setw(5)<<a[i][j];
            cout<<endl;
        }
}
```

3．字符数组

字符数组是数据类型为 char 的数组，前面介绍的数组定义、存储形式和使用规则等也都适用于字符型数组。字符型数组用于存放字符或字符串，每一个数组元素存放一个字符，它在内存中占用一个字节。

（1）字符数组的定义。

字符数组定义的一般形式为：

```
char  数组名[常量表达式];
```

例如：

```
char c[10];
```

定义 c 为字符数组，包含 10 个数组元素。

（2）字符型数组的初始化。

对字符型数组的初始化可以在定义时进行，最容易理解的方法是用字符常量对字符数组进行初始化，即把字符逐个赋给数组中各元素，初始化的数据用花括号括起来。例如：

```
char c[10]={'a', 'b','c','d','e','f','g','h','i','j'};
```

这样就把 10 个字符 a～j 分别赋给了数组元素 c[0]～c[9]。

如果花括号中提供的初值个数（即字符个数）大于数组长度，则在编译时，系统会提示为语法错误。如果初值个数小于数组长度，则在数组中从前往后赋值，没有初值的元素由系统自动定为空字符（即'\0'），例如：char c[10]={'h','a','p','p','e','n'};。

如果提供的初值个数与定义的数组长度相同，则可以在定义数组时省略数组长度说明，系统会自动根据初值个数确定数组长度。例如：char c[]=a{'a','b','c','d','e','f','g','h','i','j'}；数组 c 的长度自动定为 10。

（3）字符串和字符串结束标志。

在 C++语言中常用字符数组表示字符串，需要注意的是，C++语言中规定了一个“字符串结束标志”，就是'\0'，即只要遇到字符'\0'，就表示字符串结束。如果第 10 个字符为'\0'，则此字符串的有效字符为 9 个。因此在定义数组长度时，需要在字符串应有的最大长度基础上加 1，为字符串结束标志预留空间。例如，定义一个有 10 个字符的字符串，应定义字符数组长度为 11，即 char c[11]；这样在 c[10]中存放的就是空字符'\0'。有了字符串结束标志，在程序中可以依靠检测'\0'来判定字符串是否结束，而不再依赖于数组长度。当然，在定义字符数组时，应先估计实际字符串长度，保证数组长度大于字符串实际长度。需要说明：'\0'代表 ASCII 码值为 0 的字符，从 ASCII 码表中可以查到，该字符是一个空操作符，即什么也不做，因此用它作为字符串结束标志不会产生附加的操作或增加其他有效字符，只起一个供辨别的作用。

在 C++中允许有字符串常量，即用双引号括起来的字符序列，如 hello world! HAPPY 等，这里字符串常量的结束不必人为地加入空字符'\0'，系统会自动地加上。因此在对字符数组初始化时，还可以使用字符串常量对字符数组进行初始化，例如：

```
char c[]={"happen"};
```

也可省略花括号，写成：

```
char c[]="happen";
```

这里不再是用单个字符做初值，而是用一个字符串（注意字符串两端是用双引号括起来的）做初值，这种方法比较直观、方便，更符合人们的习惯。下面比较这两种初始化方式的不同：

① char c[]={'h','a','p','p','e','n'};

② char c[]="happen";

对第一种方式来说，是使用字符常量初始化数组，数组的长度即为字符的个数，因此，该数组的长度为 6。

第二种是使用字符串初始化数组，因为系统会自动在字符串常量的最后加上一个'\0'字符，'\0'也要占用一个字节的存储空间，因此该数组的长度为 7。它的前 6 个元素分别为'h','a','p','p','e','n'，第 7 个元素为'\0'。

（4）字符数组的输入输出。

用字符数组处理字符串，C++规定其输入输出可以将整个字符串一次输入或输出。字符数组的输出有以下格式：

① 用 cout 输出。其格式为：

```
cout<<字符串或字符数组名;
```

例如：

```
#include <iostream.h>
void main()
{
   char str[20]="This is my friend";
   cout<<str;
}
```

运行结果为：

```
This is my friend
```

② 用 cout 流对象的 put 方法，其格式为：

```
cout.put(字符数组元素或字符变量);
```

利用这种方法，每次只能输出一个字符；要输出整个字符串,应采用循环的方法。例如：

```
#include <iostream.h>
void main()
{
   char str[20]=" This is my friend ";
   for(int i=0;str[i]!='\0';i++)
      cout.put(str[i]);
}
```

运行结果为：

```
This is my friend
```

这里要注意 for 语句中的循环控制条件是 str[i]!='\0'。

这种方式与语句“cout<<字符数组元素；”等价。因此上面的输出语句可以用语句“cout<<str[i];”代替，输出结果相同。

③ 用 cout 流对象的 write 方法。其格式为：

```
cout.write(字符串或字符数组名，整型常量 n);
```

它的作用是输出字符串或字符数组中前 *n* 个字符。如：

```
#include <iostream.h>
void main()
{
    char str[20]="This is my friend ";
    cout.write(str,4);
}
```

运行结果为：

```
This
```

输入字符数组时除了可以在程序中利用字符数组初始化的方法将字符串存放到字符数组中，还可以采用以下方法输入字符串。但是要注意，只能用字符数组接收输入的字符串。

① 用 cin 直接输入。其格式为：cin>>字符数组名；例如：

```
#include <iostream.h>
void main()
{
    char str[20];
    cin>>str;
    cout<<str;
}
```

当程序运行时，输入：

```
ThisIpromiseyou
```

则输出结果为：

```
ThisIpromiseyou
```

但当输入：

```
This I promise you
```

则输出结果为：

```
This
```

因此，在使用这种方法进行输入时，cin 只能接收空格符之前的部分。也就是说，当字符串中有空格时，用这种方法无法接收字符串的全部内容。

② 用 cin 流对象的 getline 方法。其格式为：

```
cin.getline(字符数组名,字符串长度n,规定的结束符);
```

它的作用是输入一系列字符，直到输入流中出现规定的结束符时，cin.getline()停止读取字符串的操作，并自动在输入的字符后面加上'\0'。其中，字符数组名是存放字符串的数组名称，字符串长度 *n* 包括了字符串结束标记'\0'在内，所以其含义是从输入的字符串中截

取前面的 n–1 个字符存放到字符数组中。默认的结束符为回车键。例如：

```
#include <iostream.h>
void main()
{
    char str[20];
    cin.getline(str,20);
    cout<<str;
}
```

当程序运行时，输入：

```
This I promise you
```

输出结果为：

```
This I promise you
```

由此可见，这种方法可以接收含有空格的字符串。又如：

```
#include <iostream.h>
void main()
{
    char str[20];
    cin.getline(str,4);
    cout<<str;
}
```

当程序运行时，输入：

```
This I promise you
```

则输出结果为：

```
Thi
```

③ 用 cin 流对象的 get 方法。其格式为：

```
cin.get(字符数组名,字符串长度 n,规定的结束符);
```

它的使用与 getline 方法类似。例如：

```
#include <iostream.h>
void main()
{
   char str[20];
   cin.get(str,20);
   cout<<str;
}
```

当程序运行时，输入：

```
This I promise you
```

则输出结果为：

```
This I promise you
```

这种方法也可以接收含有空格的字符串。如果要输入多个字符串，例如：

```
#include <iostream.h>
void main()
{
  char str1[20],str2[20];
  cin.get(str1,20);
  cout<<str1;
  cin.get(str2,20);
  cout<<str2;
}
```

运行时输入：

```
This I promise you
```

则输出：

```
This I promise you
```

从程序运行结果看，无法对 str2 数组进行输入，这正是 cin.get 方法与 cin.getline 方法间的区别。因此当对多个字符数组输入时，应使用 cin.getline 方法完成。

4．字符串处理函数

C++语言中提供了许多用于对字符串进行处理的函数，函数是完成一定功能的程序段，字符串处理函数的说明都在头文件 string.h 中，因此使用这些字符串处理函数时必须首先将该头文件包含进来。下面我们来介绍几种常用的函数。

（1）求字符串长度函数 strlen（字符数组名）。

它的作用是测试字符串的长度，即字符串中包含的字符个数，不包括字符串结束标志'\0'在内。该函数的返回值为字符的个数。

（2）字符串拷贝函数 strcpy（字符数组 1，字符数组 2）。

其作用是将字符串 2 复制到字符串 1 中去。例如：

```
char s1[10],s2[]="Hello";
strcpy(s1,s2);
```

说明：

① 字符数组 1 的长度必须定义得足够大，以便能容纳被复制的字符串 2。也就是说，字符串 1 的长度要大于或等于字符串 2 的长度。

② 在进行复制时，会将字符串 2 后面的'\0'一起复制到字符数组 1 中去。

③ 字符数组 1 必须写成数组名形式（如 s1），字符数组 2 可以是字符数组名，也可以是字符串常量。例如：strcpy(s1,"Hello");。

④ 数组之间不能相互赋值，即不能使用赋值表达式将一个字符数组或一个字符串常量赋给另一个字符数组。例如：

```
s2=s1;
s1="Hello";
```

都是不合法的。

（3）字符串连接函数 strcat(字符数组 1，字符数组 2)。

连接两个字符数组中的字符串，把字符串 2 连接到字符串 1 的后面，结果放在字符数组 1 中。如

```
char s1[50]="Hello";
char s2[10]="World";
strcat (s1,s2);
cout<<s1;
```

程序运行后的输出结果为：

```
HelloWorld
```

说明：

① 字符数组 1 的长度必须定义得足够大，以便能容纳连接后的新字符串。

② 在进行连接前，两个字符串的后面都有一个'\0'，连接时将字符串 1 后面的'\0'取消，只在新串的最后保留'\0'。

（4）字符串比较函数 strcmp(字符串 1，字符串 2)。

作用是比较字符串 1 和字符串 2 的大小。例如：

```
int l=strcmp(s1,s2);
int m=strcmp("Hello", "here");
int n=strcmp(s1, "here");
```

比较的规则为：将字符串 1 与字符串 2 按从左到右的顺序逐个字符地进行比较（按 ASCII 码值大小相减），直到出现不相同的字符或遇到'\0'为止。若全部字符都相同，则认为两个字符串相等；若出现不同的字符时，则以第一对不相同的字符的比较结果为准，返回值为 ASCII 码相减以后的值。该函数返回值的含义如下：

① 字符串 1==字符串 2，返回值为 0。

② 字符串 1>字符串 2，返回值为正整数。

③ 字符串 1<字符串 2，返回值为负整数。

注意：对两个字符串的比较，不能用关系运算符，如以下形式：

```
if(s1==s2) cout<<"s1=s2";    //错误
```

而只能用：

```
if(strcmp(s1,s2)==0) cout<<"s1=s2";
```

以上介绍了 4 种字符串处理函数，需要强调的是：库函数并非 C++语言本身的组成部分，而是人们为使用方便而编写、提供使用的公共函数。每个系统提供的函数数量、函数名、函数功能不尽相同，使用时要小心，必要时应查一下库函数手册。

例 2-29　输入 5 个同学的姓名，将其按照升序排序。

分析：定义一个二维的字符数组 name，大小为 5×16，即有 5 行 16 列，每一行可以容纳 16 个字符。如前所述，可以把 name[0]、name[1]、name[2]、name[3]、name[4]看作为 5 个一维字符数组，它们各有 16 元素。使用 cin.getline 方法读入 5 个字符串，使用冒泡法进行升序排序。注意在进行字符串的比较与互换时要使用字符串比较函数和字符串拷贝函数，再设一个一维字符数组 t，它的作用是在交换时对字符串进行暂存。因此其大小应与二维数组的列数相同。设计源程序为：

```
#include<iostream.h>
#include <string.h>
void main()
{
    const int N=5;
    char name[N][16],t[16];
    int i,j;
    cout<<"请输入 "<<N<<"个同学的名字:"<<endl;
    for (i=0;i<N;i++)
        cin.getline(name[i],16);
    for (i=0;i<N-1;i++)
        for(j=0;j<N-1-i;j++)
            if (strcmp(name[j],name[j+1])>0 )      //两个字符串的比较
            {
                strcpy(t,name[j]);
                strcpy(name[j],name[j+1]);
                strcpy(name[j+1],t);
            }
    cout<<"排序后:"<<endl;
    for (i=0;i<N;i++)
        cout<<name[i]<<endl;
}
```

2.10.2　结构体

1．结构体定义

C++语言还可以定义一种更复杂的数据类型，那就是结构体类型。结构体类型其实是一种复合的数据类型，是将诸多基本类型的数据复合在一起形成的数据类型；例如 int a 是定义一个整数类型的变量 a，double b 是定义一个实数类型的变量 b，那如果要想定义一个学生类型的变量 s 该怎么做呢？C++编译系统内并没有学生类型的定义，所以必须先自定义这种类型，才能定义相应的变量。定义学生类型的方法有两种，一种是结构体，还有一种就是后面章节中需要重点讲解的类，本节只讲解结构体是如何定义和操作的，类的相关概念与操作将会在后面的章节中做详细的讲解。定义学生的结构体类型，首先应该知道描述一个学生的基本信息包括哪些方面，例如学号、姓名、性别、年龄、成绩等，这些信息要素读者可以根据程序的具体要求来设定。然后将这些信息用彼此独立的变量来描述，再

将它们整合成一个整体。上述学生信息用结构体类型可以描述为：

```
struct student  {
    int num[10];                    //学号
    char name[20];                  //姓名
    char sex;                       //性别
    int age;                        //年龄
    double score[5];                //五门课程的成绩
};
```

可见，结构体经定义后也是一种数据类型，从这点上来说，它和基本数据类型的地位是等同的；然而，它又是一种特殊的数据类型，它是根据设计需要，由用户将一组不同类型而又逻辑相关的数据组合在一起而形成的一种新类型。

在程序设计时，使用结构体之前，必须先对结构体的组成进行描述，这就是结构体类型的定义，结构体类型的定义描述了组成结构体成员以及每个成员的数据类型。定义结构体类型的一般形式为：

```
struct 结构体名
{
数据类型   成员名 1;
数据类型   成员名 2;
…
数据类型   成员名 n;
};
```

其中：struct 是定义结构体类型的关键字（取自英文单词 struchure），不能省略。“结构体名”的命名符合标识符的命名规则。花括号{}内是组成该结构体的各个数据，称为结构体的成员。在结构体类型的定义中，要对每个成员的成员名和数据类型进行说明。每个成员的数据类型既可以是基本的数据类型，也可以是构造的数据类型，包括已经定义过的结构体类型。整个结构体类型的定义作为一个整体，用一对花括号{}括起来，花括号之后的分号不能省略。结构体类型被定义后，就可以如基本类型（int 型、float 型）一样，定义自己的变量。

2．结构体变量

结构体类型定义之后，就可声明和使用结构体类型的变量。结构体类型的变量简称为结构体变量。定义结构体变量的方法有以下三种：

① 先定义结构体类型，后定义结构体变量。用结构体类型定义结构体变量的格式为：

```
struct  <结构体类型名>  <变量名表>;
```

其中，关键字 struct 可有可无，效果一样；结构体类型名必须在该说明语句之前已定义；在变量与变量之间用逗号隔开。例如：

```
struct student
{
    char num[10], name[20];
    char sex;
    int age;
```

```
    float score[5];
};
struct student  st1;        //定义 student 类型变量 st1
student   st2;              //定义 student 类型变量 st2
```

② 定义结构体类型的同时定义结构体变量。定义的格式为：

```
struct <结构体类型名>{
    <结构体成员表>
}<变量名表>;
```

其中，变量名表所列举的变量之间用逗号分开。例如：

```
struct student  {
    char num[10], name[20];
    char sex;
    int age;
    float score[5];
}st1,st2;                   //定义两个结构体变量 st1、st2
```

③ 使用无名结构体类型定义结构体变量。所谓无名结构体类型是没有说明结构体类型名的结构体类型。如果在程序中仅一次性定义结构体类型的变量，可以采用无名结构体类型。其格式为：

```
struct  {
    <结构体成员表>
}<变量名表>;
```

由于这种定义格式没有指定结构体类型名，以后不能再定义这种类型的变量，只能当前使用一次。例如：

```
struct  {
    char num[10], name[20];
    char sex;
    int age;
    float score[5];
}st3, st4;                  //定义结构体变量
```

3．结构体变量的初始化

结构体变量的初始化是指在定义结构体变量的同时给每个成员赋初值。结构体变量初始化的一般语法形式为：

```
struct  结构体类型名  结构体变量名={初始数据};
```

其中：初始数据的个数、顺序、类型均应与定义结构时成员的个数、顺序、类型保持一致。例如：

```
struct student
 {
    long int num;           //学号
```

```
    char name[20] ;            //姓名
    char sex;                  //性别
  } stu={2010,"Jerry",'M"};
```

说明：

① 结构体变量初始化时，不能在结构体内直接赋初值。下列语句是错误的：

```
struct student
{
    long int num=2010;
    char name[15]="Jerry";
    char sex='M';
} stu;   //错误
```

因为结构体只有在创建变量时才分配空间，所以在说明结构体时不能对其中的数据成员赋值。

② 对含有嵌套结构的结构体变量初始化时，可采用以下方法：

```
struct birthday
{
    int year;
    int month;
    int day;
};
struct workers
  {
      int num;
      char name[20];
      char sex;
      struct birthday b;
  };
struct workers  J={1001,"Jerry",' m ',{2010,6,26}};
struct workers  F={1002,"Flora",' f ',{2010,8,7}};
```

4．结构体成员的访问

在定义了结构体变量以后，可以访问和使用这个变量，在很多情况下常常访问和使用结构体变量的成员。访问成员的一般语法形式为：

```
结构体变量名.成员名
```

其中：符号“.”是一个成员运算符，用于访问一个结构体变量中的某个成员，即访问该结构体中的成员。例如：stu.num 表示 stu 结构体变量中的 num 成员。

说明：

① 可以对结构体变量中的成员赋值。例如：

```
stu.num=1001;            //表示将 1001 赋给结构体变量 stu 中的整型成员 num
```

② 成员的类型是在定义结构体时规定的，在程序中访问成员时必须与定义时的类型

保持一致。结构体变量的成员可以像普通变量一样进行各种运算。例如：

```
sum=stul.score+stu2.score;      //对两个成员进行求和运算
stul.num++;                     //对 stu.num 成员值进行自增运算
cout<<stu.num;                  //输出成员 stu.num 的值
```

③ 如果成员本身是结构体类型，可采用由外向内逐层的“.”操作，直到操作到所要访问的成员。只能对最低级的成员进行运算，如对上面定义的 struct workers 类型的结构体变量 J，可以这样访问各成员：

```
J.num=1001;
J.b.day=26;
```

④ 在某些情况下允许对结构体变量进行整体操作。也就是说，可以把一个结构体变量中保存的数据，赋给同类型的另一个结构体变量。

例 2-30 用结构体类型的变量来描述一个职工的信息。输入职工的编号、姓名、性别、年龄、出生日期和工资，然后输出结构体变量的各个成员值。

```
#include <iostream.h>
#include <iomanip.h>
#include <string.h>
struct date{                    //定义生日类型的结构体
       int  year,month,day;
};
struct employee{                //定义职工信息结构体类型
       char num[5],name[20];
       char sex;
       int age;
       date birthday;
       float salary;
};
void main()
{
       employee emply1;         //定义结构体变量 emply1
       cout<<"输入 num,name,sex,age,birthday(year,month,day):"<<endl;
       cin>>emply1.num>>emply1.name>>emply1.sex>>emply1.age;
       cin>>emply1.birthday.year>>emply1.birthday.month;
       cin>>emply1.birthday.day>>emply1.salary;
       cout<<setw(5)<<"num"<<setw(10)<<"name"<<setw(5)<<"sex";
       cout<<setw(5)<<"age"<<setw(13)<<"birthday"<<setw(8)<<"salary"<<endl;
       cout<<setw(5)<<emply1.num<<setw(10)<<emply1.name<<setw(6)<<emply1.sex;
       cout<<setw(5)<<emply1.age<<setw(8)<<emply1.birthday.year<<'.';
       cout<<emply1.birthday.month<<'.'<<emply1.birthday.day;
       cout<<setw(8)<<emply1.salary<<endl;
}
```

程序执行时，先输出提示信息：

```
输入num,name,sex,age,birthday(year,month,day):
```

当输入数据：

```
006 xiaowang  m 28 1975 8 26 856.39
```

则输出结果：

```
num      name    sex  age     birthday   salary
006  xiaowang    m   28    1975.8.26   856.39
```

注意，结构体变量是由不同类型的数据成员组成的集合，而数组是相同类型数据成员组成的集合。结构体变量不能直接输入输出，结构体变量的成员能否直接输入输出取决于其成员的类型。

5．结构体数组

结构体数组即数据类型为结构体类型的数组，它与以前介绍过的数值型数组的不同之处在于结构体数组的每个数组元素都是一个结构体类型的变量。

① 结构体数组定义。

与定义结构体变量类似，结构体数组可以采用两种定义方式：直接定义和间接定义。直接定义的形式如下：

```
struct student
{
int num;
char name[100];
fioat score;
}stu1[2];
```

或使用间接定义的形式：

```
struct student
    {
    int num;
    char name[100];
    fioat score;
};
student stu2[2];
```

结构体数组 stu1 和 stu2 各包含了两个元素：stu1[0]、stu1[1]和 stu2[0]、stu2[1]。每个元素都是 student 类型，都包含了 num、name、score 这 3 个成员的数据。结构体数组名仍代表数组在内存中存储单元的首地址，数组各元素在内存中按存储规则连续存放。

② 访问结构体数组元素的成员。

在结构体数组中，当需要访问结构体数组元素中的某一个成员时，可采用与结构体变量中访问成员相同的方法，利用成员运算符“.”来操作。例如，要访问结构体数组 stu1 中第 1 个元素（stu1[0]）的成员 num，可表示为：stu1[0].num。

③ 结构体数组的初始化。

结构体数组在定义时可以进行初始化。其初始化方法与一般数组的初始化方法基本相同，只是必须为每个元素提供各成员的值。例如：

```
struct student
{
int num;
char name[20];
flcat score;
}stul[2]={{1001,"Jerry",100} ,{1002,"Flora",78}};
```

结构体数组的初始化数据放在等号右边的花括号{}内，数据之间用逗号“,”分隔，每个数组元素初始值的个数、顺序、类型必须与其对应的成员一致。当对所有的数组元素初始化时，结构体数组的长度可以省略。

例 2-31 一个班学生人数不超过 30 人，编程计算每个学生参加数学、英语、C++三门课程考试的总分和平均分。若三门课成绩均在 90 分以上者，输出“Y”；否则输出“N”，并打印学生成绩单。

```
#include<iostream.h>
  struct  student
{
  int  num;
  char  name[20];
  float  math,eng,cpp;
  float  sum;
  float  aver;
  char  ch;
};
void  main()
{
  student  stu[30];
  int  i=0,n;
  cout<<"请输入学生人数：";
  cin>>n;
while  (i<n)
{
  cout<<" 请输入学号，姓名，数学成绩，英语成绩，C++成绩："<<endl;
  cin>>stu[i].num>>stu[i].name>>stu[i]. math>>stu[i]. eng >>stu[i]. cpp;
  stu[i].sum=stu[i].math+stu[i].eng+stu[i].cpp;
  stu[i].aver=stu[i].sum/3.0;
  stu[i].ch='Y';
if  (stu[i].math<90||stu[i].eng<90||stu[i].cpp<90)
   stu[i].ch='N';
 i++;
}
cout<<"NUM  NAME  数学  英语  C++   SUM   是否>=90"<<endl;
```

```
for  (i=0;  i<n;i++)
cout<<stu[i].num<<"  "<<stu[i].name<<"  "<<stu[i].math<<"  "<<stu[i].eng<<"
"<<stu[i].cpp<<"  "<<stu[i].sum<<"  "<<stu[i].aver<<"  "<<stu[i].ch<<endl;
}
```

程序运行结果如图 2-11 所示。

```
请输入学生人数：3
请输入学号、姓名、数学成绩、英语成绩、C++成绩：
1 Jerry 90 96 100
请输入学号、姓名、数学成绩、英语成绩、C++成绩：
2 Flora 90 92 90
请输入学号、姓名、数学成绩、英语成绩、C++成绩：
3 Candy 80 70 60
NUM     NAME    数学    英语    C++     SUM     是否>90
1       Jerry   90      96      100     286     Y
2       Flora   90      92      90      272     Y
3       Candy   80      70      60      210     N
Press any key to continue
```

图 2-11　程序运行结果

2.10.3　枚举类型

所谓枚举，是指一个有名字的常量的集合，它指出了这种类型的变量具有的所有合法值。枚举类型定义的一般形式为：

```
enum  枚举类型名
{
  枚举元素 1[=枚举常量 1]，枚举元素 2[=枚举常量 2],…,枚举元素 n[=枚举常量 n]
};
```

例如：

```
enum  color{red,yellow,green,blue,white,black};   //定义枚举类型 color
```

例中，color 是枚举类型的名字，是用户自定义命名的；花括号中是枚举常量，说明了枚举的取值范围；枚举常量是一种符号常量，red、yellow 等都是符号常量，它们表示各个枚举值，在内存中表示为整型数。如果没有专门指定，第一个符号常量的枚举值就是 0，其他枚举值依次加 1。所以 C++自动给 red 赋值为 0，yellow 赋以 1，以此类推。

可以给符号常量（或部分符号常量）指定枚举值，例如：

```
enum  color{red=100,yellow=200,green=300，blue=400,white,black=600};
```

其中，white 没有赋值，便被自动赋以值 401。

定义了枚举类型后，就可以定义该枚举类型的变量。变量的取值只能取枚举类型定义时规定的值。例如：color paint=green;该例定义了一个枚举类型的变量 paint，用枚举值 green 来初始化该变量。此外，不能用整型值赋给枚举变量。例如：

```
paint=200          //错误
```

2.11 本章任务实践

2.11.1 任务需求说明

继续实现学生信息管理系统，建立一个描述学生信息的结构体，包括的数据成员有姓名、性别、籍贯、年龄、学号、住址等几项，并建立相应的结构体数组，通过流程控制语句书写相应的程序实现对学生信息的输入和输出，效果如图 2-12 所示。

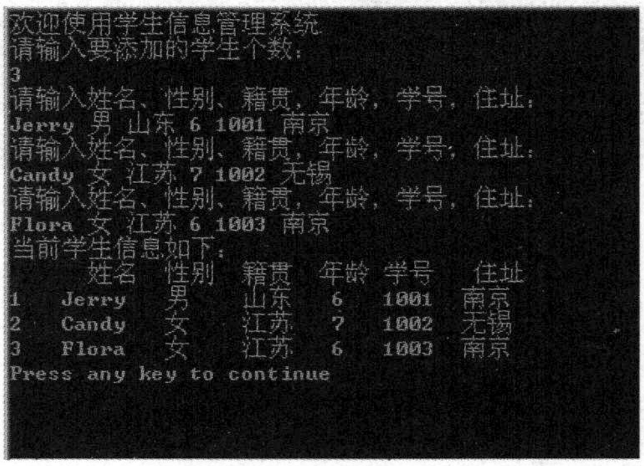

```
欢迎使用学生信息管理系统
请输入要添加的学生个数:
3
请输入姓名、性别、籍贯，年龄，学号，住址:
Jerry 男 山东 6 1001 南京
请输入姓名、性别、籍贯，年龄，学号，住址:
Candy 女 江苏 7 1002 无锡
请输入姓名、性别、籍贯，年龄，学号，住址:
Flora 女 江苏 6 1003 南京
当前学生信息如下:
      姓名  性别   籍贯  年龄  学号   住址
1   Jerry   男     山东   6   1001  南京
2   Candy   女     江苏   7   1002  无锡
3   Flora   女     江苏   6   1003  南京
Press any key to continue
```

图 2-12 学生信息的输入和输出

2.11.2 技能训练要点

要完成上面的任务，要求读者能理解标识符、关键字、常量、变量、数据类型、运算符、表达式、数据类型转换等知识点，要熟练使用 C++程序的三种控制结构和相关的语句，熟悉各种语句的执行流程，能够在不同情况下灵活选择不同的语句来解决实际问题。还要熟练掌握数组和结构体的基本概念，熟练掌握数组和结构体的定义、赋值及相应的操作方法。

2.11.3 任务实现

根据前面知识点的讲解，可以先设计一个结构体类型，建立结构体数组，此处将数组的长度定义为 100（读者可以根据需要自行设置），然后通过 for 循环对该数组的元素进行操作，完成学生信息的输入和输出。其设计程序如下：

```
#include<iostream.h>
#include<windows.h>
struct student
{
public:
char name[10];      //姓名
char sex[5];        //性别
char jiguan[10];    //籍贯
```

```
int num,age;          //学号、年龄
char adr[30];         //住址
}stu[100];
void main()
{int i,j,n,flag;
cout<<"欢迎使用学生信息管理系统\n";
cout<<"请输入要添加的学生个数：\n";
cin>>n;
if(n>=100||n<=0)
{cout<<"输入有误！<<endl";
exit(0); }
else
{
   for(i=1;i<=n;i++)
    {
     cout<<"请输入姓名、性别、籍贯、年龄、学号、住址："<<endl;
     cin>>stu[i].name>>stu[i].sex>>stu[i].jiguan>>stu[i].age>>stu[i].num>>
    stu[i].adr;
   }
cout<<"当前学生信息如下："<<endl;
cout<<"       姓名   性别   籍贯   年龄  学号    住址"<<endl;
for(j=1;j<=n;j++)
cout<<j<<"    "<<stu[j].name<<"    "<<stu[j].sex<<"     "<<stu[j].jiguan<<"
"<<stu[j].age<<"    "<<stu[j].num<<"   "<<stu[j].adr<<endl;
}
}
```

本章小结

本章主要学习了标识符、关键字、常量、变量、数据类型、运算符、表达式、数据类型转换、数组、结构体、三种流程控制结构和相关的语句等知识点。通过本章的学习，读者应掌握变量的定义与使用，能够灵活运用各种运算符及相应表达式，理解各种数据类型在内存中的占用情况及各种类型的转换规律，熟练掌握数组及结构体的定义、赋值及相应的输入和输出方法，能够在不同情况下灵活选择不同的语句来解决实际问题。为 C++语言程序设计打下基础，也为后续面向对象程序设计的学习做好准备。

课后练习

1．下面标识符中正确的是________。

A．_abc　　B．3ab　　C．int　　D．+ab

2．已知 a=4，b=6，c=8，d=9，则"（a++，b>a++&&c>d）？++d：a<b"值为________。

A．8　　B．9　　C．0　　D．1

3．数学式(3xy)/(5ab)，其中 x 和 y 是整数，a 和 b 是实数， 在 C++中对应的正确表达式是________。

A．3/5*x*y/a/b　　B．3*x*y/5/a/b

C．3*x*y/5*a*b　　D．3/a/b/5*x*y

4．设 x 和 y 均为 int 型变量， 则语句 x=x+y;y=x-y;x-=y;的功能是________。

A．把 x 和 y 按从小到大排列　　B．把 x 和 y 按从大到小排列

C．无确定结果　　D．交换 x 和 y 中的值

5．C++语言的跳转语句中，对于 break 和 continue 说法正确的是________。

A．break 语句只能应用于循环体中

B．continue 语句只能应用于循环体中

C．break 是无条件跳转语句，continue 不是

D．break 和 continue 的跳转范围不够明确，容易产生问题

6．下面各说明语句中合法的是________。

A．ade　　B．abc　　C．bde　　D．fd

a. static int n;int floppy[n];　　b. char ab[10];

c. char chi[-200];　　d. int aaa[5]={3,4,5};

e. float key[]={3.0,4.0,1,0}　　f. char disk[];

7．设有以下定义枚举型，则元素 green 值是________。

```
enum  color {red=2, yellow, blue, green};
```

A．5　　B．4　　C．3　　D．以上答案均不正确

8．设有以下定义：

```
char x[ ]="12345", char y[ ]={'1','2','3','4','5'}; int m,n;
```

执行语句：m=strlen(x)>strlen(y);n=sizeof(x)>sizeof(y);后，m 和 n 的值分别是________。

A．m=0,n=0　　B．m=1,n=0　　C．m=1,n=1　　D．m=0,n=1

9．如果定义 int a=2，b=3；float x=5.5，y=3.5；则表达式（float）（a+b）/2+（int）x%（int）y 的值为________。

10．设所有变量均为整型，则表达式（e=2，f=5，e++，f++，e+f）的值为________。

11．已知字母 a 的 ASCII 码为十进制数 97，且设 ch 为字符型变量，则表达式 ch='a'+'8'-'4'的值为________。

12．请根据下列题意写出相应的表达式。

（1）有 a、b、c、max 四个变量 a、b、c 中的最大值，并将结果放入 max 中。

（2）年龄在 1～100（包含 1 和 100，年龄用变量 age 表示）。

（3）公式 $\frac{1}{2}(a+b)h$ 。

（4）判断一年是否为闰年，年用 year 表示。满足下列两个条件之一即为闰年：①能被 4 整除但不能被 100 整；②能被 400 整除。

13．下列程序的运行结果为________。

```
#include<iostream.h>
void main()
{
    int a=2,b=4,i=0,x;
    x=a>b&&++i;
    cout<<"x: "<<x<<endl;
    cout<<"i: "<<i<<endl;
}
```

14．写出下列程序运行后的输出结果。

```
#include<stdio.h>
void main(void)
{
    int prime[49],i,j=3;
    for(i=0;i<49;i++)
    { prime[i]=j;j+=2;}
for(i=0;i<48;i++)
        if(prime[i])
            for(j=i+1;j<49;j++)
                if(prime[j]%prime[i]==0)
                    prime[j]=0;
   j=0;
    for(i=0;i<49;i++)
        if(prime[i]){
            j++;
if(j%2) cout<< prime[i] <<\t;
            if(j%10==0)break;
        }
    cout<<"\n";
}
```

________，________，________，________，________。

15．写出下列程序运行后的输出结果。

```
#include<iostream.h>
void main(void)
{
    int i,j,k;
    for(i=1;i<6;i++)
    {
        for(j=1;j<=20-2*i;j++)cout<<" ";
        for(k=1;k<=i;k++)cout<<i<<' ';
        cout<<'\n';
```

```
    }
}
```

____

____

____

____

____

16. 下列程序的输出结果是________。

```
#include <string.h>
#include <iostream.h>
void main( )
{
    char str[][10]={"vb","pascal","c++"},s[10];
    strcpy(s,(strcmp(str[0],str[1])<0? str[0]:str[1]));
    if (strcmp(str[2],s)<0)  strcpy(s,str[2]);
    cout<<s<<endl;
}
```

17. 下面的程序实现输出 x、y、z 三个数中的最大值，请填入正确的内容。

```
#include<iostream.h>
void main ()
{  int x=5,y=8,z=9, u, v;
  if (_____)  u=x;
  else  u=y;
  if (_____)  v=u;
  else v=z;
  cout<<"v="<<v<<endl;
}
```

18. 计算 1～20 奇偶数之和，请填充：

```
#include<iostream.h>
void main ()
{   int a,b,i;
    a=0;b=0;
    for (i=0; _____;i+=2)
    { a+=i;
     ______;
     ______;
     cout<<"奇数之和为:"<<b<<endl;
    cout<<"偶数之和为:"<<a<<endl;
}
```

19. 下面程序是输出 100 以内能被 7 整除且个位数是 4 的所有整数，请填空：

```
#include<iostream.h>
void main ()
{    int i,j;
    for (i=0; ________;i++)
    { j=i*10+4;
      if (________)
         continue;
      ________
     cout<<j<<endl;
    }
 }
```

20．斐波纳契数列中的头两个数都是 1，从第三个数开始，每个数等于前两个数的和。下述程序计算此数列的前 20 个数，且每行输出 5 个数。请填空。

```
#include <iostream.h>
void main()
{
    int f,f1=1,f2=1;
     cout<<f1<<','<<f2;
     for(int i=3;i<=20;i++)
      {
           f= ________;
           cout<<','<<f;
           if( ________)cout<<endl;
           f1=f2;
        ________;
    }
}
```

21．以下程序的功能是输出 1～100 每位数的乘积大于每位数的和的数，如对数字 12 有 1*2<1+2，所以不输出这个数；如对数字 23 有 2*3>2+3，所以输出这个数。请填空。

```
#include<iostream.h>
void main()
{
     int num,product=1,sum=0,n;
     for(num=1;num<=100;num++)
     {
        product=1;sum=0;
        ________;
        while(________)
        {
            product*=n%10;sum+=n%10;
            ________;
```

```
        }
        if (product>sum) cout<<num<<endl;
    }
}
```

22．以下程序的功能是判断一个数是否为素数。请填空。

```
#include<iostream.h>
void main()
{
   int num;
   cout<<"输入一个正整数：";
   _______;
   int isprime=1;
   for(int i=2;i<=num-1;i++)
      if(_______)
      {
          isprime=0;
          _______;
      }
   if(isprime)
      cout<<num<<" 是一个素数。"<<endl;
   else
      cout<<num<<" 不是一个素数。"<<endl;
}
```

23．编写一个程序，输入一个正整数，判断它是否能被 3、5、7 同时整除。

24．编写一个程序，让用户输入年和月，然后判断该月有多少天。

25．编写程序求两个整数的最小公倍数。

26．编写程序求两个整数的最大公约数。

27．计算 $e=1+\frac{1}{1!}+\frac{1}{2!}+\cdots+\frac{1}{n!}+\cdots$，当通项 $\frac{1}{n!}<10^{-7}$ 时停止计算。

28．编程输出如下图形(n=6)：

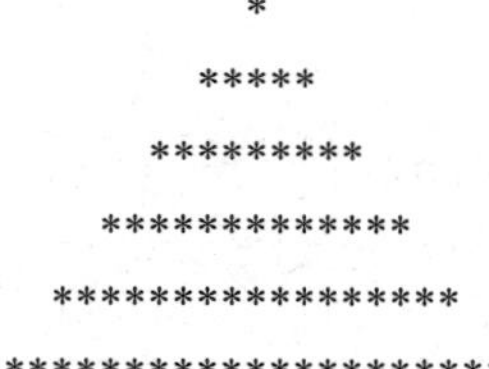

```
          *
        *****
      *********
    *************
  *****************
*********************
```

29．求 1!+2!+3!+…8!。

30．打印出所有的“水仙花数”(它是一个三位数，其各位数字立方和等于该数本身)。

31．猴子吃桃问题。猴子第一天摘下若干个桃子，当即吃了一半，还不过瘾，又多吃了一个。第二天早上又将剩下的桃子吃掉一半，又多吃了一个。以后每天早上都吃了前一天剩下的一半零一个。到第 10 天早上想再吃时，发现只剩一个桃子了，求猴子第一天究竟摘了多少个桃子？

32．已知 Fibonacci 数列的前 6 项为：1、1、2、3、5、8。按此规律输出该数列的前 20 项。

33．输入一个正整数，按逆序输出。例如，输入 345，则输出 543。

34．从键盘输入一组非 0 整数，以输入 0 标志结束，求这组整数的平均值，并统计其中正数和负数的个数。

35．编程模拟选举过程。假定四位候选人：Jerry、Flora、Candy、Paul，代号分别为 1、2、3、4。选举人直接键入候选人代号，1～4 之外的整数视为弃权票，−1 为终止标志。打印各位候选人的得票以及当选者（得票数超过选票总数一半）名单。

第 3 章

函　　数

3.1　本章简介

函数是 C++程序的构成基础。C++程序都是由一个个函数组成的，即便是最简单的程序，也有一个 main()函数。一个 C++程序无论多么复杂，规模有多么大，最终都落实到每个函数的设计和编写上。

在 C++中，函数是构成程序的基本模块，每个函数具有相对独立的功能。C++的函数有三种：主函数（即 main()函数）、C++提供的库函数和用户自己定义的函数。合理地编写用户自定义函数，可以简化程序模块的结构，便于阅读和调试，是结构化程序设计方法的主要内容之一。本章主要讲解函数的定义和使用、变量的作用域和存储类别、编译预处理指令等方面的内容。

3.2　本章知识目标

（1）掌握 C++函数的定义方法和调用方法，了解函数中形参、实参、返回值的概念，熟悉函数调用时参数间数据传递的过程。

（2）掌握函数的嵌套调用，根据函数的嵌套调用掌握递归算法的本质与编程方法。

（3）了解重载函数、内联函数、带默认值的函数的作用与用法。

（4）了解变量的作用域和生存期的相关知识，熟悉局部变量、全局变量的概念和用法；了解变量的四种存储类别（自动、静态、寄存器、外部）。

（5）掌握数组作为函数参数的编程方法，进一步了解其参数传递的本质。

（6）了解编译预处理指令的种类和用法。

3.3　函数定义

3.3.1　函数定义格式

函数与变量一样，需要先定义，后使用。函数可以分为无参函数和有参函数两类。

1．无参函数

定义无参函数的一般格式为：

```
<type>  <函数名>( )
{  …          }                    //函数体定义
```

其中 type 为函数返回值的类型，它可以是标准数据类型或导出的数据类型。函数名必须符合标识符构成的规则。通常，函数名应能反映函数的功能。函数体由一系列语句组成，它定义了函数要完成的具体操作。函数体为空时，称这种函数为空函数。当函数定义在前调用在后且函数返回值为整型时，可省略函数的返回值类型；当函数没有返回值时，必须指定其类型为 void。当函数仅完成某种固定操作时，可将函数定义为无参函数。例如：

```
void  print_title( )
{  cout << "C++程序示例\n";     }
```

该函数实现输出一行信息：“C++程序示例”。

2．有参函数

定义有参函数的一般格式为：

```
<type>  <函数名>( <类型标识符>  <arg1>《<类型标识符>  arg2, ...》)
{  …          }                         //函数体定义
```

其中，在函数名后的括号中给出的参数列表要依次列出参数的类型和参数的名字（形式参数变量名），每一个参数之间用逗号隔开。例如，求两个整数中的大数，可将函数定义为：

```
int max(int x, int y) {return ( x > y ?x : y); }
```

3.3.2　函数的形参、实参和返回值

1．函数的形参和实参

在定义函数时，函数名后的圆括号中所列举的参数，称为形式参数（简称为形参）。一个函数所定义的全部形式参数称为形参表。C++对于有参函数的定义并没有限制形参的个数。例如，定义一个带有三个形参的函数 f：

```
float  f(float x, float y, int m)
{ …  }                          //函数体
```

其中，x、y、m 即为形式参数。

在形参表中列举的每一个参数，都必须依次说明参数的类型和参数的名字，对于同类型的参数也要分别说明其类型。如上面定义的函数中的 x 和 y 均为实型，不能写成以下形式：

```
float  f(float x, y, int m)      //错误
{ … }
```

函数调用时在函数名后圆括号中依次列出的参数称为实际参数（简称为实参），列举的所有实参称为实参表。实参通常可以是一个值也可以是一个可以求出值的表达式，函数调用时将值传递给对应的形参。在实参表中，每一个实参的类型必须与对应形式参数的类

型相匹配（或相兼容）。通常，要求实参在类型和个数上要与形参一一对应。有一种特殊情况可以使得实参个数不唯一，即具有默认值的函数。

2．函数的返回值

函数调用时，将实参值赋给形参后，立即执行函数体，一直执行到return语句或执行完函数体的最后一个语句时，结束函数执行。函数执行完后，函数可以不返回任何值，也可以返回一个值给调用者。函数是否需要返回值由函数自身的功能决定，比如一个用来求值的函数，如果编程者只想让值输出给用户看，则可以在被调函数中写一个输出语句将该值输出就行了，没必要将它返回给主调函数；而如果被调函数求出的值需要在主调函数中被用到，则一定要写一个返回值将其返回到主调函数中。

当函数要返回一个值时，在函数体中须使用return语句来返回函数计算出的值。可以在函数体内每一个结束函数执行的出口处设计一个 return 语句（较为典型的比如分支语句），因此，一个函数体中可以有多个return 语句。return 语句的一般格式为：

```
return <表达式>;
```

在函数调用期间，当执行到该语句时，首先求出表达式的值，并将该值的类型转换成函数定义时所规定的返回值类型后，返回到主调函数相应的地方继续执行。

3.4 函数调用

在 C++的源程序中，除 main 函数外，任一函数均不能单独构成一个完整的程序，因为main函数是程序执行的入口点，所以自定义函数的执行都是通过main函数直接或间接的调用来实现的。调用一个函数，就是把程序控制转去执行该函数的函数体，执行完以后再返回回来。数据流程是：

（1）在主程序中，先给实参赋值。

（2）通过函数调用，将数据从主调函数传递到被调函数。

（3）被调函数的形参带值后，即可进行相应的数据处理和运算。

（4）如果有返回值，通过return语句带回到主调函数。

无参函数的函数调用语句一般格式为：<函数名>( )；。

有参函数的函数调用语句一般格式为：<函数名>(<实参表>)；。

当函数有返回值时，函数调用可以作为一个函数调用语句来实现，也可以出现在表达式中，把执行函数体后返回的值参与表达式的运算。对于没有返回值的函数，函数调用只能通过函数调用语句来实现。

例 3-1 输入两个实数，求出其中的大数。设计一个函数max求出两个实数中的大数。

```
#include <iostream.h>
float max(float x, float y)                    //A
{  return ( x > y ?x : y); }
void main( )
{
```

```
    float  a,b;
    cout <<"输入两个实数：";
    cin >>a>>b;
    cout<<"两个数中的大数为："<<max(a,b)<<endl;        //B
}
```

程序中的 B 行调用函数 max，并将该函数的返回值输出。将以上程序输入计算机，并经编译、连接，生成可执行程序。执行该程序并输入以下两个数：

```
6.7   9.2
```

则程序的输出为：

```
两个数中的大数为：9.2
```

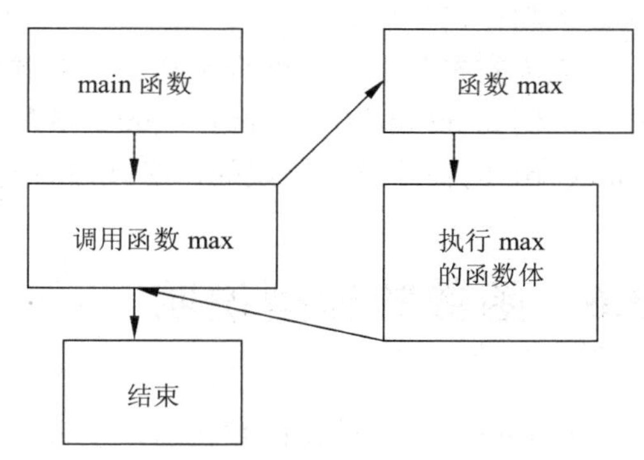

图 3-1　函数的调用过程

图 3-1 给出了函数的调用及执行过程。当执行 B 行中的函数调用时，控制转去执行 A 处的函数体，即执行 max 函数定义中的语句，当执行完函数后（执行到 return 语句或已到达函数定义中的结束符"}"），返回到 main 函数，接着计算表达式的值或执行函数调用语句后面的语句。

3.5　具有缺省参数值的函数

在定义函数时，可给函数的参数指定缺省值。调用函数时若给出了相应实参的值，则函数使用实参值；若没有给出相应的实参，则使用缺省值。这种函数称为具有缺省参数值的函数。下面用例子来说明具有缺省参数值函数的定义及调用。

例 3-2　求两个或三个正整数中的最大数，用带有缺省参数值的函数实现。

```
#include <iostream>
using namespace std;
int max(int a=2,int b=7,int c=6)
{if(b>a) a=b;
 if(c>a) a=c;
 return a;
}
void main( )
{
int a,b,c;
 cin>>a>>b>>c;
 cout<<"max()="<<max()<<endl;
 cout<<"max(a)="<<max(a)<<endl;
```

```
cout<<"max(a,b)="<<max(a,b)<<endl;
cout<<"max(a,b,c)="<<max(a,b,c)<<endl;
}
```

上例中如果没有实参，则用来求默认值 2、7、6 的最大值，若只有一个实参 a，则用 a 的实际值替换下来默认值中的 2，其余用参数的默认值，即求 a 的实际值与 7、6 三个数的最大值；若有两个实参，则对应替换下来 a 和 b 的默认值，求它们与 c 的默认值 6 三个数的最大值；若三个实参全都有，则对应传递到实参，替换下所有形参处的默认值，此时默认值不起任何作用。

因为实参与形参的结合是从左至右顺序进行的。因此指定默认值的参数必须从右向左指定，例如 int max(int a,int b=7,int c=6)默认值参数的指定是正确的，而 int max(int a=2,int b,int c=6) 的指定就是错误的，必须由右向左进行指定，中间不能间隔变量。

3.6 函数的原型说明

在 C++中，当被调函数在前，主调函数在后时，源程序能正确编译执行。若出现主调函数在前，被调函数在后时，编译时会出现语法错误。例如编译以下源程序时：

```
#include <iostream.h>
void main ( )
{
    int a,b;
    cout<<"输入两个整数！";
    cin>>a>>b;
    cout<<"大数是："<<max(a,b)<<'\n';                    //A
}
int max(int x, int y)
{return( x>y?x:y); }
```

编译器给出编译错误信息，指出 A 行中的函数 max 没有定义。当出现函数调用在前定义在后时，程序会报错，须在函数调用前增加函数的原型说明。将以上程序改为：

```
#include <iostream.h>
void main ( )
{
        int max(int x,int y);                          //B
        int a,b;
        cout<<"输入两个整数！";
        cin>>a>>b;
        cout<<"大数是:"<<max(a,b)<<'\n';
}
int max(int x, int y)
{   return( x>y?x:y);   }
```

程序就能正确编译了。程序中的 B 行就是函数的原型说明。

在 C++中，当函数调用在前，定义在后时，必须对被调用的函数作函数原型说明。函数原型说明的一般格式为：

<类型> <函数名>(<形参类型说明表>)；或 <类型> <函数名>(<形参说明表>)；

其中，类型是该函数返回值的类型，必须与函数定义时指定的类型一致；括号中的参数说明，可以指明每一个形参的类型及其形参名，也可以仅给出每一个形参的类型。说明函数原型的目的是将函数的返回值类型、函数的参数个数及类型告诉编译程序，以便编译程序在处理函数调用时，对参数的个数、类型、顺序及函数的返回值进行合法性的检查。如上例中 B 行的函数原型说明，也可写为：

```
int max(int , int);
```

注意，在 C++中规定函数的原型说明是一个说明语句，故其后的分号不可少；这种说明语句可以出现在程序中的任何位置，且可对同一函数作多次原型说明。如果函数是一个参数存在默认值的函数，则此时必须在函数原型声明时给出参数的默认值，而在函数定义时可以不给出默认值。

3.7　函数的嵌套与递归调用

3.7.1　函数的嵌套调用

C++不允许在一个函数体内再定义另一个函数，即 C++的函数不允许嵌套定义。但 C++函数之间的嵌套调用是允许的，即可以在函数 A 的函数体中调用函数 B，而在函数 B 的函数体中又调用函数 C，在 C 中又调用 D，以此类推。

例 3-3　编写一个求三个数中最大数和最小数差值的程序。

```
#include<iostream>
using namespace std;
int max(int x, int y, int z)
{
    int  s;
    s= x > y ? x : y;
    return(s> z ? s : z);
}
int min(int x, int y, int z)
{
    int  t;
    t = x < y ? x : y;
    return(t < z ? t : z);
}
int dif(int x, int y, int z)
{  int sub
```

```
    sub= max(x, y, z)-min(x, y, z)
    return sub;
}

void  main()
{
    int a, b, c;
    cin >> a >> b >> c;
    cout << "最大数减最小数的差值为：" << dif(a, b, c) << endl;
}
```

在程序中设计了三个函数，求三个数中最大值的函数 max()、最小值的函数 min()、求差值的函数 dif()。在 main 函数中调用 dif()，dif()中调用 max()和 min()，进而完成了相应的运算。

3.7.2 函数的递归调用

有一种特殊情况，即在函数 A 的函数体中调用函数 B，而在函数 B 的函数体中又调用函数 A；或者是直接在函数 A 的函数体中又出现调用函数 A 的情况，这种调用关系称为递归调用。前一种情况称为间接递归，后一种情况称为直接递归。

例 3-4 求 5!和 10!。

分析：已知 1 的阶乘为 1，2！=1!*2，3!=2!*3，依次类推，可将 *n*!定义为：

$$n!=\begin{cases}1 & n=0\\ 1 & n=1\\ n*(n-1)! & n>1\end{cases}$$

即将求 *n*!变成求（*n*–1）!的问题。而（*n*–1）!又可变为求（*n*–2）!的问题。依次类推，直到变成求 1!或 0!的问题。根据定义，1!或 0!为 1。这种方法就是递归方法。使用递归方法求值时，必须注意两点：本例中的递归公式为 *n**（*n*–1）!；本例中递归的结束条件是 0 或 1 的阶乘为 1。可编写递归程序如下：

```
#include  <iostream.h>
long int f( int n)
{
        if ( n == 0 || n == 1 ) return ( 1);    //A，判断递归结束条件
        return  n * f ( n-1 );                  //B，进行递归调用
}
void main( )
{   cout<<"5!="<<f(5)<< "\t\t 10!="<<f(10)<<'\n';}
```

在设计递归函数时，通常在函数体内先判断递归结束的条件，再进行递归调用。如本例中，先判断 *n* 是否为 0 或 1，若是，则结束递归；否则，根据递归公式进行递归调用。

递归函数的执行过程比较复杂，存在连续的递推（参数入栈）和回归的过程。以求 *f*(5)的值为例来说明递归函数的调用过程。因 *f* (5)中参数不为 1，故执行该函数中的 B 行，变

成 5*f(4)。同理，f(4)又变成 4*f(3)。依次递推，直到出现函数调用 f(1)时，则执行函数中的 A 行，将值 1 返回。在图 3-2 中左边从上向下给出了连续递推过程。

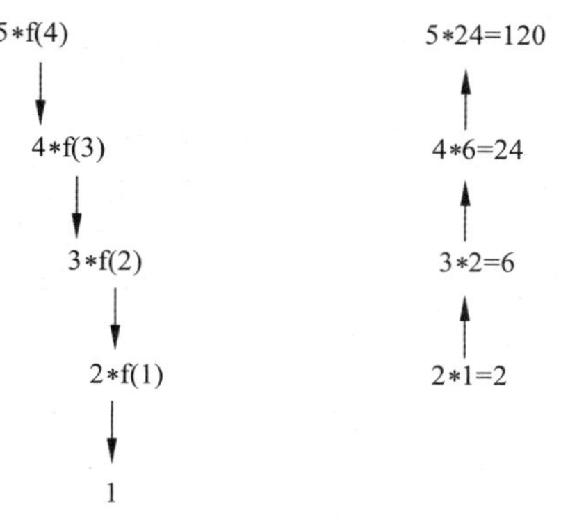

图 3-2 递归和回推过程

在本例中，当出现调用 f(1)时，递推结束，进入回归的过程。将返回值 1 与 2 相乘后的结果作为 f(2)的返回值，再与 3 相乘后，得到的 6 作为 f(3)的返回值，依次进行回归。图 3-2 中右边的从下向上给出了回归过程。从计算机执行原理上看，递推是入栈的过程，而回归是出栈的过程。

例 3-5 求 Fibonacci 数列的前 40 个数，要求每行输出五个数。Fibonacci 数列的递归公式为：

$$f_n = \begin{cases} 1 & n=1 \\ 1 & n=2 \\ f_{n-1} + f_{n-2} & n>2 \end{cases}$$

其中，递归公式的约束条件是 $n \geqslant 1$。程序为：

```
#include  <iostream.h>
#include  <iomanip.h>
int  f(int n)
{
        if ( n==1 || n== 2 ) return (1);              //判断递归结束条件
        else  return   f(n-1) + f(n -2);              //进行递归调用
}
void  main( )
{
        int i ;
        for ( i = 1 ; i <= 40 ; i ++)
        {
            cout <<setw(10) << f(i);
            if ( i % 5 == 0 ) cout << "\n";
        }
        cout << "\n";
}
```

注意，在使用递归的方法进行程序设计时，在递归函数中一定是先判断递归结束的条件，然后再进行递归调用；否则在执行程序时，会产生无穷尽的递归调用。上面的例子，也可以用迭代的方法来进行程序设计，即先初始化迭代条件，再用一个循环语句来实现。程序为：

```
#include  <iostream.h>
#include  <iomanip.h>
void  f (int n)
{
```

```
    int f1=1,f2=1,f3;
    cout<<setw(10)<<f1<<setw(10)<<f2;
    for(int i=3;i<=n;i++)
        {
            f3=f1+f2;
            cout<<setw(10)<<f3;
            if( i% 5 ==0) cout <<"\n";
            f1=f2;f2=f3;
        }
}
void  main( )
{
    f (40) ;
    cout << "\n";
}
```

对于同一个问题，既可使用递归又可使用迭代的方法来进行程序设计时，使用时要根据实际情况进行选择，使用递归的方法，程序简洁易懂，而使用迭代的方法程序执行速度快。

3.8 内联函数

在执行一个函数调用时，系统先要将当前的现场信息、函数参数等保存到栈中，然后转去执行被调用的函数体。执行完函数体后，在函数返回前退栈（恢复现场），再实现函数返回，接着执行主调函数中的语句。当函数完成的功能比较简单时，完成这种函数调用的系统开销相对而言是比较大的。为减少这种开销，C++提供了另一种函数调用的方法：编译器将函数体的代码插入到函数调用处，调用函数实质上是顺序执行直接插入的函数代码。这种函数称为内联函数。内联函数的实质是用空间换取时间，即占用更多的存储空间而减少执行时间。定义函数时在函数的类型前加上修饰词 inline，即可指明将函数定义为内联函数。

例 3-6 用内联函数实现求两个实数中的大数。

```
#include  <iostream.h>
inline  float max(float x,float y)
    {return  ( x>y? x:y);}
     void  main( )
      {
        cout << "Input  a and b :";
        float a,b;
        cin >> a >> b;
        cout <<  "大数是: " << max(a,b) << '\n';
      }
```

使用内联函数时要注意以下几点。

（1）当函数体内含有循环、switch 语句和复杂嵌套的 if 语句时，不能将函数定义为内联函数。

（2）内联函数的用法与一般的函数相同，也可带有参数，也是定义在前调用在后。

（3）内联函数的实质是用空间换时间。程序中多次调用同一内联函数时，增加了程序本身占用的存储空间。

3.9　函数的重载

函数的重载是指两个或两个以上的函数具有相同的函数名，不同的参数表（参数表不同是指参数的个数不同或类型不同或者两者都不同），完成不同的功能。函数重载的方法及其用法如例 3-7 所示。

例 3-7　重载求两个数中较大数的函数，分别实现求两个整数、单精度和双精度实数中的大数。

```
#include  <iostream.h>
int max(int x,int y)                                  //A 求两整数中的大数
{return  (x>y? x:y );}
 float max( float a,float b )                         //B 求两单精度实数中的大数
{return  (a>b? a: b);}
 double max(double m, double n)                       //C 求两双精度实数中的大数
{return  (m<n? m: n );}
 void main( )
{
   int a1,a2;
   float b1,b2;
   double c1,c2;
   cout << "输入两个整数:\n";
   cin >> a1 >> a2;
   cout<< "输入两个单精度数:\n";
   cin>>b1>>b2;
   cout<< "输入两个双精度数:\n";
   cin>>c1>>c2;
   cout<<"max("<<a1<<','<<a2<<")="<<max(a1,a2)<< "\n";     //D
   cout<<"max("<<b1<<','<<b2<<")="<<max(b1,b2)<< "\n";     //E
   cout<<"max("<<c1<<','<<c2<<")="<<max(c1,c2)<< "\n";     //F
}
```

上例中定义了三个求两个数中较大数的函数，分别求出两个整数、两个单精度数和两个双精度数中的大数。这三个函数的函数名是相同的。通过函数名调用重载的函数时，C++的编译器根据实参的类型或实参的个数来确定应该调用哪一个函数。如上例中，当实参为整型时，D 行调用由 A 行定义的函数 max；当实参为单精度型时，E 行调用由 B 行定义的

函数 max；当实参为双精度型时，F 行调用由 C 行定义的函数 max。

定义重载函数时要注意以下几点。

（1）虽然重载函数名相同，但函数的参数个数或参数类型不同。编译器在处理函数调用时根据参数的个数不同或类型不同，能唯一地确定应该调用哪一个重载函数。

（2）仅返回值不同时，不能定义为重载函数。例如：

```
float  fun( float x){…}
void  fun (float x) {…}
```

上面定义的两个函数，其函数名、参数个数和类型均相同，仅返回值不同，这不能认为是重载，将导致编译错误，因为编译器在处理调用函数时并不关心函数的返回值类型，只有在处理 return 语句时，才涉及函数返回值的类型。

（3）一个函数不能既作为重载函数，又作为有默认参数值的函数。因为当调用函数时如果少写一个参数，系统无法判定是调用重载函数还是调用默认参数的函数，出现二义性，系统无法执行。

3.10 函数与数组

数组作为一组数据的集合，也可以做函数的参数使用，其中包括把数组元素作为函数的参数和数组名作为函数的参数两种情况。

3.10.1 数组元素作函数的参数

数组元素的使用与简单变量的使用是一样的，也可以作为函数的实参进行值的单向传递。

例 3-8 阅读下列程序，给出运行结果。

```
#include <iostream.h>
int add(int x,int y,int k)
{
   int c[10];
   c[k]=x+y;
   return c[k];
}
   void main( )
{
       int a[10]={1,2,3,4,5,6,7,8,9,10};
       int b[10]={10,9,8,7,6,5,4,3,2,1},i;
       int s[10];
       for(i=0;i<10;i++)
          s[i]=add(a[i],b[i],i);
       for(i=0;i<10;i++)
          cout<<s[i]<<"  ";
```

```
        cout<<'\n';
}
```

执行程序后，输出的结果为：

```
11 11 11 11 11 11 11 11 11 11
```

3.10.2　数组名作函数的参数

数组名不仅表示数组的名称，也表示数组的首地址。因此，这种参数的传递实质上是一种地址传递，当采用数组名作实参和形参时，将实参数组的首地址传递给形参数组，这时形参数组与实参数组共享内存中的存储空间。当函数之间需要传递多个数据时，可以采用地址传递方式，这样可以节省内存空间。

例 3-9　在已给出的 10 个数中找出其中的最大值并输出。

```
#include <iostream.h>
void input(int x[],int n)                     //数组 x 用作形参,n 为数组元素的个数
{                                             //把输入的数据送到数组 x 中
        cout<<"输入"<<n<<"个整数: ";
        for(int i=0;i<n;i++) cin>>x[i];
}
int big(int b[],int n)                        //数组 b 用作形参, n 为数组元素的个数
{                                             //从数组 b 中找出最大值，并返回最大值
        int max=b[0];
        for(int i=1;i<n;i++)if(max<b[i]) max=b[i];
        return max;
}
void main( )
{
        int a[10],max;
        input(a,10);                          //调用函数输入 10 个数
        max=big(a,10);                        //数组名 a 用作实参，调用函数求最大值
        cout<<max<<endl;
}
```

用一维数组作为形参时，可以不指定数组的大小，用另一个参数来指定数组的大小。

例 3-10　有 *n* 个学生，现在将他们按照成绩进行升序排序，编写函数实现排序。学生信息包括：学号、姓名及成绩，进行排序时可以采用冒泡法。

```
#include<iostream.h>
  struct  student
     {
       int  num;
       char  name[20];
       float  score;
     };                                       //定义结构类型
  void  sort(student stu[],int n);            //函数原型说明
```

```
void main( )
{
  int n;
  student stu[30];
  cout<<"请输入学生的个数：\n";
  cin>>n;
  for(int  i=0;i<n;i++)
   {
      cout<<"请输入学号、姓名、分数：\n";
      cin>>stu[i].num>>stu[i].name>>stu[i].score;     //输入学生信息
   }
  sort(stu,n);                                          //调用排序函数
  cout<<"-------------排序后------------\n";
  cout<<"学号   姓名   分数\n";
  for(i=0;i<n;i++)
     cout<<stu[i].num<<"\t"<<stu[i].name<<"\t"<<stu[i].score<<endl;
  void  sort(student  stu[],int  n)                     //排序函数定义
  {
    student  temp;
    for  (int  i=0;i<n-1;i++)
       for(int  j=0;j<n-1-i;j++)
         if(stu[j].score>stu[j+1].score)
            {
              temp=stu[j];
              stu[j]=stu[j+1];
              stu[j+1]=temp;
            }
  }
```

运行结果如图 3-3 所示。

```
请输入学生的个数：
3
请输入学号、姓名、分数：
1001 Jerry 92
请输入学号、姓名、分数：
1002 Flora 70
请输入学号、姓名、分数：
1003 Candy 80
-------------排序后-----------
学号   姓名   分数
1002    Flora   70
1003    Candy   80
1001    Jerry   92
Press any key to continue
```

图 3-3　学生信息排序

程序中，在进行冒泡法排序时，两个数组元素之间是可以直接进行赋值的，如：stu[j]=stu[j+1]。

例 3-11　设计一个程序，求两个矩阵的和。

根据矩阵加法的运算规则：$A_{m1\times n1}+B_{m2\times n2}=C_{m3\times n3}$，只有矩阵 A 的行数 m1、列数 n1 分别等于矩阵 B 的行数 m2 和列数 n2 时，两个矩阵才能相加。矩阵 C 的行数 m3 和列数 n3 等于矩阵 A 的行数和列数，$c_{ij}=a_{ij}+b_{ij}$。下面是实现两个矩阵相加的程序：

```
#include <iostream.h>
void plus(int x[][4],int y[][4],int n)
{
        for(int i=0;i<n;i++)
            for(int j=0;j<4;j++)
                 x[i][j]+=y[i][j];
}
void  prt(int c[][4],int n)
    {
        for(int i=0;i<n;i++)
        {
            for(int j=0;j<4;j++)
                 cout<<c[i][j]<<"\t";
            cout<<endl;
        }
  }
void main()
{
        int a[3][4]={12,36,45,98,21,63,91,32,63,52,46,25};
        int b[3][4]={33,26,66,51,42,88,75,99,63,64,16,19};
        plus(a,b,3);
        prt(a,3);
}
```

在该程序中，将两个矩阵 a 和 b 的和重新放入了数组 a 中。用多维数组作形参时，可以不指定最高维的大小，但其他各维的大小必须指定。最高维的大小可通过一个参数指定。与一维数组作为函数参数一样，把多维数组用作实参时，也是仅给出数组名。

3.11 变量的作用域与存储属性

C++中定义的变量可分为局部变量和全局变量两大类。作用域在函数级或块级的变量称为局部变量，作用域在程序级或文件级的变量称为全局变量。

3.11.1 局部变量

一般来说，在一个函数内部声明的变量为局部变量，其作用域只在本函数范围内。即局部变量只能在定义它的函数体内部使用，而不能在其他函数内使用。例如：

```
char  f2  (int  x,int  y)           //形参 x、y 在函数内定义，属于局部变量
{
```

```
    int  i,j,b,c;        //i、j、b、c 均是函数 f2 的局部变量
}
void  main( )
{
    int  m,n;            //m、n 是主函数的局部变量，只在 main 中有效，其他函数不能访问
    …
}
```

说明：

（1）main 函数本身也是一个函数，因而在其内部声明的变量为局部变量，只能在 main 函数内部使用，而不能在其他函数中使用。

（2）在不同的函数中可声明具有相同变量名的局部变量，系统会自动进行识别。

（3）形参也是局部变量，其作用域在定义它的函数内。所以形参和该函数体内的变量是不能重名的。

3.11.2 全局变量

在函数外面定义的变量被称为全局变量。全局变量的作用域是从声明该变量的语句位置开始，直至本文件结束。因而全局变量声明后可以被很多函数使用。例如：

```
int  x,y;              //全局变量
void  f1( )
{
…
}
float  a,b;            //全局变量
int  f2(int c)
{
  int  z;
}
void  main( )
{
  int  m,n;
…
}
```

全局变量 x 和 y 在程序的开始处进行声明，因而这两个变量在整个程序中都是有效的，可被函数 f1( )、函数 f2()、main( )函数使用。

关于全局变量有以下几点说明：

（1）全局变量的作用域是从声明该变量的位置开始直到程序结束。因此，在一个函数内部，可以使用在此函数前声明的全局变量，而不能使用在该函数定义后声明的全局变量。比如上面的例子，main 函数和函数 f2 可以使用全局变量 a、b、x、y，而在函数 f1 内只能使用全局变量 x、y。

（2）全局变量的作用域为函数间传递和共享数据提供了一种新的方法。如果在一个程序中，各个函数都要对同一个变量进行处理，就可以将这个变量定义成全局变量。

（3）在一个函数内部，如果一个局部变量和一个全局变量重名，则在局部变量的作用域内，全局变量不起作用。

例 3-12　重名的局部变量和全局变量的作用域。

```
#include<iostream.h>
int a=3,b=5;                //a、b 为全局变量
void main ()
{
  int a =8;                 //a 是全局部变量
  int c;
  c=a>b? a:b;               //此时，a=8,b=5
  cout<<c<<endl;
}
```

运行结果为：

```
8
```

本来全局变量 a、b 可以在函数 main 内起作用，但由于函数 main 内有相同名称的局部变量 a，因而使全局变量 a 不再起作用，这也遵循了变量使用的就近原则。

3.11.3　C++的存储属性

在变量说明时，可指定变量的存储属性，存储属性决定了该存储空间所具有的特征及何时为变量分配存储空间。C++的存储属性有四种，分别是 auto(自动)、register(寄存器)、extern(外部)、static(静态)。

在声明和定义程序实体时（程序实体一般指程序的变量、对象等实际占用内存的程序实例），可使用上述关键字来说明程序实体的存储属性。其格式为：

```
存储属性 类型 标识符=初始化表达式;
```

1．auto 型

属于 auto 型的程序实体，称为自动程序实体，它采用的是栈分配存储模式。在 C++中，auto 可以不写，即程序实体的默认方式为 auto。例如：

```
auto int a;                 //等价于 int a
```

在 C++中，以自动型变量用得最多，它的作用域具有局部属性，即从定义点开始至本函数（或块）结束。其生存期自然也随函数（或块）的销毁而销毁。因而通常称其为局部变量，具有动态生存期。

2．register 型

register 型程序实体和 auto 型程序实体的作用相同，只不过其采用的是寄存器存储模式，执行速度较快。当寄存器全部被占用后，余下的 register 型程序实体自动成为 auto 型。只有整型程序变量可以成为真正的 register 型变量。

3．extern 型

用 extern 声明的程序实体称为外部程序实体。它是为配合全局变量的使用而定义的。

由于使用外部变量容易造成程序员的混淆，故现在很少使用。在面向对象的程序设计语言中，更是不允许使用外部变量。

4．static 型

用关键字 static 修饰的程序实体称为静态类型的程序实体，在内存中它属于静态存储区。静态类型变量有确定的初值。默认为 0，当使用静态类型变量时，其作用将保存函数的运行结果，以便下次调用函数时，能继续使用上次计算的结果。

例 3-13 使用静态类型的局部变量。

```
#include<iostream.h>
 int t()
   {  static int i=100;
      i+=5;
      return i;
    }
 void main( )
 {
    cout<<"i="<<t()<<'\n';
    cout<<"i="<<t()<<'\n';
  }
```

运行程序后输出：105　110，可见在调用函数 t()时静态变量 i 会保存上一次的运算结果。

3.12 编译预处理

编译预处理程序是在编译源程序之前调用的对源程序进行预先加工处理的指令，会形成一个临时文件，并将该临时文件交给 C++编译器进行编译。由于编译预处理指令不属于 C++的语法范畴，为了把编译预处理指令与 C++语句区分开来，每一条编译预处理指令单独占一行，均用符号#开头。根据编译预处理指令的功能，将其分为三种：文件包含、宏和条件编译。

3.12.1 文件包含

include 编译预处理指令实现在一个源程序文件中将另一个源程序文件的全部内容包含进来的功能，该编译预处理指令的格式为：

```
#include   <文件名> 或 #include   "文件名"
```

例如，设文件 f1.h 的内容为：

```
int  a=200,b=100;
float a1=25.6,b2=28.9;
```

设文件 f2.cpp 的内容为：

```
#include  "f1.h"
```

```
void  main( )
{
    cout<<a<<'\t'<<b<<'\n';
    cout<<a1<<'\t<<b2<<'\n';
}
```

编译预处理程序用文件 f1.h 的内容替换 include 指令行后，产生临时文件的文件内容为：

```
int  x=200,y=100;
float x1=25.6,x2=28.9;
void  main( )
{
    cout<<x<<'\t'<<y<<'\n';
    cout<<x1<<'\t<<x2<<'\n';
}
```

并将该临时文件交给编译程序进行编译。

对 include 指令有以下几点说明：

（1）文件名用双引号括起来与用一对尖括号括起来的作用是不同的。用双引号括起来的文件名表示要从当前工作目录开始查找该文件（通常与源程序文件在同一个文件目录中），若找不到该文件，再到 C++编译器约定的目录中查找该文件，若仍找不到则出错。用“<”和“>”括起来的文件名表示直接从 C++编译器约定的 include 目录中查找该文件，若找不到则出错。通常，对于用户自定义的头文件用双引号括起来，而对于 C++预定义的头文件（在 include 目录或其子目录中）用尖括号括起来。

（2）头文件的扩展名通常为 h。

（3）一条 include 指令只能包含一个头文件。若要包含 *n* 个文件，则要用 *n* 条 include 指令。

（4）在一个头文件中又可以包含其他的头文件，包含文件是可以嵌套的，处理过程完全类同。注意，当编译预处理程序用头文件的内容替换 include 指令行时，是在一个临时文件中进行的，这并不改变源程序文件的内容。

（5）include 指令可出现在源程序中的任何一行位置，但通常放在源程序的开头。

在开发大的应用程序时，包含文件是常用的。通常将程序中用到的公共数据结构定义为头文件。

3.12.2　宏

define 编译预处理指令用来定义宏。宏可分为有参数的宏和无参数的宏，下面分别介绍这两种宏的定义及使用。

1．无参数宏

定义无参数宏的格式为：

```
#define  <标识符>        <字符或字符串>
```

其中，标识符称为宏名，例如：

```
#define    PI    3.1415926
```

其作用是将宏名 PI 定义为实数 3.1415926。在编译预处理时，将用 3.1415926 代替该 define 指令后的每一个 PI。这种替换过程称为“宏扩展”或“宏展开”。

又如：

```
#define    PROMPT  "面积为:"
```

表示将宏名 PROMPT 定义为字符串"面积为:"。

例 3-14 宏的使用。

```
#include  <iostream.h>
#define    PI    3.1415926
#define    R     2.8
#define    AREA  PI*R*R
#define    PROMPT  "面积为:"
#define    CHAR    '!'
void  main( )
{   cout << PROMPT<<AREA<<CHAR<<'\n';  }
```

执行程序后，输出：

```
面积为:24.6301!
```

关于无参数宏的定义及其使用，说明以下几点：

（1）宏名要符合标识符的语法规则。通常宏名用大写字母来表示，以便程序中将宏名与变量名及函数名相区别。

（2）宏定义可出现在程序中的任何一行的位置，但通常将宏定义放在源程序文件的开头部分。宏的作用域从宏定义这一行开始到源程序文件结束时终止。

（3）一个宏定义中可以使用已定义的宏。如上例中定义宏 AREA 时，用到已定义的宏 PI 和 R。在编译预处理时，要对该行中的 PI 和 R 作替换：

```
#define     AREA   3.1415926*2.8*2.8
```

经宏替换后，上例对主函数产生的中间文件的内容为：

```
void  main( )
{   cout << "面积为:"<< 3.1415926*2.8*2.8<<'!'<<'\n';}
```

（4）编译预处理进行宏替换时，不作任何计算，也不作语法检查，仅对宏名作简单的替换。若不正确地定义宏，会得到不正确的结果或导致编译时出现语法错误。例如，程序：

```
#include  <iostream.h>
#define   A   3+3
#define   B   A*A
void  main( )
{   cout<<B<<'\n'; }
```

执行以上程序后,输出结果为 15，而不是 36。编译预处理进行宏替换后为：

```
{cout<<3+3*3+3<<'\n'; }
```

（5）若要终止某一宏名的作用域，可以使用预处理命令：

```
#undef  宏名
```

例如：

```
#define    PI   3.1415926
…
#undef    PI
…
```

在此后不能再使用宏 PI，因为宏 PI 的作用域已经被终止了。

（6）当宏名出现在字符串中时，编译预处理不进行宏扩展。例如：

```
#include  <iostream.h>
#define   A   "We"
#define   B   "A  are  students."
void  main( )
{
   cout<<"A "<<'\t';                         //字符串中的 A 不进行宏替换
   cout<<B<<'\n';
}
```

执行程序后，输出：

```
A      A  are  students.
```

（7）在同一个作用域内不允许将同一个宏名定义两次或两次以上。这种规定保证编译预处理程序在进行宏代换时不产生二义性。

2．带参数的宏

带参数的宏在进行宏替换时，先进行参数替换，再进行宏替换。定义带参数宏的一般格式为：

```
#define  <宏名>(<参数表>)   <使用参数的字符或字符串>
```

当参数表中有多个参数时，参数之间用逗号隔开，这些参数也称为形式参数，简称形参。带参宏的参数仅给出参数名，不指定参数的类型，这一点与函数不同。例如：

```
#define  V(a,b ,c )   a * b * c
…
volumn = V(2.0 ,7.8,1.215 );
```

定义了求长方体体积的宏 V，三个参数 a、b、c 分别表示长方体的长、宽、高。调用带参数的宏称为宏调用，在宏调用中给出的参数称为实参。编译预处理程序在对宏调用进行替换时，先用实参替代宏定义中对应的形参，并使用替代后的数据计算字符串。如上例经宏替换后为：

```
volumn= 2.0 * 7.8 * 1.215;
```

注意，宏替换时对实参不作任何计算，只是简单地将实参替换形参。

对带参宏有以下几点说明。

（1）宏调用中给出的实参有可能是表达式,若为表达式，在宏定义中要用括号将形参括起来。例如：

```
#define   AREA(a,b)      a*b
…
c= AREA(2+3, 2+10);
```

J 行经宏替换后，c 的值为 18，而不是 60。因 J 行经宏替换后成为：

```
c= 2+3*2+10;
```

若将 I 行的宏定义改为：

```
#define   AREA(a,b)      (a)*(b)
```

则 J 行经宏替换后成为：

```
c=(2+3)*(2+10);
```

这时 c 的值才是 60。

（2）在定义带参宏时，宏名与左圆括号之间不能有空格。在定义函数时，函数名与左圆括号之间有或没有空格都是允许的。若宏名与左圆括号之间有空格，则编译预处理程序将其作为无参宏的定义，而不作为有参宏的定义。例如：

```
#define   V1  (x,y,z)    (x) * (y) * (z)
```

则编译预处理程序认为是将无参宏 V1 定义为“(x,y,z)   (x) * (y) * (z)”，而不将“(x,y,z)”作为参数。

（3）一个宏定义通常在一行内定义完。当一个宏定义多于一行时必须使用转义符“\”，即在按换行符（Enter 键）之前先输入字符“\”。例如：

```
#define  swap(a,b,c,t)    t=a; a=b; b=c\
         c=a
```

行尾的转义符“\”表示要跳过其后的换行符。该转义符“\”的作用相当于续行符。

注意，宏与函数有本质上的不同，两者有以下几方面的区别。

（1）两者的定义形式不一样。在宏定义中只列出形参名，不能指明形参的类型；而在函数定义时，必须指定每一个形参的类型及形参名。

（2）宏由编译预处理程序来处理，而函数由编译程序来处理。在宏调用时，不作任何计算，只作简单的替换；而函数经编译后，在程序执行期间，先计算出各个实参的值，然后再执行函数的调用。

（3）处理函数调用时，编译程序要对参数的类型作语法检查，要求实参的类型必须与对应的形参类型一致；在宏调用时，不对参数作任何检查，仅作简单的替换。

（4）函数可以用 return 语句返回一个值，而宏没有返回值的概念。

（5）多次调用同一个宏，经宏替换后，要增加程序的长度；而对同一个函数的多次调用，不会增加程序的长度。

3.12.3　条件编译

在编译源程序时，当某一条件成立时要对源程序中的某几行或某一部分程序进行编译；否则这部分程序不编译。这种情况称为条件编译。条件编译指令的条件有两种，一种是根据“是否已定义某一宏”作为编译条件，另一种是根据“常量表达式的值是否为 0”作为条件。

（1）“是否已定义某一宏”作为条件编译指令的条件。

第一种格式为：

```
#ifdef   <宏名>
  <程序段>
#endif
```

若已定义了宏名，则要编译该程序段；否则不编译该程序段。

在设计通用程序或调试大程序时，经常使用条件编译。条件编译也是由编译预处理程序处理的，它将要编译的程序段送到编译程序处理的临时文件中。

第二种格式为：

```
#ifdef   <宏名>
  <程序段 1>
#else
  <程序段 2>
#endif
```

该格式表示当宏名已定义时，只编译程序段 1，否则，只编译程序段 2。

第三种格式为：

```
#ifndef   <宏名>
  <程序段>
#endif
```

这种格式表示如果没有定义宏名，编译该程序段；否则不编译该程序段。

第四种格式为：

```
#ifndef   <宏名>
  <程序段 1>
#else
  <程序段 2>
#endif
```

这种格式表示若没有定义宏名时，只编译程序段 1；否则，只编译程序段 2。

（2）常量表达式的值作为条件编译的条件。

把常量表达式的值作为编译条件也有两种格式。第一种格式为：

```
#if   <常量表达式>
  <程序段>
```

```
#endif
```

这种格式表示当常量表达式的值为非 0 时，编译该程序段；否则不编译该程序段。

第二种格式为：

```
#if  <常量表达式>
   <程序段 1>
#else
   <程序段 2>
#endif
```

该格式表示当常量表达式的值为非 0 时，编译程序段 1；否则，编译程序段 2。

对条件编译说明有以下两点。

① 条件编译指令可以出现在源程序中的任何位置。编译预处理程序在处理条件编译指令时，会将要编译的程序段依次写到临时文件中，并将该临时文件交给编译程序进行编译。

② 把常量表达式作为条件编译的条件时，要保证编译预处理程序能求出该表达式的值。

3.13 本章任务实践

3.13.1 任务需求说明

继续完善学生信息管理系统，在系统中增加查询、修改和删除的功能，并将它们以函数的方式集成到前两章所述的学生信息管理系统中，从而形成一个完整的具有增、删、改、查功能的系统，且各部分的功能都以函数的形式写入系统中，主函数完成对这些函数的调用，这样写可以让程序结构更清晰，也有利于后期对系统的维护。

系统首先进入主界面，提示出相应的可供选择项，如果选择“添加学生信息”，系统会询问需要添加的学生个数，并进一步提示所需要输入的信息，完成功能如图 3-4 所示。

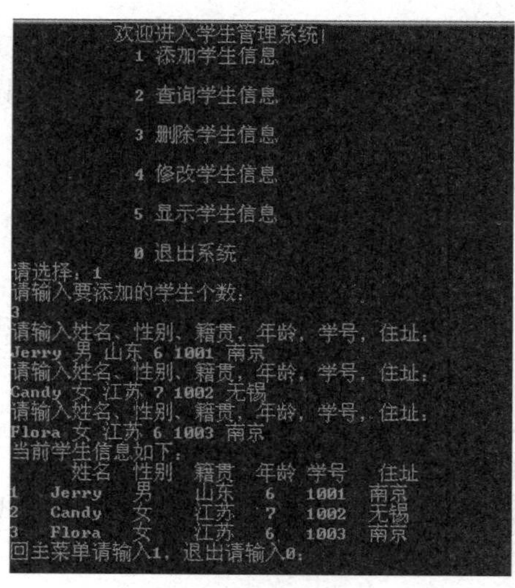

图 3-4 主菜单及增加学生信息功能

输入结束后，系统会给出返回主菜单和退出的选择，键盘输入“1”可以返回主菜单，输入“0”，则退出；返回主菜单后可以在进行系统其余选项的操作，例如输入“2”便可以根据学号查询某一个学生的信息，效果如图 3-5 所示。

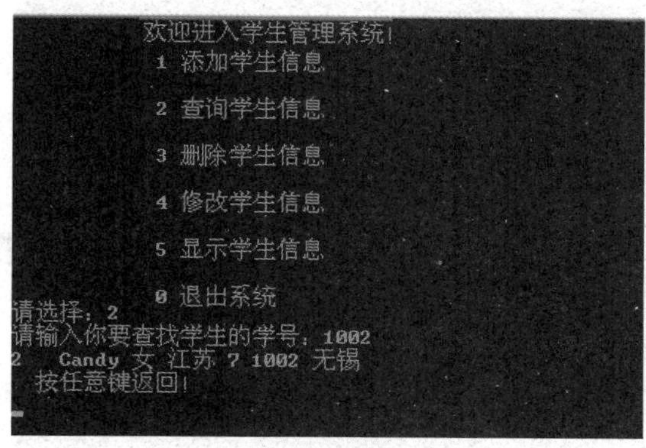

图 3-5 查询学生信息功能

做完查询工作后，按任意键即可返回到主菜单，接着可以选择“3”删除某个学生的记录，效果如图 3-6 所示。

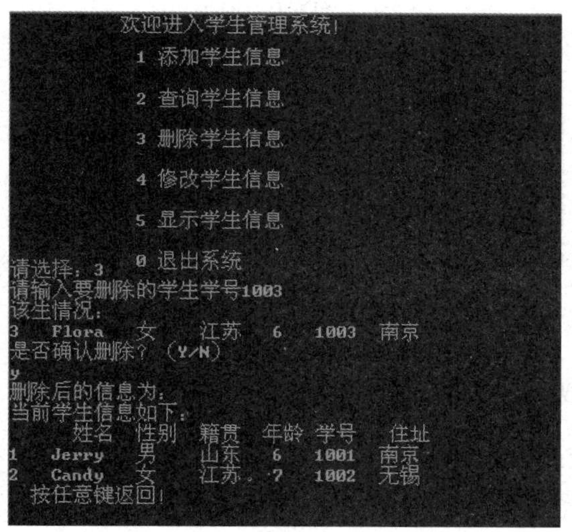

图 3-6 删除学生信息功能

如果想要修改某个学生的记录，可以在主菜单中输入“4”，系统会提示用户输入需要修改的学生的学号，并将该生的自然情况显示出来，然后提示用户是否确认对该生信息的修改。如果用户输入“Y”，则提示用户输入修改后的信息并将其显示出来，效果如图 3-7 所示。

如果输入“5”，则可以将当前系统中的信息输出到显示器上，效果如图 3-8 所示。

3.13.2 技能训练要点

要完成上面的任务，除了掌握前面两章需要掌握的内容以外，读者还必须熟练掌握函数的定义和调用方法，理解变量的定义域和存储类别，并能够在不同情况下灵活选择函数来解决实际问题，掌握相应的使用方法。

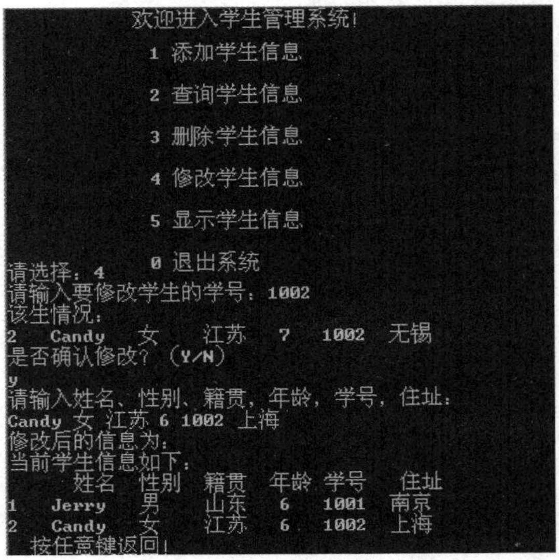

```
              欢迎进入学生管理系统！
                1 添加学生信息
                2 查询学生信息
                3 删除学生信息
                4 修改学生信息
                5 显示学生信息
                0 退出系统
请选择：4
请输入要修改学生的学号：1002
该生情况：
2   Candy  女   江苏   7   1002  无锡
是否确认修改？（Y/N）
y
请输入姓名、性别、籍贯，年龄，学号，住址：
Candy 女 江苏 6 1002 上海
修改后的信息为：
当前学生信息如下：
     姓名   性别   籍贯   年龄  学号   住址
1   Jerry   男     山东    6   1001   南京
2   Candy   女     江苏    6   1002   上海
  按任意键返回！
```

图 3-7　修改学生信息功能

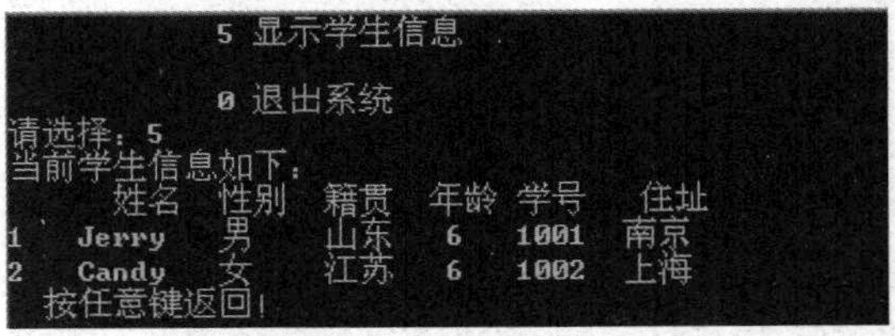

```
                5 显示学生信息
                0 退出系统
请选择：5
当前学生信息如下：
     姓名   性别   籍贯   年龄  学号   住址
1   Jerry   男     山东    6   1001   南京
2   Candy   女     江苏    6   1002   上海
  按任意键返回！
```

图 3-8　显示学生信息功能

3.13.3　任务实现

根据知识点讲解中的内容可以设计系统实现程序如下：

```
#include<iostream.h>
#include<iomanip.h>
#include<windows.h>
#include <conio.h>
void back();                    //返回开始菜单
void print();                   //输出信息
int w=1;                        //用于记录学生人数,全局变量
struct student
{
  public:
  char name[10];                //姓名
  char sex[5];                  //性别
```

```
  char jiguan[10];          //籍贯
  int num,age;              //学号、年龄
  char adr[30];             //住址
}stu[100];
void main()
{
  int i;
  void input();
  void find();
  void alt() ;
  void del();
  void exit();
  void show();
  cout<<setw(50)<<"欢迎进入学生管理系统！"<<endl;
  cout<<setw(26)<<"1 添加学生信息"<<endl<<endl;
  cout<<setw(26)<<"2 查询学生信息"<<endl<<endl;
  cout<<setw(26)<<"3 删除学生信息"<<endl<<endl;
  cout<<setw(26)<<"4 修改学生信息"<<endl<<endl;
  cout<<setw(26)<<"5 显示学生信息"<<endl<<endl;
  cout<<setw(22)<<"0 退出系统"<<endl;
  cout<<"请选择：";
  cin>>i;
  if(i>5||i<0)
  {
    cout<<"输入有误！"<<endl;
    back();
  }
switch(i)
  {
  case 1:input();break;
  case 2:find();break;
  case 3:del();break;
  case 4:alt();break;
  case 5:show();break;
  case 0:exit();break;
  default:cout<<"你的输入有误!\n";
  }
}
void input()                     //添加学生
{
  int n,flag;
  cout<<"请输入要添加的学生个数：\n";
  cin>>n;
  if(n>=100||n<=0)
  {
```

```
    cout<<"输入有误! <<endl";
    main();
  }
else
{
  for(int i=1;i<=n;i++)
    {
     cout<<"请输入姓名、性别、籍贯、年龄、学号、住址："<<endl;
     cin>>stu[i].name>>stu[i].sex>>stu[i].jiguan>>stu[i].age  >>stu[i].num>>
      stu[i].adr;
     w++;}
    print();
}
 cout<<"返回主菜单请输入 1，退出请输入 0：";
 cin>>flag;
 if(flag==0) exit(0);
 else if(flag==1) main();
}
void find()                        //按学号查找学生
{
  int i,id,j=0;                    //j 用于记录是否有信息被找到
  cout<<"请输入你要查找学生的学号：";
  cin>>id;
  for(i=1;i<w;i++)
  if(stu[i].num ==id)
{
    cout<<i<<"   "<<stu[i].name<<" "<<stu[i].sex<<" "<<stu[i].jiguan<<"
    "<<stu[i].age<<" "<<stu[i].num<<" "<<stu[i].adr<<endl;
    j++;
}
if(j==0)
  cout<<"没有你要查找的信息";
  back();
}
void del()                         //删除指定学号学生信息
{
  int i,a,y=0;
  char x;
  cout<<"请输入要删除的学生学号";
  cin>>a;
  for(i=1;i<w;i++)
   if(stu[i].num==a)
   {
     cout<<"该生情况："<<endl;
     cout<<i<<"   "<<stu[i].name<<"   "<<stu[i].sex<<"    "<<stu[i].
```

```
jiguan<<"  "<<stu[i].age<<"  "<<stu[i].num<<"  "<<stu[i].adr<<endl;
cout<<"是否确认删除？（Y/N）"<<endl;
cin>>x;
if(x=='Y'||x=='y')
{
  y++;
  for(int k=i;k<w-1;k++)
  stu[k]=stu[k+1];
  w--;                 //每删除一对总是减少一个
}
}
if(y==0)
  {
   cout<<"该学生不存在！"<<endl;
   back();
  }
else
  {
   cout<<"删除后的信息为："<<endl;
   print();
   back();
  }
}
void alt()                 //修改指定学号学生
{
  int id,y=0;
  char x;
  cout<<"请输入要修改学生的学号：";
  cin>>id;
 for(int i=1;i<w;i++)
  if(stu[i].num ==id)
  {
   cout<<"该生情况："<<endl;
   cout<<i<<"  "<<stu[i].name<<"  "<<stu[i].sex<<"   "<<stu[i].
   jiguan<<"  "<<stu[i].age<<"  "<<stu[i].num<<"  "<<stu[i].adr<<endl;
   cout<<"是否确认修改？（Y/N）"<<endl;
   cin>>x;
   if(x=='Y'||x=='y')
   {
    y++;
    cout<<"请输入姓名、性别、籍贯、年龄、学号、住址："<<endl;
    cin>>stu[i].name>>stu[i].sex>>stu[i].jiguan>>stu[i].age >>stu[i].
    num>>stu[i].adr ;
   }
else  main();
```

```
    }
  if(y==0)
    {
      cout<<"该学生不存在！";
      back();
    }
  else
    {
      cout<<"修改后的信息为："<<endl;
      print();
      back();
    }
  }
  void show()      //显示
  {
     print();
     back();
  }

  void exit()      //退出
  {
     exit(0);
  }

  void back()      //返回
  {
  cout<<" 按任意键返回！"<<endl;
  getch();
  main();
  }
  void print()     //输出
  {
  int i;
  cout<<"当前学生信息如下："<<endl;
  cout<<"       姓名  性别  籍贯  年龄 学号   住址"<<endl;
  for(i=1;i<w;i++)
  cout<<i<<"    "<<stu[i].name<<"    "<<stu[i].sex<<"     "<<stu[i].jiguan<<"
  "<<stu[i].age<<"   "<<stu[i].num<<"  "<<stu[i].adr<<endl;
  }
```

程序是在主函数中显示欢迎页面，将各个选项提示给用户，然后根据用户的选择和输入使用 switch 结构进行相应的函数调用。

需要说明的是，在对学生信息进行删除时，使用到了一个 for 循环：

```
for(int k=i;k<w-1;k++)
```

```
    stu[k]=stu[k+1];
```

因为数组元素在内存中是物理相邻的，所以该循环的作用是将要删除的数组元素的后一个数移到当前元素的位置，从而将当前元素删掉，然后再将数组后面的元素逐次移动到其前一个位置，从而完成整个删除过程。如果要删除元素后面数据很多的时候，这种删除方法会做多次数据的移动，效率比较低，在下一章会给读者介绍一种效率比较高的方法，即使用链表存储数据来实现系统的增、删、改、查的功能。

本章小结

本章介绍 C++语言中函数的定义、调用、递归以及作用域和存储类别的概念，还介绍了 C++语言编译预处理，包括宏替换、文件包含和条件编译。学习本章应掌握如何编写函数，如何利用函数来把较大的问题分解后加以解决，应掌握作用域和存储类别的概念，进而进一步理解 C++程序的基本结构。

课后练习

1．下列关于 C++函数的叙述中，正确的是________。

A．每个函数至少要具有一个参数

B．每个函数都必须返回一个值

C．函数在被调用之前必须先声明或定义

D．函数不能自己调用自己

2．函数原型为 abc(float x,char y);该函数的返回值类型为________。

A．int　　B．char　　C．void　　D．float

3．设有以下程序：

```
void main()
{
  int a, b:
  void PrintData(int, int);          //A
  cin>>a>>b;
  PrintData(a, b);                   //B
}
void PrintData(intx, int y)          //C
{
    cout<<a<<b;
}
```

以上程序，正确的说法是________。

A．语句 A 是函数原型说明；语句 B 是函数定义性说明

B．语句 B 是函数调用；语句 C 是函数原型说明

C．语句 C 是函数定义性说明；语句 A 是函数原型说明

D．语句 A 没有任何作用，可以省去

4．关于局部变量，下面说法正确的是________。

A．定义该变量的程序文件中的函数都可以访问

B．定义该变量的函数中的定义处以下的任何语句都可以访问

C．定义该变量的复合语句中的定义处开始，到本复合语句结束为止，其中的任何语句都可以访问

D．定义该变量的函数中的定义处以上的任何语句都可以访问

5．C++语言中函数返回值的类型是由________决定的。

A．return 语句中的表达式类型　　B．调用该函数的主调函数类型

C．定义函数时所指定的函数类型　　D．传递给函数的实参类型

6．在 C++语言的函数中，下列论断正确的是________。

A．可以定义和调用其他函数

B．可以调用但不能定义其他函数

C．不可以调用但能定义其他函数

D．不可以调用也不能定义其他函数

7．有以下函数调用语句：

```
func(rec1,rec2+rec3,(rec4,rec5));
```

该函数调用语句中，含有的实参个数是________。

A．3　　B．4　　C．5　　D．有语法错

8．在函数声明中，________不是必须要有的。

A．函数名　　B．函数类型　　C．参数名称　　D．参数类型

9．函数原型 int f(int a,int b=8,char='*')，下面的函数调用中，属于不合法调用的是________。

A．f(6, '#');　　B．f(5,10);　　C．f(6);　　D．f(0,0, '*');

10．以下程序的输出结果是________。

```
f(int b[],int m,int n)
{    int i,s=0;
     for (i=m;i<n;i=i+2)
         s=s+b[i];
     return(s);
}
void main()
{
     int x,a[]={1,2,3,4,5,6,7,8,9};
     x=f(a,3,7);
     cout<<x;
}
```

A. 10　　B. 18　　C. 8　　D. 15

11. 若有宏定义如下：

```
#define X   5
#define Y   X+1
#define Z   Y*X+2
```

则执行以下语句后，输出的结果是________。

```
cout<<Z;
```

A. 35　　B. 32　　C. 12　　D. 7

12. 重载一个函数的条件是：该函数必须在参数的________或参数的________上与其他同名函数有所不同。

13. 如果一个函数直接或间接地调用自身，这样的调用称为________调用。

14. 运行下列程序的结果为________。

```
#include <iostream.h>
int f(int[ ],int);
void main()
{
    int a[]={-1,3,5,-7,9,-11};
   cout<<f(a,6)<<endl;
}
int f(int a[],int size)
{
    int i,t=1;
   for(i=0;i<size;i++)
        if(a[i]>0) t*=a[i];
    return t;
}
```

15. 运行下列程序的结果为________。

```
#include<iostream.h>
int fun(int,int);
void main()
{
  cout<<"n="<<fun(0,0)<<endl;
}
int fun(int n,int s)
{
   int s1,n1;
   s1=s+n*n;
   if(s1<100)
   {
     n1=n+1;
```

```
        fun(n1,s1);
    }
    else
    return n-1;
}
```

16. 下列程序的输出结果是________。

```
#include <iostream.h>
int f(int a);
void main()
{
    int i,a=5;
    for(i=0;i<3;i++)
    cout<<i<<"  "<<f(a)<<endl;
}
int f(int a)
{
    int b=0;
    static int c=3;
    b++;c++;
    return(a+b+c);
}
```

17. 运行下列程序的结果为________。

```
#include<iostream.h>
void fun1(int);
void main()
{
    void fun1(double);
    fun1(1);

}
void fun1(int i)
{
    cout<<"int:"<<i<<endl;
}
void fun1(double i)
{
    cout<<"double:"<<i<<endl;
}
```

18. 运行下列程序的结果为________。

```
#include<iostream.h>
void output(int var1,int var2)
{
```

```
    cout<<"var1="<<var1<<",var2="<<var2<<endl;
    var1=100;
    var2=200;
}
void main()
{
    int var1=300;
    int var2=400;
    output(var1,var2);
    cout<<"var1="<<var1<<",var2="<<var2<<endl;
}
```

19．若有以下程序

```
int f(int x,int y)
{ return(y-x)*x;
}
ain()
{ int a=3,b=4,c=5,d;
   d=f(f(3,4),f(3,5));
   cout<<d;
}
```

执行后输出的结果是________。

20．写出以下程序的输出结果。

```
#include<iostream.h>
int i=2,j=3;
int f(int a,int b){
  int c=0;  static int d=3;
  d++;
  if(a>b)c=1;
  else if(a==b)c=0;
  else c=-1;
  i=j+1;
  return(c+d);
}
void main()
{  int p;
   p=f(i,j);
 cout<<i<<j<<p<<endl;
 i=i+1;    p=f(i,j);
 cout<<i<<j<<p<<endl;
    i=i+1; p=f(i,j);
   cout<<i<<j<<p<<endl;
 }
```

第一行输出________，第二行输出________，第三行输出________。

21．使用重载函数的方法定义两个函数，用来分别求出两个 int 型数的点间距离和 double 型数的点间距离。两个 INT 型点分别为 A(5,8)和 B(12,15)；两个 double 型点分别为 C(1.5,5.2)和 D(3.7,4.6)。

22．使用递归和非递归函数（两种方法）求解并输出 Fibonacci 数列的前十项。

23．编写函数利用递归的方法计算 x 的 n 阶勒让德多项式的值。该公式如下：

$$p_n(x)=\begin{cases}1 & n=0\\ x & n=1\\ ((2n-1)*x*p_{n-1}(x)-(n-1)*p_{n-2}(x))/n & n>1\end{cases}$$

24．已知三角形的三条边 a、b、c，则三角形的面积为：

$$\text{area}=\sqrt{s(s-a)(s-b)(s-c)}\text{，其中 } s=(a+b+c)/2$$

编写程序，分别用带参数的宏和函数求三角形的面积。

25．编写一个程序，并请编写函数 countvalue()，它的功能是：求 n 以内（不包括 n）能被 3 或 7 整除的所有自然数之和的平方根，并作为函数值返回。如输入 20，因为 3+6+9+12+15+18+7+14=84，函数返回 84 的平方根为 9.16515。

在 main 函数里通过输入流 cin 读取十个整数，并对这十个数分别调用该函数进行计算求值，最后将函数返回的结果保存到另外的数组当中并输出结果。

26．设计程序：

（1）设计一个函数 Max(...)，参数为三个整型变量 a、b 和 c，功能是求出并返回这三者中的最大值。

（2）在主函数中试建立一个 4 行 N 列的二维整型数组 data，并赋初值给第 0 行、第 1 行和第 2 行，其中 N 是宏定义的标识符，其值不小于 5。

（3）调用函数 Max(...)求各列三个元素中的最大值，将结果存入第 3 行该列的变量中。

（4）按 4 行 N 列的格式输出数组 data 的数据，并控制每列数据对齐。

第 4 章 指针和引用

4.1 本章简介

指针就是地址，C++语言具有在程序运行时获得变量地址和操纵变量地址的能力，用来存放地址的变量就是指针变量。指针在程序中的定义和使用也是 C++语言区别于其他程序设计语言的主要特征。C++程序从内存单元中存取数据一般有两种方法，一是通过变量名，二是通过变量地址。通过本章知识的学习，读者会认识到通过地址操作数据要比通过变量名本身操作数据效率高很多。C++语言的高度灵活性和表达能力在一定程度上来自于恰当而巧妙地使用指针，正确、灵活地运用指针，可以有效地对内存中各种不同的数据进行快速处理，可以有效地表示和使用复杂的数据结构（如链表等），能方便地使用字符串，能为函数间各类数据的传递提供便利的方法。

4.2 本章知识目标

（1）掌握指针和指针变量的基本概念。
（2）熟练掌握指针变量的类型说明及指针变量的赋值和运算方法。
（3）熟练掌握指向一维数组指针的表示与操作方法。
（4）掌握指向二维数组指针的表示与操作方法。
（5）掌握指向字符串指针的表示与操作方法。
（6）掌握指针在函数中的使用方法，熟练掌握函数调用时参数的传递方式。
（7）掌握使用指针进行动态内存分配。
（8）学会利用指针和结构体构建链表来实现简单的管理系统。
（9）了解引用的概念及应用。

4.3 指针与指针变量

计算机的内存储器被划分为一个个的存储单元。存储单元按一定的规则编号，这个编号就是存储单元的地址。地址编码的最基本单位是字节，每个字节由 8 个二进制位组成，也就是说，每个字节都是一个基本的内存单元。实际上，计算机就是通过对内存单元进行地址编号的方式来管理和准确定位内存数据读写的，这就好比旅馆里的每个房间都有一个房间号一样，存储单元就相当于旅馆中的各个房间，而地址则是标识这些房间（存储单元）的房间号。现实生活中可以根据旅馆的房间号找到相应的房间进而找到房客，在计算机的内存中同样可以按地址找到相应的存储单元进而对该存储单元的数据进行存取操作。

如果在程序中定义了一个变量，系统会根据数据类型的不同给变量分配一定长度的存储空间，例如，int 类型的变量要占 4 个字节内存空间，double 类型的变量要占用 8 个字节内存空间。如果程序中有如下语句：

```
int a=15, b=20, c=30;
```

则系统给整型变量 a、b、c 分别分配 4 个字节作为它们的存储空间，如图 4-1 所示，系统分配 006E4000H ～006E4003H 共 4 个字节给变量 a, 006E4008H ～006E400BH 共 4 个字节给 b，006E4010H ～006E4013H 共 4 个字节给 c。注意在内存中并不存在变量名，对变量值的存取都是通过地址进行的。

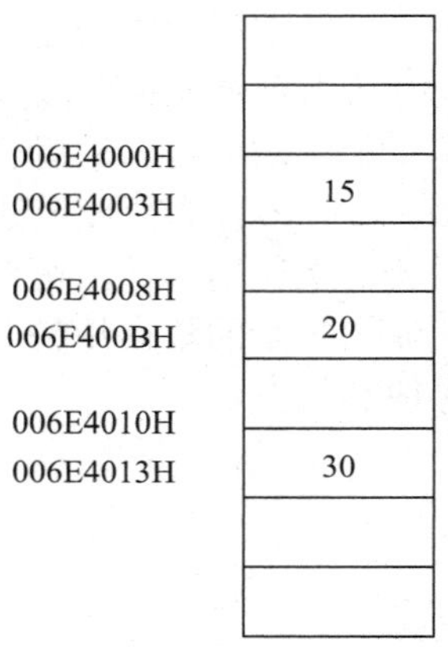

图 4-1　变量的存储

由上述可知，一个变量的存储空间要连续占用若干个字节（存储单元），把存放变量的存储空间的首地址称为该变量的存储地址，简称为变量的地址，如变量 a 的地址是 006E4000H，b 的地址为 006E4008H，c 的地址为 006E4010H。

在这里务必弄清楚变量的地址与变量的内容（值）两个概念的区别（即存储空间的地址与存储空间的内容两个概念的区别），在上例中，系统分配给变量 a 的存储空间的地址是 006E4000H，即 a 的地址，而地址 006E4000H 指向的存储空间中存放的是数据 15，也就是存储空间的内容为 15，即 a 的值。

所谓指针，就是一个变量的地址。如变量 a 地址是 006E4000H，则 006E4000H 就是变量 a 的指针。因为指针是一个地址值，在 C++语言中需要有一种特殊的变量专门用来存放地址，这种变量叫作“指针变量”，即指针变量是用于存放内存单元地址的变量。指针变量的存储空间中只能存放地址类型的数据，而不能存放其余的数据类型的变量。

指针变量定义的一般形式为：

```
数据类型  *指针变量名;
```

例如：

```
int *p;
float *q;
```

说明：

① p 和 q 前的“*”，表示其后的名字是一个指针变量，它只是一个标识，不是变量名本身的一部分。上例中，定义了 p 和 q 两个不同类型的指针变量，指针变量名是 p 和 q，而不是*p 和*q。

② “指针变量名”需要符合 C++中标识符的命名规则。

③ “数据类型”是指该指针变量所指向的存储单元中数据的数据类型，例如上例给出的指针变量定义中，p 称为 int 型指针变量，它说明指针变量 p 中存放的是整型变量的地址，即 p 为指向整型变量的指针变量；而 q 称为 float 型指针变量，即 q 为指向 float 型变量的指针变量。事实上，不管什么类型的指针变量在内存中占有的空间都一样，例如在 VC 编译环境中都占 4 个字节。

只要在一个变量前面加上取地址运算符“&”即可取得该变量的地址值，例如对于一个变量 a 声明为 int a=3；则“&a”即为变量 a 的地址，就可以将“&a”赋给一个指针变量。

例如，下面语句

```
int a=2,*p;
p=&a;
```

定义整型变量 a 和指向 a 的指针变量 p，若变量 a 的地址为 006E4000H，则通过“&”运算符将变量 a 的地址赋给指针变量 p，此时指针变量 p 的内容应为变量 a 的地址 006E4000H，如图 4-2 所示。

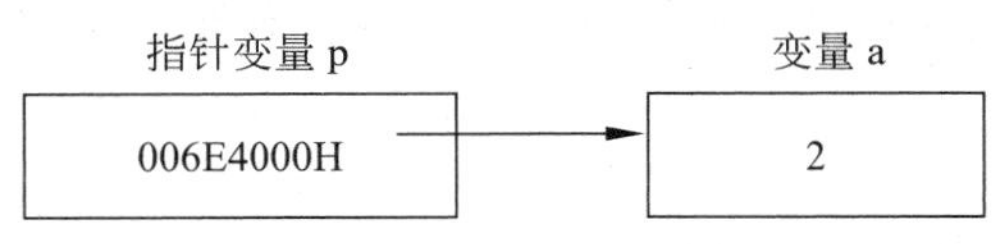

图 4-2　指针变量 p 与变量 a 的关系

有了上述的定义后，如果在后面程序中出现了 cout<<*p;的语句，则会输出 2，此时的*含义称为“取内容运算符”，用来取得指针变量所指向的内存单元的内容。由此，可以看出“*”在指针操作中有两个含义：

① 如果在定义变量时，“*”出现在类型与变量名之间，例如 int *p;这时的“*”只是起到标识作用，指示 p 是一个指针变量，里面只能存放地址。

② 如果在程序的执行过程中“*”出现在某一个已经定义过的指针变量之前，则此时的“*”称为取内容运算符，可以取到指针变量所指向的内存单元的内容。

例 4-1　输入两个整数，使用指针将它们按由大到小的顺序输出。

```
#include <iostream.h>
void main()
```

```
{
    int a,b,t;
    int *p=&a,*q=&b;
    cout<<"请输入 a 和 b:";
    cin>>a>>b;
    if(a<b)
    {
        t=*p;
        *p=*q;
        *q=t;
    }                                        //交换*p 和*q
    cout<<a<<"\t"<<b<<endl;
    cout<<*p<<"\t"<<*q<<endl;
}
```

运行结果为：

```
请输入 a 和 b：5  8
8   5
8  5
```

在本例中进行交换的是*p 和*q，也就是使 a 和 b 的值互换。

4.4 指针运算

根据前面的介绍已经知道，指针变量也是一种变量，因此指针变量可以像一般变量一样作为操作数参加运算。但指针变量又与一般变量不同，其内容为地址量，因此指针运算的实质是地址的运算。指针运算包括赋值运算、关系运算和算术运算。

4.4.1 赋值运算

若指针变量既没有被初始化，也没有被赋值，那它的指向就不确定。如果此时操作指针变量，可能会对系统造成很大的危害。因此指针变量在使用之前必须有确定的指向，通过给指针赋值可以解决这一问题。

下面通过给指针赋值的例子说明指针赋值时应该注意的一些问题。

```
int a=16,b=28;             //说明整型变量 a、b
float x=32.6f,y=69.1f;  //说明浮点型变量 x、y
int *pa,*pb=&b;            //说明两个指向整型对象的指针变量 pa、pb，并使 pb 指向变量 b
float *px,*py=NULL;        //说明两个指向浮点型对象的指针变量 px、py，并使 py 的值为 0
px=&x;                     //使指针 px 指向变量 x
*pa=&b;                    //非法，左值与右值的类型不同，左值是 int 型，右值是地址型
pa=pb;                     //两个指针变量赋值相等，并使它们指向同一个内存单元
pa=&x;                     //非法，pa 指向对象的类型是 int 型，而 x 是浮点型
pb=0x3000;                 //非法，不能用常数给指针变量赋值
```

NULL 是一个指针常量，其值为 0，它用作指针时表示空地址。当指针变量暂时无法确定其指向或暂时不用时，可以将它指向空地址，以保证程序的正常运行，这样它不指向任何的存储单元。

4.4.2　关系运算

两个指针变量进行关系运算时，它们应该是指向同一数据类型的数据，指针变量的关系运算表示它们所指向的变量在内存中的位置关系。如果两个相同数据类型的指针变量相等，就表示这两个指针变量是指向同一个变量。应注意，在指向不同数据类型的指针变量之间进行关系运算是没有意义的，指针变量与一般整数常量或变量之间进行关系运算也是没有意义的。但指针变量与整数 0 之间可进行等或不等的关系运算是经常遇到的（即 p==0; 或 p!=0;），用于判断指针变量是否为空指针。

4.4.3　算术运算

指针可以进行加减、自增自减等算术运算，指针可以直接加减一个整数，但是运算规则是比较特殊的，并不是简单地用指针的地址量与整数 n 进行直接的加减运算。当指针 p 指向内存中某一数据时，p+n 表示指针 p 当前所指数据位置后方第 n 个数据的地址，而 p-n 则表示指针 p 当前所指数据位置前方第 n 个数据的地址，如图 4-3 所示。

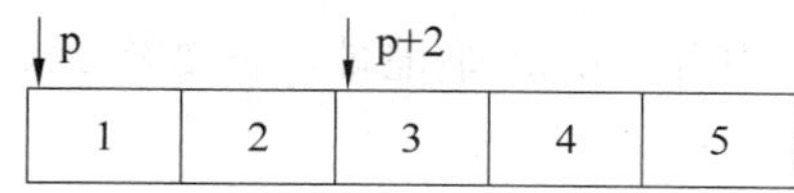

图 4-3　指针 p 与整数 n 的加减

由此可见，指针作为地址量，与整数 n 相加减后，运算结果仍为地址量，它是指针当前指向位置的后边或前边的第 n 个数据的地址。

由于指针变量可以指向不同数据类型的数据，而不同数据类型的数据实际所占的存储空间也不同，如在 VC 编译器下 char 数据占 1 个字节，int 数据占 4 个字节，long、float 占 4 个字节，double 占 8 个字节，所以指针与一个整数 n 进行加减运算，是先使 n 乘上一个比例因子，再与地址量进行加或减运算。这里的“比例因子”就是指针变量指向的数据类型实际存储时所占的字节数，如对 char、int、float、long、double 型数据，比例因子分别是 1、4、4、4、8。对不同类型的指针 p，p±n 表示的实际位置的地址值是：

(p)±n×数据长度（字节数）

其中，(p) 表示指针 p 中的地址值。

指针自增、自减实际上是指针加减整数 n 的一个特例，此时 n 为 1，其物理意义是指向下一个或上一个数据的位置。例如，指针变量 p 进行了 p++运算后，就指向了下一个数据的位置，而进行了 p--运算后，p 就指向了上一个数据的位置。

与普通变量一样，指针的自增、自减运算也分为前置运算和后置运算，当它们与其他运算出现在同一表达式时，要注意结合规则和运算顺序，否则会得到错误的结果。下面的语句都是将指针变量 p 所指向的变量赋给变量 x，但是由于运算符优先级和运算顺序的不同，变量 x 中的结果是不同的。

```
int x,y,*p=&y;
x=*p++;       //即 x=*(p++)，先进行赋值运算，再进行指针变量自增运算，所以 x 的值为 y
x=*++p;       //即 x=*(++p)，先进行指针变量的自增运算，再进行赋值运算
x==(*p)++;    //先给 x 赋值，所以 x 的值为 y，后使指针变量指向的变量的值加 1，也就是 y++
x=++(*p);     //将指针变量指向的变量的值加 1，也就是++y，然后赋给 x，所以 x 的值为 y+1
```

4.5 指针与数组

指针的运算主要应用于指针与数组的结合。任何一个变量在内存中都有其地址，而作为一个数组，它又包含若干个数组元素，且每个元素都在内存中占用存储单元，它们都有相应的地址。所以，一个指针变量既然可以指向一般的变量，当然也可以指向数组和数组元素（把数组起始地址或某一数组元素的地址放到一个指针变量中），由于数组中的各元素在内存中是线性相邻的，所以指针的算术运算可以方便地应用在数组中。

4.5.1 指针与一维数组

数组的指针即整个数组在内存中的起始地址，而数组元素的指针是数组中某一个数组元素所占存储单元的地址。

例如：

```
int a[10];         //定义 a 为包含 10 个整型数组元素的数组
int *p;            //定义 p 为指向整型变量的指针变量
p=&a[0];           //把数组元素 a[0]的地址赋给指针变量 p
```

C++语言中规定：数组名代表数组存储的首地址，也就是数组中的第一个数组元素的地址，所以 a 与&a[0]的值是相同的。因此下面的语句是等价的：

```
p=&a[0];
p=a;
```

指针变量 p 指向数组中的第一个数组元素 a[0]时（见图 4-4），该指针变量就称为指向数组的指针。

假定指针变量 p 为指向数组 a 的指针，即：

```
int a[10],*p;
p=a;
```

则：

① p+i 或 a+i 就是数组元素 a[i]的地址，即它们都指向数组元素 a[i]。所以*(p+i)或*(a+i)与 a[i]等价。由此可知，在 C++中，使用指针也可以依次访问内存中连续存放的一系列数据，即指针与数组在访问数组元素时功能是完全等价的，如图 4-4 所示。不同点是可以在

程序中写 p=p+i，但不能写成 a=a+i。这是由于表示数组首地址的数组名是一个地址常量，不能向它赋值。

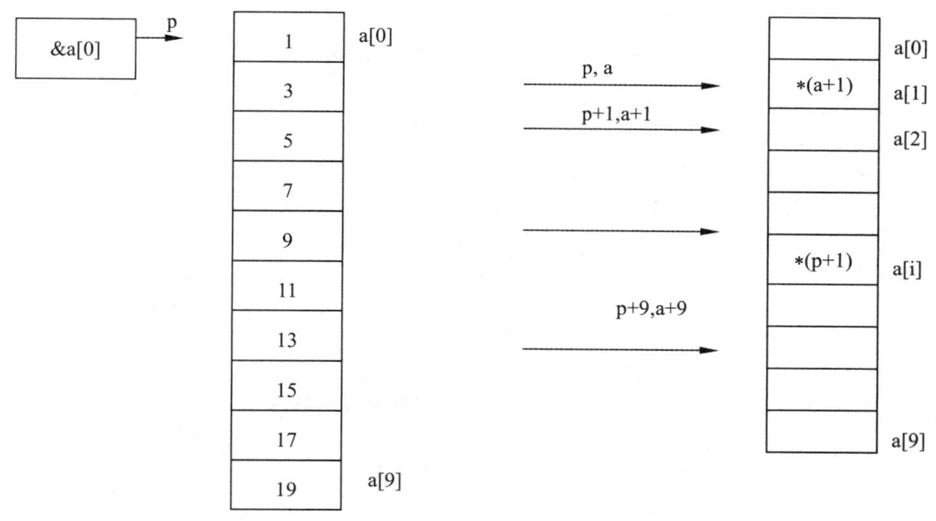

图 4-4　数组元素 a[i]的地址表示

② 指向数组的指针变量也可以带下标，如 p[i]与* (p+i)等价。

根据以上所述，引用一个数组元素，可以用下标法和指针法：

下标法，如 a[i]或 p[i]。

指针法，如* (a+i)或* (p+i)。其中 a 是数组名，p 是指向数组的指针变量，其初值为 a。

对一个数组元素 a[i]的地址可以表示为：&a[i]、p+i、a+i。

例 4-2　输出数组中的全部元素。

假定数组 a 为整型数组，包含 10 个数组元素。因此要输出各元素的值可以有三种方法。

方法 1　下标法。

```
#include <iostream.h>
void main()
{
    int a[10];
    for(int i=0;i<10;i++)
        a[i]=2*(i+1);                    //为数组元素赋值
    for(i=0;i<10;i++)
        cout<<a[i]<<"\t";                //输出数组元素
    cout<<endl;
}
```

方法 2　通过数组名计算数组元素地址，找出元素的值。

```
#include <iostream.h>
void main()
{
```

```
    int a[10];
    for(int i=0;i<10;i++)
        *(a+i)=2*(i+1);                  //为数组元素赋值
    for(i=0;i<10;i++)
        cout<< *(a+i)<<"\t";             //输出数组元素
    cout<<endl;
}
```

方法 3　用指针变量指向数组元素。

```
#include <iostream.h>
void main()
{
    int a[10],*p=a;
    for(int i=0;p<a+10;p++,i++)
       *p=2*(i+1);                       //为数组元素赋值
    for(p=a;p<a+10;p++)
        cout<<*p<<"\t";                  //输出数组元素
    cout<<endl;
}
```

以上三个程序的运行结果均为：

```
2   4   6   8   10   12   14   16   18   20
```

上例中的三种方法表明，使用指针法和下标法在访问数据时，其表现形式是可以互换的，如* (a+i)和* (p+i)是等价的，因为数组名和指针变量都代表地址量。但是，有一点需要特别提出的是，指针变量和数组名在本质上是不同的，指针变量是地址变量，而数组名是地址常量。指针变量本身的值会发生改变，例如上例中用 p++使 p 的值不断改变，从而使 p 指向不同的数组元素。如果不用 p,而使 a 变化（用 a++实现），这样做行不行呢？

这样做是不合法的。因为 a 是数组名，是数组的首地址，它是个地址常量，其值在程序运行期间是固定不变的，因此对数组名 a 不能进行赋值操作。

下面的语句都是错误的：

```
a=p;
a++;
a--;
a+=n;
```

如果使 p 指向数组 a 的首元素（即 p=a），则指针变量的运算可以归纳如下：

（1）p++（或 p+=1），是使 p 指向下一个元素，即 a[1]。若再执行*p，则取出下一个元素 a[1]的值。

（2）*p++,由于++和*都是单目运算符，为同一个优先级，结合方向为自右而左，因此它等价于* (p++)。它的作用是先得到 p 指向的变量的值(*p)，然后再将 p+1 赋给 p。

（3）*(p++)与*(++p)作用不同。前者是先取*p 值，然后使 p 加 1；后者是先使 p 加 1 并赋给 p，再取*p。若 p 的初值为 a(即&a[0])，输出* (p++)时，得到 a[0]的值，p 当前指向数组元素 a[1]，输出*(++p)时，则得到 a[1]的值，p 当前也指向数组元素 a[1]。

（4）(*p) ++表示 p 所指向的元素的值加 1，即(a[0]) ++,如果 a[0]=3,则执行(a[0]) ++后，a[0]的值为 4，p 仍然指向 a[0]。注意：是元素值加 1，而不是指针值加 1。

将++和--运算符用于指针变量可以使指针变量自动向前或向后移动，指向下一个或上一个数组元素。

上例的方法 3 也可以改写为：

```
#include <iostream.h>
void main()
{
   int a[10],*p=a;
   for(int i=0;i<10;i++)
     *p++=2*(i+1);
   for(p=a;p<a+10;)
      cout<<*p++<<"\t";
   cout<<endl;
}
```

在使用指针变量时，要注意指针变量的当前值。在执行第一个 for 循环时，由于每次都要执行 p++，所以当循环结束后，p 已指向 a 数组的末尾。因此在执行第二个 for 循环时，要重新通过 p=a 将 p 指向数组的第一个元素。

例 4-3　用指针相减的运算，计算字符串的长度。

```
#include <iostream.h>
void main()
{
   char s[50],*p=s;
   cout<<"请输入一个字符串:";
   cin>>p;
   while(*p!=0)
      p++;
   cout<<"字符串的长度是: "<<p-s<<endl;
}
```

运行结果为：

```
请输入一个字符串: microsoft
字符串的长度是: 9
```

4.5.2　指针与二维数组

二维数组的指针是二维数组在内存中的存储地址。相对于一维数组的地址而言，二维数组的地址稍微复杂一点。二维数组的地址与一维数组的地址的不同点是：它除了有元素地址外，还有标识各行起始位置的行首地址（称为行的首地址）。在 C++中，二维数组的各个元素值按行的顺序逐行来存放，编译程序为二维数组分配一片连续的内存空间依次存放各个元素值。当然，可以将二维数组分配的连续内存空间作为一维数组来使用。然后通过与二维数组中数据同类型的指针变量（初始值为指向二维数组的起始地址）来访问二维数组的各个元素。对于二维数组，要弄清整个数组的指针（起始地址）、每一行的指针和某一个元素的指针之间的区别。

在 C++中，允许这样来理解二维数组：a 是一个二维数组名，与一维数组类似，它可以表示该二维数组的起始地址；以数组 int a[3][4]={{1,2,3,4},{5,6,7,8},{9,10,11,12}}为例，可将二维数组的每一行看成一个元素，即数组 a 包含了三个元素 a[0]、a[1]、a[2]；这三个元素分别又是一个特殊的一维数组，二维数组名 a 表示二维数组的首地址，也是第 0 行的首地址，即 a⇔&a[0]，a+1 代表第 1 行的首地址，即 a+1⇔&a[1]，a+2 代表第 2 行的首地址，即 a+2⇔&a[2]，所以 a+i 也称为第 i 行的首地址，如果二维数组的行列数比较多，则以此类推。a[i][j]的地址是在行地址的基础上加上相应的值，例如：a[0]+1⇔ &a[0][1]、a[1]+2⇔&a[1][2]、a[2]+3 ⇔ &a[2][3]。根据对前面所学内容的了解，可知*a⇔a[0]⇔&a[0][0]的等价关系，即*a 和 a[0]都表示元素 a[0][0]的地址，*a+i 表示元素 a[0][i]的地址，*(a+i)表示元素 a[i][0]的地址，*(a+i)+j 表示元素 a[i][j]的地址；如果要取到相应地址所指向元素的内容，则需要在最外面加上括号并加上取内容运算符“*”。具体如表 4-1 所示。

表 4-1 二维数组元素与地址的对应表示

元 素	地 址	元 素	地 址	元 素	地 址
a[0][0]	&a[0][0]	*a[0]	a[0]	**a	*a
a[0][1]	&a[0][1]	*(a[0]+1)	a[0]+1	*(*a+1)	*a+1
a[1][0]	&a[1][0]	*a[1]	a[1]	*(*(a+1))	*(a+1)
a[1][2]	&a[1][2]	*(a[1]+2)	a[1]+2	*(*(a+1)+2)	*(a+1)+2
a[2][3]	&a[2][3]	*(a[2]+3)	a[2]+3	*(*(a+2)+3)	*(a+2)+3

例 4-4 用指向元素的指针变量生成一个由自然数 1~25 组成的 5×5 方阵，并输出。

```
#include <iostream.h>
 void main()
 {
   int a[5][5],*jp=*a, i, j;
   for(i=1;jp<*a+25;jp++ )
     {
       *jp=i++;
       cout<<*jp;
       if((i-1)%5==0) cout<<endl;
    }
  for(i=0;i<5;i++)
   {
     for(j=0;j<5;j++)
     cout<<a[i][j];
     cout<<endl;
   }
 }
```

本例是使用*a+25 遍历数组的所有元素并对其进行赋值的，根据本节讲解的内容，请读者思考一下有几种方法可以改写本例题。

4.5.3　指向整个一维数组的指针变量

可以说明一个指针变量使其指向整个一维数组，说明的格式为：

<数据类型> <(*<变量名>)[<元素个数>]

其中，数据类型表示一维数组元素的数据类型；圆括号中的*表示变量是一个指针变量；[ ]表示是一维数组，元素个数定义一维数组的大小。圆括号与中括号两者结合，说明这种指针变量指向的对象是整个一维数组。这种指针对应于二维数组中的行指针，经常用来处理二维数组。例如下例中 p 是指向数组 b 的行指针：

```
int b[3][5]={12,36,62,14,56,98,74,63,56,99,55,88,33,22,11};
int (*p)[5]=b;
```

例 4-5　阅读下列程序，写出运行结果。

```
#include <iostream.h>
void main( )
{
        int b[3][5]={12,36,62,14,56,98,74,63,56,99,55,88,33,22,11};
        int (*p)[5]=b;                               //p 是一个行指针变量
        cout<<"输出 b 数组每行的首地址:\n";
        for(int i=0;i<3;i++)
              cout<<p+i<<"  ";                       //输出行指针
        cout<<endl;
        for(i=0;i<3;i++)
              cout<<p[i]<<"  ";                      //输出行指针
        cout<<endl<<"输出 b 数组每个元素的地址:\n";
        for(i=0;i<3;i++){
            for(int j=0;j<5;j++)
                    cout<<*(p+i)+j<<"  ";
            cout<<endl;
        }
        for(i=0;i<50;i++)
                cout<<"-";
        cout<<endl;
        for(i=0;i<3;i++){
            for(int j=0;j<5;j++)
                    cout<<p[i]+j<<"  ";
            cout<<endl;
        }
        cout<<"输出 b 数组每个元素的值:\n";
        for(i=0;i<3;i++){
            for(int j=0;j<5;j++)
                cout<<*(*(p+i)+j)<<"  ";
```

```
            cout<<endl;
        }
        for(i=0;i<20;i++)
                cout<<"-";
        cout<<endl;
        for(i=0;i<3;i++){
            for(int j=0;j<5;j++)
                    cout<<p[i][j]<<"  ";
            cout<<endl;
        }
}
```

程序运行的结果为：

```
输出 b 数组每行的首地址：
0x0065FDBC  0x0065FDD0  0x0065FDE4
0x0065FDBC  0x0065FDD0  0x0065FDE4
输出 b 数组每个元素的地址：
0x0065FDBC  0x0065FDC0  0x0065FDC4  0x0065FDC8  0x0065FDCC
0x0065FDD0  0x0065FDD4  0x0065FDD8  0x0065FDDC  0x0065FDE0
0x0065FDE4  0x0065FDE8  0x0065FDEC  0x0065FDF0  0x0065FDF4
------------------------------------------------------------
0x0065FDBC  0x0065FDC0  0x0065FDC4  0x0065FDC8  0x0065FDCC
0x0065FDD0  0x0065FDD4  0x0065FDD8  0x0065FDDC  0x0065FDE0
0x0065FDE4  0x0065FDE8  0x0065FDEC  0x0065FDF0  0x0065FDF4
输出 b 数组每个元素的值：
12  36  62  14  56
98  74  63  56  99
55  88  33  22  11
------------------
12  36  62  14  56
98  74  63  56  99
55  88  33  22  11
```

由上例可知，可以使用行指针变量来访问数组中的元素。在使用时，要区分是行指针还是列指针。例如，p+i、p[i]、*(p+i)的值都表示 b 数组第 i 行的第 0 个元素的首地址，但 p+i 是行指针，而 p[i]和*(p+i)是列指针。*(p+i)+j、p[i]+j 和&p[i][j]都是 b 数组第 i 行第 j 列元素的地址，而*(*(p+i)+j)、*(p[i]+j)、p[i][j]和*(&p[i][j])都表示 b 数组第 i 行第 j 列元素的值。

4.5.4 指针与字符串

在 C++程序中，存储一个字符串的方法可以用字符数组实现，例如下面语句：

```
char s[]="Hello world";
```

其中，s 是数组名，代表数组存储的首地址。

也可以用字符指针变量实现，即不定义字符数组，而定义一个字符指针变量。用字符指针变量指向字符串的首地址，如：

```
char *s;
s="Hello world";
```

这里实际上是在内存中开辟了一个字符数组来存放字符串常量，并将字符串的首地址（即存放字符串的字符数组的首地址）赋给字符指针变量 s。该语句可以等价为：

```
char *s="Hello world";
```

s 是一个指向字符型数据的指针变量，在这里是把字符串"Hello world"的首地址赋给指针变量 s，而不是把"Hello world"这些字符存放到 s 中。

在内存中，字符串的最后被自动加了一个'\0'字符，因此在输出时能确定字符串的终止位置，这也是循环控制在处理字符串时常用的终止条件。

例 4-6　使用字符指针变量将字符数组 a 中的字符串赋给字符数组 b。

```
#include <iostream.h>
void main()
{
    char a[20]="Hello world",b[20],*q,*p;
    for(p=a,q=b;*p!= '\0';p++,q++)
    *q=*p;
    *q='\0';                          //将字符串结束标志也复制到 b 数组中
    cout<<"字符串 1 是: ";
    cout<<a<<endl;
    cout<<"字符串 2 是: ";
    cout<<b<<endl;
}
```

运行结果为：

```
字符串 1 是:Hello world
字符串 2 是:Hello world
```

p 和 q 是指向字符型数据的指针变量,通过语句:p=a,q=b;将字符数组 a 和 b 的首地址赋给 p、q，从而使 p、q 分别指向字符数组的第一个元素（即字符串的首字符位置）。在 for 循环中，通过*q=*p；将 p 指向的数组元素赋给 q 指向的数组元素，然后 p 和 q 分别加 1，指向下一个元素，程序应保证 p 和 q 同步移动，直到*p 的值为'\0'为止。

在使用字符指针变量时，应注意以下几点：

① 在定义字符指针变量时，可以直接用字符串常量作为初始值对其初始化。如：

```
char *p="Hello world";
```

② 在程序中可以直接把一个字符串常量赋给一个字符指针变量。此时实际上是把该字符串的存储首地址赋给了指针变量。如：

```
char *p;
```

```
p="Hello world";
```

对于字符数组，则不能用一个字符串常量直接赋值，如下面语句是错误的：

```
char a[50];
a="Hello world";          //错误!
```

这是因为 a 是地址常量，不能对它赋值。

③ 被操作的字符指针变量不能是未经赋值或初始化的无定向指针，它必须在程序中已经被初始化或已经把存储字符串的存储空间的首地址赋给了字符指针变量。如：

```
char *p;
cin>>p;                   //错误!
```

由于 p 的值未给定，p 的值是一个不可预料的值，也就是它有可能指向内存中空白的存储区，也有可能指向存放指令或数据的内存段，这就会破坏程序，甚至会造成严重的后果。因此，应改为：

```
char *p,a[20];
p=a;
cin>>p;
```

先使 p 有确定值，也就是使 p 指向一个数组的第一个数组元素，然后输入字符串到该地址开始的若干单元中。

4.6 指针数组

指针数组的数组元素都是相同类型的指针变量，例如：int *p[5]；就是定义了一个指针数组 p，其中有 5 个指向 int 型数据变量的指针变量。

指针数组一般用于处理二维数组。使用指针数组处理多个字符串比用二维字符数组处理字符串更加方便。例如，程序 char scolor[5][7]={"Red","Yellow","Green","Blue","Orange"}; 表示将字符串"Red"、"Yellow"、"Green"、"Blue"、"Orange"的各个字符分别存放到 scolor 数组对应的单元中。例如将'Y'存放到 scolor[1][0]中，如图 4-5 所示。

scolor[0]	→	R	e	d	\0			
scolor[1]	→	Y	e	l	l	o	w	\0
scolor[2]	→	G	r	e	e	n	\0	
scolor[3]	→	B	l	u	e	\0		
scolor[4]	→	O	r	a	n	g	e	\0

图 4-5 二维字符数组与指针数组的存储示意图

对于二维数组，每个字符串所占内存的大小是一样的，所以取最长字符串的长度作为二维数组列的大小。从图 4-5 中可以看出，有些内存单元是空的。特别是当所处理的多个字符串长度相差比较大时，浪费的内存空间更大。

用指针数组存储字符串可以节省存储空间，每个字符串所占的存储单元可以不等长。例如，char *pcolor[5]={"Red","Yellow","Green","Blue","Orange"};则表示将字符串"Red"、"Yellow"、"Green"、"Blue"、"Orange"的首地址分别存放到 pcolor[0]、pcolor[1]、pcolor[2]、pcolor[3]、pcolor[4]中，如图 4-6 所示。

pcolor[0]	→	R	e	d	\0			
pcolor[1]	→	Y	e	l	l	o	w	\0
pcolor[2]	→	G	r	e	e	n	\0	
pcolor[3]	→	B	l	u	e	\0		
pcolor[4]	→	O	r	a	n	g	e	\0

图 4-6 使用指针存储

例 4-7 输入 10 个国家名称，用指针数组实现排序输出。

```
#include<iostream.h>
#include<string.h>
void ccmp(char *a[]);
void main( )
{
    char *cname[10]={"China","Australia","Brazil","Oman","Romania",
    "Singapore","Zambia","Spain ","Mexico","Canada"};
    ccmp(cname);
    for(int i=0;i<10;i++)
        cout<<cname[i]<<endl;
}
void ccmp(char *a[10])
{
    char *p;int i,j;
    for(i=0;i<9;i++)
        for(j=i+1;j<10;j++)
        {
            if(strcmp(a[i],a[j])>0)
            {
                p=a[i];
                a[i]=a[j];
                a[j]=p;
            }
        }
}
```

程序用指针数组存放 10 个国家，并将指针数组作为函数参数，则数组中的每个元素都是一个用于存放字符串的首地址字符指针。通过字符串比较函数，比较字符串大小。排序可以采用任何一种排序方法，程序中使用了简单选择排序。

4.7 指向指针的指针变量

如果指针变量中存放的是另一个指针的地址就称该指针变量为指向指针的指针变量。指向指针的指针变量也称为二级指针或多级指针。定义二级指针变量的语法格式为：

<数据类型> **<变量名>

其中，**指明其后的变量名即为指向指针的指针变量。例如：

```
int x=32;
int *p=&x;
int **pp=&p;
```

则 x、p 和 pp 三者之间的关系如图 4-7 所示。

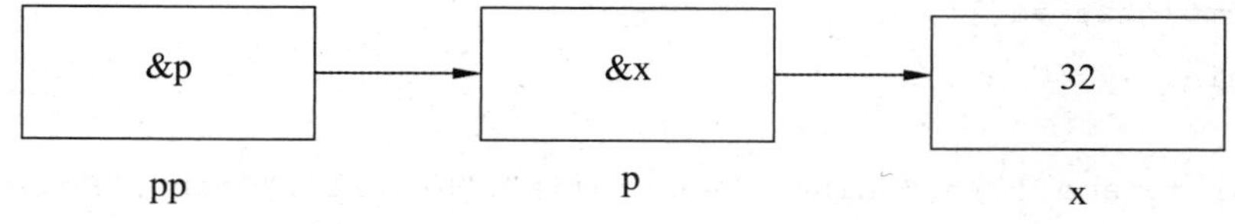

图 4-7 二级指针示意图

指针变量 p 是一级指针，它指向 x；指针变量 pp 是二级指针，它指向 p。通过 p 和 pp 都可以访问 x。*pp 表示它所指向变量 p 的值，即 x 的地址；**pp 表示它所指向的变量 p 所指向的变量的值，即 x 的值。以此可以类推到多级指针变量。

例 4-8 多级指针的简单使用。

```
#include<iostream.h>
 void main( )
 {   int i=3;
     int *p1,**p2,***p3;
     p1=&i;p2=&p1;p3=&p2;
     cout<<"i="<<*p1<<'\n';
     cout<<"p1 的地址为："<<p2<<'\n';
     cout<<"p2 的地址为："<<p3<<'\n';
     cout<<"i="<<**p2<<'\n';
     cout<<"i="<<***p3<<'\n';
 }
```

其中，p1 是指针变量，p2 是二级指针变量，p3 是三级指针变量，根据输出可知二级指针的内容输出需要使用两个“*”，而三级指针的内容输出则需要使用三个“*”。

4.8　指针与函数

4.8.1　返回值为指针的函数

当说明一个函数的返回值为指针类型时，函数用 return 语句返回一个地址值给调用函数。其函数原型的说明格式为：

```
<数据类型> *<函数名>(<形参表>);
```

其中，数据类型是指指针所指向的数据类型，*表示函数的返回值是指针（地址）。一般情况下，函数返回的地址值没有多大意义，但如果返回的地址是一个指向字符串的字符指针的话情况就不一样了，因为字符串允许整体操作，如整体输入输出等，所以返回值为指针的函数常用用法是返回字符型指针以操作整个字符串。

4.8.2　指向函数的指针

函数名像数组名一样，依然代表一个地址，是一个指针常量，它指向该函数代码的首地址。通过函数名可以调用函数。实际上，当调用一个函数时，就是根据函数名找到函数代码的首地址，从而执行这段代码。说明指向函数的指针的语法格式为：

```
<类型> （*<变量名>）(<形参表>);
```

其中，类型为函数返回值的类型；变量名与*外面的圆括号是必需的，表示变量为指针变量；用圆括号括起来的是形参表，指明指针变量所指向函数的参数个数和类型。例如：

```
int  (*fp1)(int ,int);
void  (*fp2)(void);
```

fp1 是指向函数的指针，该函数有两个整型参数，函数的返回值为整型。fp2 也是一个指向函数的指针变量，它所指向的函数没有参数，也没有返回值。

可以使用指向函数的指针来调用函数。例如：

```
int fun(int a,int b){…}
void fun1(void) {…}
fp1=fun; fp2=fun1;
```

则可以使用 fp1 调用函数 fun：

```
fp1(3,5);                       //调用 fp1 所指向的函数 fun
fp2();                          //调用 fp2 所指向的函数 fun1
```

注意，只能将与指向函数的指针变量具有相同的函数参数表和相同类型返回值的函数名赋给函数指针变量。例如，fp2=fun 是不允许的，因两者的参数表不同。

4.8.3　函数调用的参数传递方式

函数调用时，主调函数与被调函数之间要进行数据传递。在 C++中，可以使用三种不同的参数传递机制来实现。一种称为值传递，另一种称为地址传递，还有一种称为引用传递。

1．值传递

使用变量的值传递方式时，主调函数的实参用常量、变量或表达式，被调函数的形参用变量。调用时系统先计算实参表达式的值，再将实参的值赋给对应的形参。值传递是单向传递，实参的值被传递给形参，由于形参与实参占用不同的内存空间，因而当在函数中改变了形参的值时，相应的实参是不受影响的。

例 4-9 交换两个参数值。

```
#include <iostream.h>
void swap(int x,int y)
{
    int temp;
    temp = x;
    x = y;
    y = temp;
    cout<< "x="<<x<< "y="<<y<<endl;
}
void main()
{
    int a=3;
    int b=4;
    cout<< "a="<<a<< "b="<<b<<endl;
    cout<< "---------swap--------"<<endl;
    swap(a,b);
    cout<< "a="<<a<< "b="<<b<<endl;
}
```

程序运算结果为：

```
a=3 b=4
--------swap--------
x=4 y=3
a=3 b=4
```

从上述程序可以看出，虽然被调用函数 swap()中交换了两个参数值（x 和 y），但交换的结果并不能改变实参的值，所以主调函数中实参 a 和 b 的值仍然为原来的值，并没有实现互换，是因为程序中 x 和 y 及 a 和 b 各自占有自己的存储空间，程序中交换了形参 x 和 y 的值，却没有交换 a 和 b 的值。如果希望主调函数中实参 a 和 b 的值也发生交换，解决这个问题的办法有两种：一是使用地址传递，二是引用传递。

2．地址传递

由于值传递时对形参的修改不能影响到实参，所以对于诸如交换这样的程序在函数调用时并不能使用值传递的方式，可以在主调函数中将实参的地址传给形参，在被调函数的函数体中根据实参传过来的地址来交换相应的实参数据，这就是地址传递。

例 4-10　用地址传递的方法实现两个数据互换。

```
#include  <iostream.h>
void swap(int *x,int *y)
{ int temp;
   temp=*x;
   *x=*y;
   *y=temp;
}
void  main( )
{
   int *p1,*p2,a,b;
   cin>>a>>b;
   cout<< "a="<<a<< "b="<<b<<endl;
   p1=&a;
   p2=&b;
if(a<b)
  {
   cout<< "---------swap--------"<<endl;
   swap(p1,p2);
   }
   cout<< "a="<<a<< "b="<<b<<endl;
}
```

运算结果为：

```
a=3 b=4
--------swap--------
a=4 b=3
```

3. 引用传递

C++语言中的引用类型的变量是其他变量的别名，因此，对引用型变量的操作实际上就是对被引用的变量的操作。当说明一个引用型变量时，肯定要用另一个变量对其初始化。说明引用型变量的语法格式为：

```
<数据类型> &<引用变量名>=<变量名>;
```

其中，数据类型必须与变量名的类型相同，&指明所说明的变量为引用类型变量。例如：

```
int x;
int & refx=x;
```

refx 是一个引用类型的说明，它给整型变量 x 起了一个别名 refx，即 refx 与 x 使用的是同一内存空间。refx 称为对 x 的引用，x 称为 refx 的引用对象。在说明引用类型变量 refx 之前变量 x 必须先说明。

例 4-11 引用的使用。

```
#include <iostream.h>
void main( )
{
        int x,y=36;
        int &refx=x,&refy=y;
        refx=12;
        cout<<"x="<<x<<"  refx="<<refx<<endl;
        cout<<"y="<<y<<"  refy="<<refy<<endl;
        refx=y;
        cout<<"x="<<x<<"  refx="<<refx<<endl;
}
```

程序运行的结果为：

```
x=12  refx=12
y=36  refy=36
x=36  refx=36
```

从输出的结果可以看出，系统并不为引用类型的说明分配存储空间，它与初始化它的变量使用相同的存储空间。

引用类型的说明本质是给一个存在的变量起一个别名，也可以给数组中元素起别名。例如：

```
int a[10];
int &a5=a[5];
```

给数组元素 a[5]起一个别名 a5 是允许的。注意：不能给数组名起一个别名。

使用引用变量须注意以下几点：

（1）定义引用类型变量时，必须将它初始化，并且初始化的变量必须与引用类型变量的类型相同。

```
float  x;
int &px = x;                //错误，类型不同
```

（2）引用类型变量的初始化不能是常数。

```
int  &ref1 = 5;           //错误
```

在 C++中，可以通过在函数中使用引用参数来解决值传递中对形参的修改不能影响到实参的问题。把形式参数声明为引用类型只需在参数名字前加上引用符号“&”即可。简单地说，引用是给一个已知的变量起个别名，对引用的操作也就是对被它引用的变量的操作。使用引用类型的变量做函数参数时，调用函数的实参要用变量名，将实参变量名赋给形参的引用，相当于在被调函数中使用了实参的别名。在被调函数中，对引用的改变，实质就是直接通过引用来改变实参的值。

例 4-12 用引用传递的方法实现两个数据互换。

```
#include <iostream.h>
```

```
void swap(int &x,int &y)
{
    int temp = x;
    x = y;
    y = temp;
}
void main()
{
    int a=3;
    int b=4;
    cout<< "a="<<a<< "b="<<b<<endl;
    if(a<b)
      {
       cout<< "---------swap--------"<<endl;
       swap(a,b);
      }
    cout<< "a="<<a<< "b="<<b<<endl;
}
```

运算结果为：

```
a=3 b=4
--------swap--------
a=4 b=3
```

在例 4-12 中，表达式 int&是一个类型表达式，它表示使用类型修饰符&从 int 派生的一种类型，这种类型被称为引用类型。函数 swap 中有两个标识符被定义为引用类型。当调用该函数时，引用类型的标识符（x 或 y）就被绑定到调用函数的实参（a 或 b）上， x 用 a 初始化后，以后无论改变 x 还是 a，实际上都是在改变 a 所在的内存空间。y 和 b 也是如此，每一个实参都可以使用两个标识符来引用。上例的运行过程如图 4-8 所示。

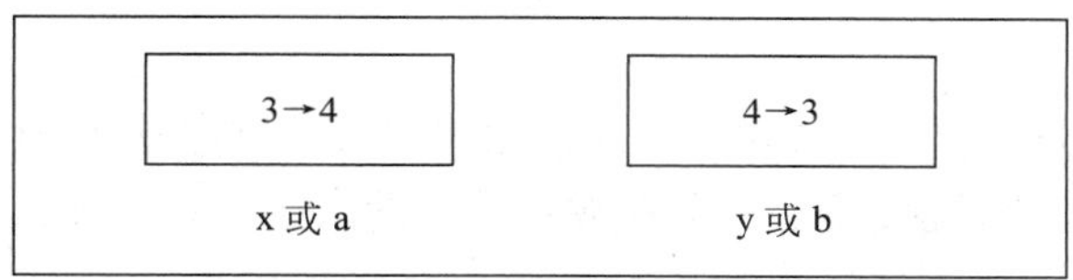

图 4-8　引用机制

利用引用类型参数进行函数调用，有两点好处：

（1）在函数内对参数值的修改不再作用于局部复制，而是针对实际参数进行。

（2）在传递大型数据时不再有高额的空间与时间开销。

在 C++中，经常使用引用来实现函数之间的信息交换，因为这样做更方便、更容易使用，还易于维护。

4.8.4　指针或数组名作为函数参数

指针可以作为函数的形参，也可以作为函数的实参。根据前面的讲解可知指针作为函数参数的传递方式称为地址传递。如果希望通过函数参数传递所有数组元素时，可以采用指针与数组相结合的方法来实现，数组作为函数参数时，实参只用数组名就可以将整个数组的元素传到形参中，因为数组名代表数组的首地址，所以参数为数组的函数在形实参传递时实质上是地址传递，所以既可以用数组名作为形参和实参，也可以一个参数用数组名而另一个参数用指针变量，还可以用指针变量既作为形参也作为实参。其功能都是使指针变量指向数组的首地址。

例 4-13 利用指针和函数求一维数组中各元素之和。

```
#include <iostream.h>
int sum(int *p,int m)
{
        int s=0;
        for(int i=0;i<m;i++)
           s+=*p++;
        return s;
}
void main( )
{
        int a[5]={10,30,50,60,80},ss;
        ss=sum(a,5);
        cout<<"sum="<<ss<<'\n';
}
```

该程序中采用数组名作实参，指针变量作形参。通过参数传递使指针变量 p 指向数组 a 的首地址，然后通过执行被调函数访问数组元素。由此可以看出数组名与指针变量用作函数参数时是等价的。

4.9 动态分配内存空间

一般情况下，一旦定义了一个数组，则不论这个数组是全局的还是局部的，在编译时它的大小即是确定的，因为必须用一个常数对数组的大小进行声明：

```
int i=10;
//…
int a[i];                  //错误，定义时不允许数组元素个数为变量
int b[20];                 //正确
```

但在编写程序时，有时不能确定数组应该定义为多大，有时程序只能在运行时才能确定使用多少变量来存储数据，因此在程序运行时根据需要从系统中动态地获得内存空间就显得很重要。

在 C++语言中，将在程序运行时可以使用的内存空间称为堆（heap）。堆内存允许程序在运行时（而不是在编译时）申请某个大小的内存空间，在程序编译和连接时不必确定它的大小，它随着程序的运行过程变化，时大时小，因此堆内存是动态的，又称为动态内存。

C++语言提供了两个运算符 new 和 delete，可以方便地分配和释放堆内存。new 的使用形式为：

```
指针变量=new 数据类型;
```

new 从堆内存中为程序分配可以保存某种类型数据的一块内存空间，并返回该内存空间的首地址，该地址存放于指针变量中。

有时程序在运行中可能会不再需要由 new 分配的内存空间，而且程序还未运行结束，这时就需要把先前占用的内存空间释放给堆内存，便于程序的其他部分使用。运算符 delete 用于释放 new 分配的内存空间，它的使用形式为：

```
delete  指针变量;
```

其中的指针变量中保存着 new 分配的内存空间的首地址。

例如，下面的程序从堆中获取内存后再释放内存。

例 4-14　new 与 delete 应用举例。

```
#include <iostream.h>
void main( )
{
    int *p;
    p=new int;             //分配内存空间
    *p=5;
    cout<<*p;
    delete p;              //释放内存空间
}
```

该程序用 new 分配可用来保存 int 类型数据的内存空间，并将指向该内存的地址放在指针变量 p 中，为程序建立了一个变量。在该变量不再使用后，又使用 delete 将内存空间释放。这样，通过使用 new 和 delete，就在程序中建立了可控制生存期的变量。

在使用 new 和 delete 运算符时，应注意以下几点：

① 用 new 获取的内存空间，必须用 delete 进行释放。

② 对一个指针只能调用一次 delete。

③ 用 delete 运算符作用的对象必须是 new 分配的内存空间的首地址。

new 所建立的变量初始值是任意的，故在程序中使用语句：*p=5;为变量赋初始值，也可以在用 new 分配内存的同时进行初始化。它的使用形式为：

```
指针变量=new 数据类型（初始值）;
```

例如例 4-14 中的：

```
p=new int;
*p=5;
```

也可写成：

```
p=new int(5);        //圆括号内给出用于初始化这块内存的初始值
```

用 new 也可以建立数组类型的变量，使用形式为：

```
指针变量=new 数据类型[数组大小];
```

此时指针变量指向数组的首地址。使用 new 建立的数组变量也由 delete 撤销。其形式为：

```
delete 指针变量; 或 delete [ ]指针变量;
```

同样，也可以用 new 来为多维数组分配空间，但是除第一维的长度可用变量指定外，其他维数都必须是常量，例如：

```
int (*p)[10];
int n;
…                                  //可由用户赋值
p=new int[n][10];
…
delete p;
```

注意在使用 delete 时，不用考虑数组的维数。

有时，并不能保证一定可以从堆内存中获得所需空间，当不能成功地分配到所需要的内存时，new 返回 0，即空指针。因此，可以通过判断 new 的返回值是否为 0，从而得知系统中是否有足够的空闲内存来供程序使用。例如：

```
int *p=new int[100];
if(p==0)
{
    cout<< "分配内存失败"<<endl;
    exit(1);
}
```

其中，exit 函数的作用是终止程序运行，其说明在 stdlib.h 头文件中。

例 4-15 从堆内存中获取一个整型数组，赋值后并打印出来。

```
#include <iostream.h>
#include <stdlib.h>
void main()
{
    int n;                          //定义数组元素的个数
    int *p;
    cout<< "请输入数组的长度:";
    cin>>n;
    if((p=new int[n])==0)
    {
        cout<< "分配内存失败\n";
        exit(1);
    }
    for(int i=0;i<n;i++)
      p[i]=i*2;
    cout<< "输出数组:"<<endl;
```

```
    for(i=0;i<n;i++)
        cout<<p[i]<< "";
    cout<<endl;
    delete p;                       //释放内存空间
}
```

运行结果为：

```
请输入数组的长度：6
输出数组：
0  2  4  6  8  10
```

在本例中，由于不知道程序将处理多少数据，因此，程序先请用户输入数据的个数，再用 new 分配内存空间。不再使用该内存空间时，用 delete 释放。注意，C++不支持在数组定义时使用变量，即使输入了值也不可以，例如：

```
int n;
cin>>n;
float a[n];
```

这种声明方式是错误的，可以使用 new 动态分配存储空间，例如可以将上述程序改写为：

```
int n;
cin>>n;
float *p;
p=new float[n];
```

另外，使用 new 分配的内存空间的地址值不能改变，因为这个地址要用 delete 运算符释放。如果改变了这个地址值，当 delete 运算符作用到改变后的指针上时，就会引起系统内存管理的混乱。若必须改变 new 返回的地址值，则应将 new 分配的地址值保存在另一个指针变量中，以供 delete 使用。例如：

```
int *p=new int[10];
int *temp=p;
p+=5;
…
delete temp;
```

在上例中不能使用：

```
delete p;                       //错误
```

因为 p 不再指向 new 所分配的内存空间的起始位置。

4.10　链表

C++语言可以用数组处理一组类型相同的数据，当对数组元素进行插入时，需要将当前需要插入位置后面的元素逐个往后移动一位，当对数组元素进行删除时，又需要将后面空间的元素逐个往前移动，会浪费一定的时间，增加系统开销。这些问题都可以使用链表解决，链表是指若干个同类型的结构体类型数据按一定的原则连接起来，链表中每一个结构体的数据就是一个节点，每个节点应包含若干个实际数据和一到两个地址，前一个节点通过指针指向下一个节点，即构成了链表。

一般会定义一个指针变量 head，称为头指针，它指向链表的第 1 个节点 a_1，a_1、a_1 的指针指向第 2 个节点 a_2，a_2、a_2 的指针指向第 3 个节点 a_3，a_3，…，直到最后一个节点 a_n，将 a_n 的指针域置为空（NULL），表示后面没有节点。

链表是一种常见的数据组织形式，它采用动态分配内存的形式实现。需要时可以用 new 分配内存空间，不需要时用 delete 将已分配的空间释放，不会造成内存空间的浪费。另外当需要删除某个节点时，只需将后一个节点的地址赋给前一个节点的地址域即可，不需要大量移动数据。

对链表进行的基本操作包括：建立链表，把一个节点插入链表，从链表中查找到某一个节点，删除链表中的某一个节点，输出链表中的所有节点数据等。用一个实例来说明这些操作的实现方法。为了把注意力集中在链表的操作上，设每一个节点上只包含一个整数。

例 4-16 链表的基本操作。

要求先建立一条无序链表，输出该链表上各节点的数据，删除链表上的某一个节点，再输出链表上的数据，释放无序链表各节点占用的内存空间，建立一条有序链表（升序排序），输出链表上的数据，最后释放链表上各节点占用的内存空间。

假设链表上节点的数据结构为：

```
struct  node{
    int  data;
    node *next;
};
```

① 建立一条无序链表。

```
node *Create( )
{
    node *p1, *p2, *head= 0;                        //A
    int  a;
    cout<<"产生一条无序链表，请输入数据，以-1 结束:";
    cin >> a;
    while (a!= -1){
        p1 =new node;                               //B
        p1->data = a;                               //C
        if (head==0) {head=p1; p2=p1; }             //D
        else { p2->next=p1; p2=p1; }                //E
        cin >> a;
    }
    p2->next = 0;                                   //F
    return (head);
```

```
}
```

A 行将链首指针 head 置为 0，表示当前为空链表。当输入的整数为−1 时，表示建立链表的过程结束。建立一条无序链表的过程可分为：第一步输入一个整数，当该整数不为−1 时建立一个新节点；第二步将数据写入这个节点；第三步将这个节点插入链尾。重复这三步，直到输入的整数为−1 时为止。B 行完成建立一个新节点的工作，并使 p1 指向这个新节点。C 行将数据写入这个节点，D 行完成节点插入工作，把一个新节点插入链尾时，如果当前的链为空链，即 head 的值为 0 时，应使 head 和 p2 指向这个新节点，插入过程如图 4-9 所示。否则把新节点插入链尾，因 p2 总是指向链尾节点，只要先使 p2 所指向节点的 next 指针指向要插入的节点，再使 p2 指向链尾节点，E 行完成此工作。注意，E 行中的两个语句的顺序不可交换。插入过程如图 4-10 所示。

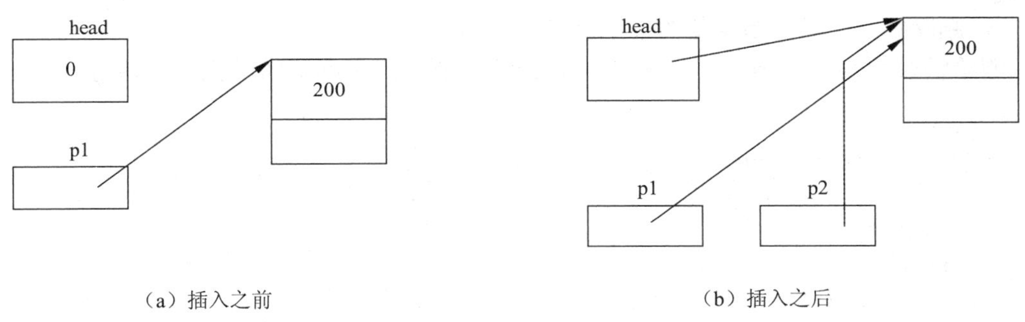

图 4-9　新节点插入空链的情况

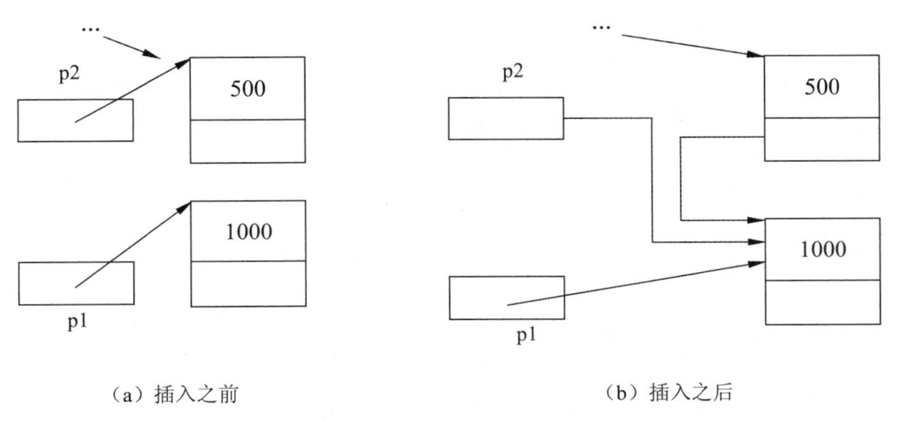

图 4-10　新节点插入链尾的情况

当输入数据为−1 时，结束 while 循环，接着执行 F 行，将 p2 所指向的链尾节点的 next 赋为 0。注意，链上最后一个节点的 next 赋为 0 是必不可少的，它表示链表的结束。

② 输出链表上各个节点的值。

这是一个历遍链表上的各个节点问题。实现这一功能的函数如下：

```
void Print(const node *head)
{
    const node *p = head ;
        cout <<"链上各节点的数据为:\n";
        while ( p!= NULL)  {
        cout <<p->data << '\t';                         //A
        p= p->next;                                     //B
        }
        cout <<"\n";
}
```

首先使指针变量 p 指向链首节点。A 行输出 p 所指向节点的数据，B 行使 p 指向下一个节点。重复执行 A、B 两行，直到链尾为止。

③ 删除链表上具有指定值的一个节点。

删除链表上某一个节点时，先找到要删除的节点，再删除该节点。实现这功能的函数为：

```
node *Delete_one_node(node *head,int num)
{
    node *p1,*p2;
    if(head==NULL){                                            //A
        cout<<"链为空，无节点可删!\n";
        return  ( NULL );
    }
    if ( head->data == num ){
        p1=head;                                               //B
        head = head->next;                                     //C
        delete p1;                                             //D
        cout <<"删除了一个节点!\n";
    }
    else {
        p2=p1 = head;
        while (p2->data != num && p2->next!=NULL ){            //E
            p1 = p2 ;                                          //F
            p2 = p2->next;                                     //G
        }
        if ( p2->data  == num ) {
            p1->next = p2->next;                               //H
            delete p2;                                         //I
            cout <<"删除了一个节点!\n";
        }
        else cout <<num <<"链上没有找到要删除的节点!\n";       //J
    }
    return ( head );
}
```

从链上查找一个要删除的节点时有三种情况：一是链表为空链，即无节点可删，A 行完成这一功能。二是要删除的节点是链表的首节点，此时，先使 p1 指向第一个节点（B 行），使 head 指向第二个节点（C 行），然后删除 p1 所指向的节点（D 行）。三是要删的节点不是链首节点，此时，使 p1 和 p2 一前一后指向链表中的节点（F 行和 G 行），并用 E 行的循环语句判断 p2 所指向的节点是否为要查找的节点，循环的结束条件是 p2 所指向的节点为要查找的节点或者 p2 已指向链上的最后一个节点且该节点不是要查找的节点。后者表明链上没有要删除的节点，J 行指明这种情况。如果 p2 找到要删除的节点时，先从链上取下 p2 所指向的节点（H 行），然后删除 p2 所指向的节点（I 行）。

④ 释放链表的节点空间。

完成释放链表的节点空间的函数如下：

```
void deletechain(node *h)
{
    node *p1;
    while(h){                                  //A
        p1=h;                                  //B
        h=h->next;                             //C
        delete p1;                             //D
    }
}
```

函数的参数 h 指向链首。释放链表可归结为依次从链首取下一个节点，释放该节点占用的空间，直到链上无节点可取为止。B 行和 C 行完成从链首取下一个节点，并使 p1 指向要删的节点，h 指向下一个节点（作为新的链首），然后删除 p1 所指向的节点（D 行）。重复这一过程（A 行），直到链上没有节点为止。

⑤ 把一个节点插入有序链表。

把一个节点插入有序链表时，仍保持链表上各个节点的升序关系。插入函数如下：

```
node *Insert( node *head,node *p)
{
    node *p1,*p2;
    if (head == 0 ){ p->next = 0; return (p); }     //A
        if ( head->data>= p->data){                 //B
        p->next=head;                               //C
        return(p);
    }
    p2=p1 = head;
    while (p2->next && p2->data<p->data) {          //D
        p1 = p2 ; p2=p2->next;
    }
    if ( p2->data < p->data ) {
        p2->next = p;                               //E
        p->next =0;                                 //F
    }
```

```
    else {
        p->next = p2;                               //G
        p1->next = p;                               //H
    }
    return (head);
}
```

函数的参数 head 指向链首，参数 p 指向要插入的节点。当 head 的值为 0 时，p 所指向的节点既是链首节点，也是链尾节点，直接返回 p 所指向的节点（A 行）。当满足 B 行条件时，应将 p 所指向的节点插入链首，只要将 head 所指向的链表接在 p 所指向的节点之后（C 行），返回新的链首指针 p。如果要插入节点的值不大于头节点的值，就要从链表上找到插入位置，D 行的循环语句实现查找过程，然后把新节点插入。如果查找结束后 p2->data 依然小于 p->data，说明 p2 指向链表上的最后一个节点且此节点的值小于将要插入的 p 节点的值，应将 p 所指向的节点插入链尾，E 行和 F 行完成这一功能。否则，说明 p 节点的值位于链表中的某一个位置，应将 p 所指向的节点插入 p1 和 p2 所指向的节点之间，G 行和 H 行完成这一功能。

⑥ 建立一条有序链表。

建立一条有序链表的函数如下：

```
node *Create_sort(void)
{
    node *p1,*head =0;                              //A
    int  a;
    cout<<"产生一条排序链，请输入数据，以-1 结束:";
    cin >> a;
    while ( a != -1 )  {
        p1  = new  node ;                           //B
        p1->data = a;                               //C
        head = Insert ( head , p1);                 //D
        cin >> a;
    }
    return (head);
}
```

建立一条有序链表时，先建立一个新节点，B 行和 C 行完成建立新节点并写入数据的工作；D 行完成将新节点插入链表中的功能。A 行将 head 置初值为 0 是必要的，表明开始时链表为空。

完成链表处理的完整程序如下：

```
#include  <iostream.h>
struct  node  {
    int  data;
    node *next;
};
node *Create(void )                                 //产生一条无序链
```

```
{
    node *p1, *p2 ,*head= 0;
    int  a;
    cout<<"产生一条无序链，请输入数据，以-1 结束:";
    cin >> a;
    while ( a != -1 ){
        p1  = new node;
        p1->data = a;
        if ( head == 0){                              //插入链首
            head = p1 ;  p2 = p1 ;
        }
        else {                                        //插入链尾
            p2->next = p1; p2 = p1;
        }
        cin >> a;
    }
    p2->next = 0;
    return (head);
}
void   Print(const node *head)                        //输出链上各节点的数据
{
    const node *p= head;
        cout <<"链上各节点的数据为:\n";
        while ( p !=  0 )  {
        cout <<p->data << '\t'; p= p->next;
        }
        cout <<"\n";
}
node *Delete_one_node(node *head,int num)             //删除一个节点
{
    node *p1,*p2;
    if ( head == 0 ){cout <<"链为空，无节点可删!\n";  return(0);}
    if ( head->data == num ){                         //删除链首节点
        p1=head;    head = head->next;
        delete p1;
        cout <<"删除了一个节点!\n";
    }
    else {
        p1 = head;
        p2 = head;
        while(p2->data!=num && p2->next!= 0)    //找到要删的节点
          {
            p1 = p2 ; p2 = p2->next;
         }
        if ( p2->data  == num ) {                     //删除已找到的节点
```

```
            p1->next = p2->next;
            delete p2;
            cout <<"删除了一个节点!\n";
        }
        else cout <<num <<"链上没有找到要删除的节点!\n";
    }
    return ( head );
}
node *Insert( node *head,node *p)                      //将一个节点插入链中
{
    node *p1 , *p2;
    if (head == 0 ) {                                  //空链，插入链首
        p->next = 0;
        return (p);
    }
    if ( head->data >= p->data ) {                     //非空链，插入链首
        p->next=head;
        return(p);
    }
    p2=p1 = head;
    while (p2->next&& p2->data<p->data){               //找到要插入位置
        p1 = p2 ; p2 = p2->next;
    }
    if ( p2->data < p->data ) {                        //插入链尾
        p2->next = p; p->next =0;
    }
    else {                                             //插入 p1 和 p2 指向的节点之间
        p->next = p2;p1->next = p;
    }
    return (head);
}
node *Create_sort(void)                                //产生一条有序链
{
    node *p1,*head =0;
    int  a;
    cout<<"产生一条排序链，请输入数据，以-1 结束:";
    cin >> a;
    while ( a != -1 )  {
        p1  = new  node ;                              //产生一个新节点
        p1->data = a;
        head = Insert ( head , p1);                    //将新节点插入链中
        cin >> a;
    }
    return (head);
}
void deletechain(node *h)                              //释放链上节点占用的空间
{
```

```
    node *p1;
    while(h){
        p1=h; h=h->next;
        delete p1;
    }
}
void main(void )
{
    node *head ;
    int   num;
    head = Create();                          //产生一条无序链
    Print(head);                              //输出链上的各节点值
    cout <<"输入要删除节点上的整数:\n";
    cin >> num;
    head = Delete_one_node(head, num);        //删除链上具有指定值的节点
    Print(head);                              //输出链上的各节点值
    deletechain(head);                        //释放链上节点占用的空间
    head = Create_sort();                     //产生一条有序链
    Print(head);                              //输出链上的各节点值
    deletechain(head);                        //释放链上节点占用的空间
}
```

对于初学者来说，完全掌握指针变量的使用是不容易的，需要多编程、多上机实践。使用指针变量来处理数据时，可以提高计算速度，使得程序的通用性更好。但如果用得不好，在程序执行期间可能会产生一些意想不到的错误。

4.11　本章任务实践

4.11.1　任务需求说明

本章将改写学生信息管理系统，总体任务是实现学生信息关系的系统化、规范化和自动化，增加了学生的考试成绩和对成绩进行排序的操作，学生的基本信息只保留了学号、姓名和性别，本系统主要包括信息录入、信息维护、信息查询、报表打印、关闭系统这几部分。其主要功能有：

① 有关学生信息的录入，包括录入学生基本信息、学生考试成绩等。

② 学生信息的维护，包括添加修改学生基本信息、考试成绩信息。

③ 学生信息的查询，包括查询学生的个人基本信息、科目考试成绩。

④ 信息的报表打印，包括学生的基本信息的报表打印、考试成绩的报表打印。

系统结构如图 4-11 所示。

本案例不再以结构体数组实现，而是使用指针变量与结构体相结合，构造相应的链表，将学生信息管理系统中的学生信息数据存放在链表的节点中，这样使得系统在进行增、删、改、查时效率更高。

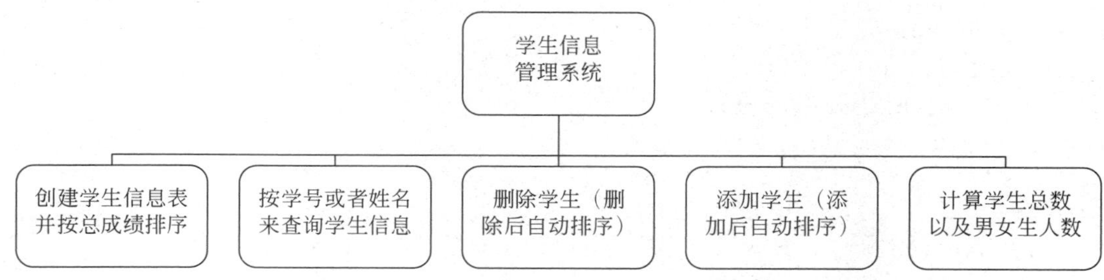

图 4-11　学生信息管理系统结构

运行程序后，程序主界面如图 4-12 所示。

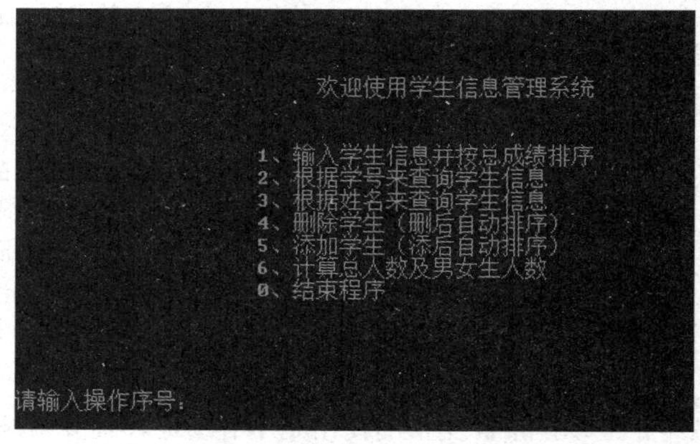

图 4-12　学生信息管理系统主界面

主界面包含系统的六项功能，根据输入各功能前面的数字实现相应的功能，如输入 1 并回车后，系统会提示“请输入学生的基本信息：（学号输入 0 结束输入）”，这时，读者可以按照提示输入学生的学号、姓名、性别和两门课的成绩，因为系统设置学号需要输入 0 结束，所以最后一条记录学号需要为 0，该记录是不进入学生信息列表的，如图 4-13 所示，输完后回车，就会生成如图 4-14 所示的学生基本信息列表，并且按总分由高到低进行了排序。

```
                2、根据学号来查询学生信息
                3、根据姓名来查询学生信息
                4、删除学生（删后自动排序）
                5、添加学生（添后自动排序）
                6、计算总人数及男女生人数
                0、结束程序

请输入操作序号：1
请输入学生的基本信息：（学号输入0结束输入）
学号 姓名 性别 数学 英语
1    jerry 男  100  100
2    flora 女  80   90
3    sam   男  90   90
0    king  男  60   60
```

图 4-13　输入学生基本信息

```
请输入操作序号：1
请输入学生的基本信息：（学号输入0结束输入）
学号 姓名 性别 数学 英语
1    jerry 男  100  100
2    flora 女  80   90
3    sam   男  90   90
0    king  男  60   60
班级学生的基本信息及名次为：
名次 学号 姓名 性别 数学 英语 总分
  1   1   jerry 男   100  100 200
  2   3   sam   男   90   90  180
  3   2   flora 女   80   90  170


请输入操作序号：
```

图 4-14　学生基本信息列表生成

如果在输入操作序号的部分输入 2，系统会提示读者按学号查询学生列表中相应学生的信息，输入某个学生的学号就能查到相应的学生信息，如图 4-15 所示。

```
2    flora 女  80   90
3    sam   男  90   90
0    king  男  60   60
班级学生的基本信息及名次为：
名次 学号 姓名 性别 数学 英语 总分
  1   1   jerry 男   100  100 200
  2   3   sam   男   90   90  180
  3   2   flora 女   80   90  170


请输入操作序号：2
请输入要查找的学生的学号：3
该生的信息为：
名次 学号 姓名 性别 数学 英语 总分
  2   3   sam   男   90   90  180


请输入操作序号：
```

图 4-15　按学号查找学生

如果在输入操作序号的部分输入 3，则系统会提示读者按姓名查询学生列表中相应学生的信息，输入某个学生的姓名就能查到相应的学生信息，如图 4-16 所示。

如果在输入操作序号的部分输入 4，则系统提示“请输入要删除的学号：（输入 0 结束）”，用户输入完相应的学生学号后回车，就会将该生的信息从学生信息列表中删除，输入 0 结束后会将其余学生信息列表的数据显示出来，如图 4-17 所示。

如果在输入操作序号的部分输入 5，系统会给出学生信息的各个分项，以接受用户对学生信息列表的添加，添加的过程与创建学生信息系统时输入过程相同，效果如图 4-18 所示。

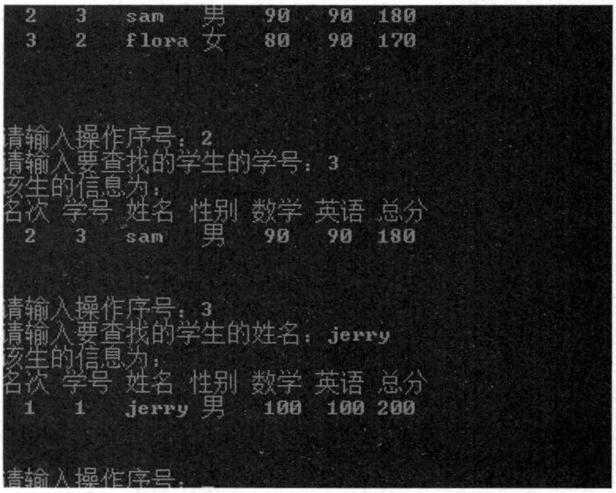

```
  2   3   sam   男   90   90  180
  3   2   flora 女   80   90  170



请输入操作序号：2
请输入要查找的学生的学号：3
该生的信息为：
名次 学号 姓名 性别 数学 英语 总分
  2   3   sam   男   90   90  180


请输入操作序号：3
请输入要查找的学生的姓名：jerry
该生的信息为：
名次 学号 姓名 性别 数学 英语 总分
  1   1   jerry 男   100  100 200


请输入操作序号：_
```

图 4-16　按姓名查找学生

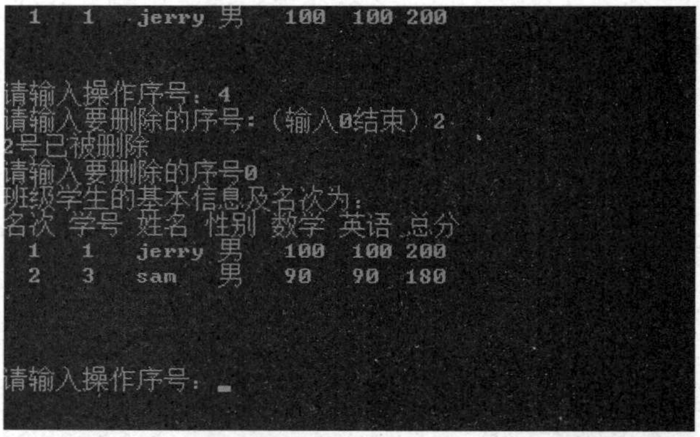

```
  1   1  jerry 男   100  100 200


请输入操作序号：4
请输入要删除的序号：(输入0结束) 2
2号已被删除
请输入要删除的序号0
班级学生的基本信息及名次为：
名次 学号 姓名 性别 数学 英语 总分
  1   1  jerry 男   100  100 200
  2   3  sam   男   90   90  180



请输入操作序号：_
```

图 4-17　按学号删除学生

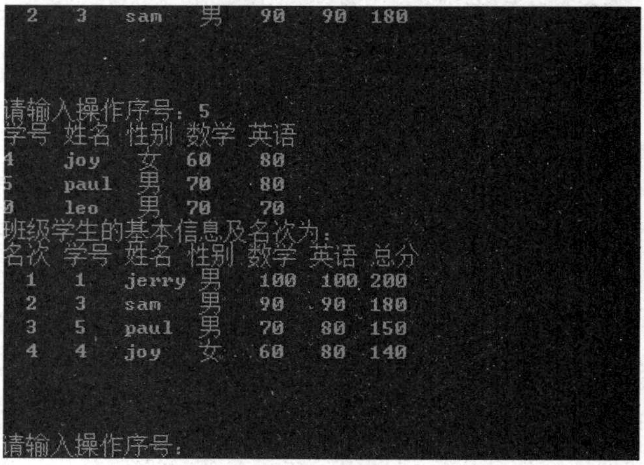

```
  2   3   sam   男   90   90  180



请输入操作序号：5
学号 姓名 性别 数学 英语
4    joy   女  60   80
5    paul  男  70   80
0    leo   男  70   70
班级学生的基本信息及名次为：
名次 学号 姓名 性别 数学 英语 总分
  1   1   jerry 男   100  100 200
  2   3   sam   男   90   90  180
  3   5   paul  男   70   80  150
  4   4   joy   女   60   80  140



请输入操作序号：
```

图 4-18　添加学生信息

若在输入操作序号的部分输入 6，则系统会统计出当前学生信息列表中的总人数，包括其中男生和女生的人数，如图 4-19 所示。最后如果在输入操作序号的部分输入 0，则会退出系统，如图 4-20 所示。

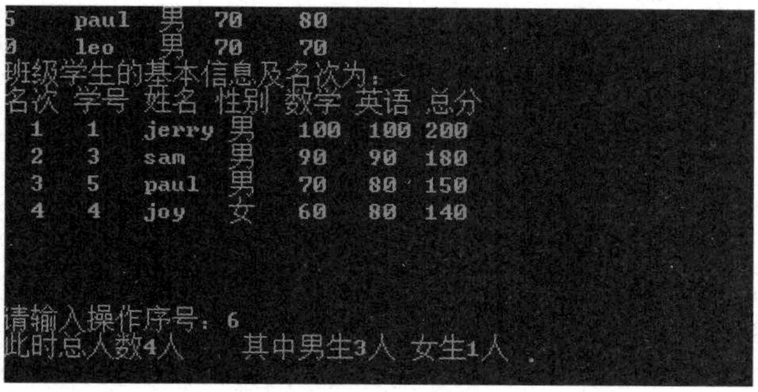

```
5     paul   男  70    80
0     leo    男  70    70
班级学生的基本信息及名次为：
名次 学号 姓名 性别 数学 英语 总分
  1    1   jerry 男   100  100 200
  2    3   sam   男   90   90  180
  3    5   paul  男   70   80  150
  4    4   joy   女   60   80  140


请输入操作序号：6
此时总人数4人      其中男生3人 女生1人
```

图 4-19　学生基本信息统计

```
请输入操作序号：6
此时总人数4人      其中男生3人 女生1人


请输入操作序号：0
已经退出程序!
Press any key to continue
```

图 4-20　退出系统

4.11.2　技能训练要点

要完成上面的任务，读者必须熟练掌握指针的基本概念，掌握指针变量的类型说明和指针变量的赋值及运算方法，学会动态分配内存空间，熟悉链表的一系列操作方法，熟练掌握指针在链表中的应用。

4.11.3　任务实现

根据前面知识点的讲解，设计程序如下：

```
#include<iostream>
#include<iomanip>
#define NULL 0
#define LEN sizeof(struct student)
using namespace std;
struct student
    {
     int   num;
     char  name[20];
     char  sex[5];
     float math;
     float english;
```

```
    int   order;
    struct student *next;
};
int n;
int male=0;
int famale=0;
struct student *creat( )
{
   struct student *head,*p1,*p2;
   n=0;
   p1=p2=new student;
   cout<<"请输入学生的基本信息：（学号输入 0 结束输入）"<<endl;
   cout<<"学号 "<<"姓名 "<<"性别 "<<"数学 "<<"英语 "<<endl;
   cin>>p1->num>>p1->name>>p1->sex>>p1->math>>p1->english;
   head=NULL;
   while(p1->num!=0)
      {
         if(strcmp(p1->sex,"男")==0) male++;
         else famale++;
         n++;
         if(n==1)head=p1;
         else p2->next=p1;
         p2=p1;
         p1=new student;
         cin>>p1->num>>p1->name>>p1->sex>>p1->math>>p1->english;
      }
   p2->next=NULL;
   if(head==NULL)
   {
      cout<<"创建失败，请重建:"<<endl;
      head=creat();
   }
   return head;
}

//输出链表的函数
void print(struct student *head)
{
cout<<"此时学生基本信息的内容为："<<endl;
cout<<"学号 "<<"姓名 "<<"性别 "<<"数学 "<<"英语 "<<"总分"<<endl;
struct student *p;
p=head;
if(head!=NULL)
   do
{
```

```
    cout<<""<<setiosflags(ios_base::left)<<setw(3)<<p->num<<setw(6)<<p->
    name<<setw(5)<<p->sex<<setw(5)<<p->math<<setw(4)<<p->english<<setw(5)
    <<p->math+p->english<<resetiosflags(ios_base::left)<<endl;
        p=p->next;
    }while(p!=NULL);
}
//链表节点的删除操作
struct student *del(struct student *head)
{
    if(n==0){cout<<"无学生可删除"<<endl;exit(0);}
    int num;
    cout<<"请输入要删除的序号:（输入 0 结束）";
    cin>>num;
    while(num!=0)
    {
    struct student *p1,*p2;
        p1=head;
        while(num!=p1->num&&p1->next!=NULL)
        {
            p2=p1;
            p1=p1->next;
        }
        if(num==p1->num)
          {
                if(p1==head)
                {
                  if(strcmp(p1->sex,"男")==0) male--;
                  else famale--;
                  head=p1->next;
                }
                else
                {
                 if(strcmp(p1->sex,"男")==0) male--;
                 else famale--;
                 p2->next=p1->next;
                }
                 cout<<num<<"号已被删除"<<endl;
                 n--;
          }
         else cout<<"未找到此数据！"<<endl;
        cout<<"请输入要删除的序号（输入 0 结束）";
    cin>>num;
    }
    if(n==0){cout<<"此时学生信息表已为空!"<<endl;exit(0);}
    return head;
```

```
    }

//插入节点
struct student *insert(struct student *head)
{
struct student *stu;
stu=new student;
cout<<"请输入学生的基本信息：(学号输入 0 结束输入)"<<endl;
cout<<"学号 "<<"姓名 "<<"性别 "<<"数学 "<<"英语 "<<endl;
cin>>stu->num>>stu->name>>stu->sex>>stu->math>>stu->english;
while(stu->num!=0)
{
  if(strcmp(stu->sex,"男")==0) male++;
      else famale++;
  n++;
  struct student *p0,*p1,*p2;
  p1=head;
  p0=stu;
  if(head==NULL)
  {
    head=p0;
    p0->next=NULL;
  }
 else
 {
    while(p0->num>p1->num&&p1->next!=NULL)
    {
        p2=p1;
        p1=p1->next;
    }
    if(p0->num<p1->num)
    {
        if(head==p1){head=p0;}
        else p2->next=p0;
        p0->next=p1;
    }
    else
    {
        p1->next=p0;
        p0->next=NULL;
    }
}
     stu=new student;
cin>>stu->num>>stu->name>>stu->sex>>stu->math>>stu->english;
}
```

```
return head;
}

//根据学号查找
void SearchNum(struct student *head)
{
int num;
struct student *p;
p=head;
cout<<"请输入要查找的学生的学号：";
cin>>num;
while(p->num!=num&&p->next!=NULL)
{
   p=p->next;
}
if(p->num==num)
{
   cout<<"该生的信息为："<<endl;
   cout<<"名次 "<<"学号 "<<"姓名 "<<"性别 "<<"数学 "<<"英语 "<<"总分"<<endl;
   cout<<"
"<<setiosflags(ios_base::left)<<setw(4)<<p->order<<setw(4)<<p->num<<
setw(6)<<p->name<<setw(5)<<p->sex<<setw(5)<<p->math<<setw(4)<<p->English
<<setw(5)<<p->math+p->english<<resetiosflags(ios_base::left)<<endl<<
endl<<endl;
}
   else cout<<"无该生！"<<endl<<endl<<endl;
}

//根据姓名查找
void SearchName(struct student *head)
{
struct student *p;
p=head;
char name[20];
cout<<"请输入要查找的学生的姓名：";
cin>>name;
while(strcmp(p->name,name)!=0&&p->next!=NULL)
{
   p=p->next;
}
if(strcmp(p->name,name)==0)
{
   cout<<"该生的信息为："<<endl;
   cout<<"名次 "<<"学号 "<<"姓名 "<<"性别 "<<"数学 "<<"英语 "<<"总分"<<endl;
   cout<<"
```

```
"<<setiosflags(ios_base::left)<<setw(4)<<p->order<<setw(4)<<p->num<<
setw(6)<<p->name<<setw(5)<<p->sex<<setw(5)<<p->math<<setw(4)<<p->English
<<setw(5)<<p->math+p->english<<resetiosflags(ios_base::left)<<endl<<
endl<<endl;
}
else cout<<"无该生! "<<endl<<endl<<endl;
}

//按成绩排序
struct student  *sort(struct student *head)
{
struct student *p1,*p2,*p0;
float max;
char temp[20];
int NO=0;
p0=head;
p2=head;
p1=p2->next;
max=(p2->math+p2->english);
while(p0->next!=NULL)
{
  while(p1!=NULL)
  {
    if((p1->math+p1->english)>max)
    {
      max=(p1->math+p1->english);
      p2=p1;
    }
      p1=p1->next;
  };
  p2->order=++NO;
  max=p2->order;
  p2->order=p0->order;
  p0->order=max;
  max=p2->num;
  p2->num=p0->num;
  p0->num=max;
  max=p2->math;
  p2->math=p0->math;
  p0->math=max;
  max=p2->english;
  p2->english=p0->english;
  p0->english=max;
  strcpy(temp,p2->name);
  strcpy(p2->name,p0->name);
```

```
  strcpy(p0->name,temp);
  strcpy(temp,p2->sex);
  strcpy(p2->sex,p0->sex);
  strcpy(p0->sex,temp);
  p0=p0->next;
  p2=p0;
  p1=p2->next;
  max=(p2->math+p2->english);
}
if(p0->next==NULL)p2->order=++NO;
return head;
}

//链表的输出
void print2(struct student *head)
{
cout<<"班级学生的基本信息及名次为："<<endl;
cout<<"名次 "<<"学号 "<<"姓名 "<<"性别 "<<"数学 "<<"英语 "<<"总分"<<endl;
struct student *p;
p=head;
int No=1;
if(head!=NULL)
    do
    {
    cout<<""<<setiosflags(ios_base::left)<<setw(4)<<No<<setw(4)<<p->num
<<setw(6)<<p->name<<setw(5)<<p->sex<<setw(5)<<p->math<<setw(4)<<p->
english<<setw(5)<<p->math+p->english<<resetiosflags(ios_base::left)<<endl;
        p=p->next;
        No++;
    }while(p!=NULL);
    cout<<endl<<endl<<endl;
}

//主函数
void main()
{
    struct student *head;
    int a;
    cout<<endl<<endl<<endl<<"欢迎使用学生信息管理系统"<<endl<<endl<<endl;
    cout<<" 1. 输入学生信息并按总成绩排序"<<endl;
    cout<<" 2. 根据学号来查询学生信息"<<endl;
    cout<<" 3. 根据姓名来查询学生信息"<<endl;
    cout<<" 4. 删除学生（删后自动排序）"<<endl;
```

```
    cout<<" 5. 添加学生（添后自动排序）"<<endl;
    cout<<" 6. 计算总人数及男女生人数"<<endl;
    cout<<" 0. 结束程序"<<endl<<endl<<endl<<endl<<endl;
while(a)
{
    cout<<"请输入操作序号：";
        cin>>a;
    if(a==0)cout<<"已经退出程序！"<<endl;
    if(a>6)cout<<"无该选项，请从 0~6 中选择"<<endl<<endl<<endl;
        switch(a)
    {
        case 1:head=creat();head=sort(head);print2(head);break;
        case 2:SearchNum(head);break;
        case 3:SearchName(head);break;
        case 4:head=del(head);head=sort(head);print2(head);break;
        case 5:head=insert(head);head=sort(head);print2(head);break;
        case 6:cout<<"此时总人数"<<n<<"人     其中男生"<<male<<"人 女生"
        <<famale<<"人"<<endl<<endl<<endl;break;
         }
}
}
```

本系统在输入时不再提示用户输入学生的人数，而是学号输入“0”结束，这样在一定程度上提高了程序的灵活性。从程序中可以看出，系统在增加和删除之后都是按总成绩排序的，与上一章的实践案例对比就可以看出使用链表比使用结构体数组具有的优越性，使用结构体数组在有序的增加和删除时必须一个一个地进行元素移动，而使用链表只需将next 指针值链接到新的节点上即可。

本章小结

指针是C++语言的重要组成部分，使用指针编程可以提高程序的编译效率和执行速度；通过指针可使用主调函数和被调函数之间共享变量或数据结构，便于实现双向数据通信；通过指针还可以实现动态内存的分配，与结构体结合便于表示链表等各种数据结构，编写高质量的程序。对于初学者来说，完全掌握指针变量的使用是不容易的，要通过多编程、多上机实践才行。使用指针变量来处理数据时，可以提高计算速度，使得程序的通用性更好。但用得不好，在程序执行期间可能会产生一些意想不到的错误。

课后练习

1．若有语句 int a[10]={0,1,2,3,4,5,6,7,8,9},*p=a；则________不是对 a 数组元素的正确

引用（其中 0≤i<10）。

A．p[i]　　B．*(*(a+i))　　C．a[p-a]　　D．*(&a[i])

2．设变量说明：int　a[3][4],（*p）[4]=a；则与表达式 *（a+1）+2 不等价的是________。

A．p[1][2]　　B．*（p+1）+2　　C．p[1]+2　　D．a[1]+2

3．设有说明：int x[5] = {1,2,3,4,5},*p = x;则输出值不是 5 的是________。

A．cout<<sizeof(x)/sizeof(int)<<'\n';

B．cout<<sizeof(x)/sizeof(x[0])<<'\n';

C．cout<<sizeof(p)/sizeof(int)<<'\n';

D．cout<<sizeof(x)/sizeof(1)<<'\n';

4．下面程序段的运行结果为________。

```
char str[] = "job", *p = str;
cout << *(p+2) << endl;
```

A．98　　B．无输出结果

C．字符'b'的地址　　D．字符'b'

5．设有说明语句：char *s[] = {"Student","Teacher","Father","Mother"},*ps = s[2];执行语句：

```
cout<<*s[1]<<','<<ps<<','<<*ps<<'\n';
```

则输出结果是________。

A．T,Father,F　　B．Teacher,F,Father

C．Teacher,Father,Father　　D．语法错，无输出

6．设有说明语句：

```
float fun(int &,char *);
int x;char s[200];
```

对以下函数 fun 的调用中正确的调用格式是________。

A．fun(&x,s)　　B．fun(x,s)　　C．fun(x,*s)　　D．fun(&x,*s)

7．设有说明：char s1[10] *s2=s1，则以下正确的语句是________。

A．s1[ ]= "computer "　　B．s1[10]= "computer "

C．s2= "computer "　　D．*s2= "computer "

8．执行以下语句：

```
int a[5] = {25,14,27,18},*p = a;(*p)++;
```

则*p 的值为________，再执行语句：*p++；则*p 的值为________。

9．运行下列程序的结果为________。

```
#include <iostream.h>
void main()
{
  int a[3]={10,15,20};
  int *p1=a,*p2=&a[1];
```

```
  *p1=*(p2-1)+5;
  *(p1+1)=*p1-5;
  cout<<a[1]<<endl;
}
```

10. 以下程序运行后,输出结果是________。

```
#include<iostream.h>
fut (int **s,int p[2][3])
{
    return **s=p[1][1];
}

void main()
{
    int a[2][3]={1,3,5,7,9,11},*p;
    p=new int;
    fut(&p,a);
    cout<<"\n"<<*p<<endl;
}
```

11. 以下程序运行后,输出结果是________。

```
#include<iostream.h>
#include  <string.h>
void fun (char *w ,int n)
{
    char t,*s1,*s2;
    s1=w;  s2=w+n-1;
    while(s1<s2)
    {
        t=*s1++;
        *s1=*s2--;
        *s2=t;
    }
}
void main()
{
    char p[]="1234567";
    fun(p,strlen(p));
    cout<<p<<endl;
}
```

12. 以下程序在输入的一行字符串中查找是否为回文字组成的单词。所谓回文字，是指顺读和倒读都一样的字符串，例如，单词：level 就是回文字，请填空。

```
#include<iostream.h>
```

```
#include<string.h>
void main()
{
   char s[80],*p1,*p2;
   int n;
   cin.getline(s,80);
   n=strlen(s);
   p1=s;
   p2=______;
   while(______)
   {
      if(*p1!=*p2)break;
      else{
             p1++;
             ______;
           }
   }
if( p1<p2)
   cout<<"NO\n";
else
   cout<<"Yes\n";
}
```

13. 下列函数 swap 实现数据交换功能，请填空。

```
#include<iostream.h>
void swap(int *p,int *q)
{
  int temp;
  temp=*p;
 ________;
 ________;
}
void main()
{
  int a,b;
  int *p1,*p2;
  cout<<"请输入两个正数: ";
  cin>>a>>b;
  p1=&a;
  p2=&b;
```

```
  swap(p1,p2);
  cout<<"结果 a 和 b 的值："<<a<<","<<b<<endl;
}
```

如程序运行时得到以下结果：

```
请输入两个正数：10 20
结果 a 和 b 的值：20,10
```

14．下列函数 sort 实现对字符串按字典顺序由小到大排序，请填空。

```
#include<iostream.h>
#include<string.h>
void sort （_______）
{char  _______;
 int i,j;
 for(i=0;i<n-1;i++)
   for(j=0;j<n-1-i;j++)
       if(strcmp(_______)
       {   temp=p[j];
          _______;
           p[j+1]=temp;
       }
}
  void main( ) {
  char *a[5]={"student","worker","cadre","soldier","apen"};
  sort(a,5);
  for(int i=0;i<5;i++)
     cout<<a[i]<<endl;
}
```

程序运行结果如下：

```
apen
cadre
soldier
student
worker
```

15．编写程序，在堆内存中申请一个 float 型数组，把 10 个 float 型数据 0.1、0.2、0.3、…、1.0 赋予该数组，然后使用 float 型指针输出该数组的各元素值并求出其累加和。

16．写一个函数，用指针的相关知识将一个 *n* 阶方阵转置。具体要求如下：

（1）初始化一个矩阵 A（5×5），元素值取自随机函数，并输出。

（2）将其传递给函数，实现矩阵转置。

（3）在主函数中输出转置后的矩阵（提示：程序中可以使用 C++库函数 rand( )，其功能是产生一个随机数 0～65535，其头文件为 stdlib.h）。

17．编写一个程序完成字符串比较。当两个字符串长度相等时，对其中各个字符进行比较，比到第一个不相等的字符为止，字符大的该字符串就大；若两个字符串长度不等，则长度小的字符串小；当两个字符串长度相等，对应位字符也相等时，两个字符串相等。

18．在很多场合填写金额时，为了防止篡改，要求同时填写数字和大写汉字金额。编写一个程序，输入数字金额，输出其汉字金额（该程序仅处理金额为 0.00～99999.99 元）。如金额 10234.56 元，写成壹万零贰百叁拾肆元伍角陆分。

19．使用引用参数编制程序，实现两个字符串变量的交换。

20．编程建立一个有序单链表，对该链表完成以下操作：

① 输出该链表。

② 求表长。

③ 插入一个元素，保持有序性。

④ 删除链表中第 i 个位置上的数。

第 5 章 类和对象

5.1 本章简介

5.1.1 软件开发方法

1．面向过程

面向过程的程序设计主要是将程序设计的工作围绕设计解题过程来进行，使用传统的过程设计语言。程序采用模块化结构，基于功能分解，程序的功能通过程序模块之间的相互调用完成。采用自顶向下逐步求精（逐步抽象）方法。不足之处在于：数据与操作的描述分离；数据缺乏保护；不能适应需求的改变。由于功能分解模型较难与现实世界的实际系统相吻合，开发出的软件系统难以适应需求的变化。可维护性差。

2．面向对象

面向对象的程序设计主要是把求解问题中的事物看作不同的对象，每个对象由一些数据和对这些数据所实施的操作构成，在 C++中，对数据的操作是通过函数来实现的。面向对象程序设计强调的是数据抽象，一方面加强了数据保护，另一方面实现了对现实世界活动的直接模拟，能较好地适应需求的变化，实现了数据及其操作的封装，稳定性好，当系统的功能需求发生变化时不会引起软件结构的整体变化。

面向对象继承机制可以大大提高软件的可重用性，便于实现功能的扩充、修改、增加或删除。降低软件的调试、维护难度，而且特别适合于需要多人合作的大型软件的开发。

5.1.2 面向对象方法的由来和发展

随着软件开发规模的不断扩大和开发方式的变化，程序设计开始被人们作为一门科学来对待，经过多年研究，在计算机科学中发展了许多程序设计的方法。下面通过回顾计算机语言的发展过程，来了解一下面向对象的方法是如何产生的。

早期的程序设计都是用机器语言或汇编语言编写的。这种程序的设计相当麻烦，严重影响了计算机的普及应用。随着计算机的应用日益广泛，发展了一系列不同风格的、为不同对象服务的程序设计语言。

最早的高级语言是在 20 世纪 50 年代中期研制的 FORTRAN 语言，它在计算机语言发展史上具有划时代的意义。该语言引进了许多现在仍然使用的程序设计概念，如变量、数组、分支、循环等。但在使用中也发现了一些不足，不同部分的相同变量名容易发生错误。20 世纪 50 年代后期，高级语言 Algol 在程序段内部对变量实施隔离。Algol60 提出了块结构的思想，实际上也是一种初级的封装。在 20 世纪 60 年代开发的 Simula67，是面向对象的鼻祖，它将 Algol60 块结构的概念向前推进了一步，提出了对象的概念。20 世纪 70 年代出现的 Ada 语言是一种基于对象的语言，是支持数据抽象类型的重要语言之一，它丰富了面向对象的概念。到 20 世纪 80 年代中期以后，面向对象的程序设计语言广泛地应用于程序设计。

由于自 20 世纪 60 年代末到 70 年代初，出现了大型的软件系统，如操作系统、数据库等，由此给程序设计带来了新的问题。大型软件系统的研制需要花费大量的人力和物力，但当时编写出来的软件可靠性差，错误多，难以维护，已经到了程序员无法控制的地步，这就是“软件危机”。1969 年，E.W.Dijkstra 首先提出了结构化程序设计的概念，他强调了从程序结构和风格上研究程序设计，为“软件危机”起了很大的缓解作用。到 20 世纪 70 年代末结构化设计方法将软件划分成若干个可单独命名和编址的部分，它们被称为模块，模块化使软件能够有效地被管理和维护，能够有效地分解和处理复杂问题，但结构化的程序设计由于模块内数据共享及函数的调用关系错综复杂，导致软件维护变得非常困难。所以，20 世纪 80 年代，在软件开发各种概念和方法积累的基础上，就如何超越程序的复杂性障碍，如何在计算机系统中自然地表示客观世界等问题，提出了面向对象的设计方法，它不是以过程为中心，而是以对象代表的问题为中心环节，提出了“对象+对象+……=程序设计”理论，使人们对复杂系统的认识过程与系统的程序设计实现过程尽可能一致。

5.1.3 面向对象语言

20 世纪 80 年代中期以后，面向对象的程序设计语言广泛地应用于程序设计，并且有许多新的发展。归纳起来大致可分为两类：一类是纯面向对象的语言，如 Smalltalkhe、Eiffel 和 Java；另一类是混合型的面向对象语言，如 C++和 ObjectiveC。

C++语言的创作灵感来源于计算机语言多方面成果的凝聚，特别是 BCPL、C 语言和 Simula67，同时也借鉴 Algol68 语言。C++是一门高效实用的混合型程序设计语言，它最初的设计目标是：支持面向对象编程技术，支持抽象形态的类。C++语言包括两部分：一是 C++基础部分，它是以 C 语言为核心的；另一部分是 C++面向对象特性部分，是 C++对 C 语言的扩充部分。这样它既支持面向对象程序设计方法，又支持结构化程序设计方法。

C++的基础部分与 C 语言相比除了输入输出等一些细微的差别外，C++可以说是 C 语言的加强版，它保留了 C 语言功能强、效率高、风格简洁、适合大多数系统程序设计任务等优点，使得 C++与 C 之间取得了兼容性，因此，在过去的软件开发中积累的大量 C 的库函数和实用程序都可在 C++中应用。另外，C++语言通过对 C 的扩充，克服了原有 C 语言的缺点，完全支持面向对象程序设计方法。它支持类的概念。类是一种封装数据和对这些数据进行操作的用户自定义类型，类提供了数据隐蔽，确保了程序的稳定性、可靠性和可维护性。它还支持继承和多态性等特性，使得其代码具有高度的可重用性。面向对象程序设计有以下基本特点：

1．抽象

抽象是人类认识问题的最基本手段之一。面向对象方法中的抽象是对具体问题（对象）进行概括，抽出一类对象的公共性质并加以描述的过程。事实上，对问题进行抽象的过程，就是一个分析问题、认识问题的过程。

2．封装

利用封装的特性，在编写程序时，对于已有的成果，使用者不必了解具体的实现细节，而只需通过外部接口，依据特定的访问规则，就可以使用现有的资源。

3．继承

编程过程中任何问题都从头开始描述是不现实的，一个特定的问题，很可能前人已经进行过较为深入的探讨，这些结果怎么利用？还有在程序设计的后期，对问题又有了深入的体会，这些新的认识成果怎么加到已有的成果中？继承就是解决这些问题的良策，C++语言提供了类的继承机制，允许程序员在保持原有特性的基础上，进行更具体、更详细的类的定义与扩展。通过类的这种层次结构，就可以反映出对事物认识的发展过程。新的类由原有的类产生，继承或扩展了原有类的特征和功能，新的类称为原有类的派生类。关于继承和派生，本书会在以后的章节中进行详细的探讨。

4．多态

如果说继承讨论的是类与类的层次关系，那么多态则是考虑这种层次关系下类自身成员函数之间的关系问题，是解决功能和行为再抽象的问题。多态是指具有相似功能的不同函数使用同一个函数名称来实现的现象。这也是人类思维方式的一种直接模拟。

5.2 本章知识目标

本章需要读者在了解面向对象程序设计基本特点的基础上，理解类和对象的概念及它们之间的关系，掌握类和对象的定义和使用方法，掌握构造函数、拷贝功能的构造函数、析构函数的概念和使用方法。具体目标包括：

（1）掌握类的声明、类成员的定义方法，了解类成员的访问控制权限。

（2）掌握对象的定义和使用。

（3）重点掌握类的构造函数和析构函数的作用、定义和使用。

（4）了解对象数组和对象指针的定义和使用，掌握对象内存的动态分配。

（5）掌握对象作为函数参数的使用方法。

（6）了解友元的作用及使用友元的有关问题。

5.3 对象和类

5.3.1 对象和类的概念

（1）现实世界中的对象和类。

① 现实世界中的对象是认识世界的基本单元，世界就是由这些基本单元——对象组成的，如一个人、一辆车等。对象既可以很简单，也可以很复杂，复杂的对象可由若干个简单对象组成。对象是现实世界中的实体。

② 现实世界中的类是对一组具有共同属性和行为的对象的抽象。如笼统地说人是指的一个类，具体的某个人是人这个类的一个对象。类和对象是抽象和具体的关系。

（2）面向对象中的对象和类。

① 面向对象中的对象是由描述其属性的数据和定义在数据上的操作组成的实体，是数据单元和过程单元的集合体。如学生张三是一个对象，他由描述他的特征的数据和他能提供的操作来组成：

对象名：张三。

属性——年龄：20，性别：男，身高：173 厘米，体重：71 公斤，特长：篮球运动，专业：计算机科学和技术。

操作：回答有关自己的提问，吃饭、减肥、打篮球、计算机软件开发、维护、组网。

这里的属性说明了张三这个对象的特征，操作说明了张三能做什么。

② 面向对象中的类是一组对象的抽象，是将这组对象中相同的数据属性和操作行为抽象出来并加以描述和说明。类是创建对象的样板。

③ 对象和类的关系：对象是类的一个具体实例，有了类才能创建对象。当给类中的属性和行为赋予实际的值以后，就得到了类的一个对象。例如人这个类：

类名：人。

属性：年龄，性别，身高，体重，特长，专业。

操作：回答提问，对外服务、减肥、美白、增高、学习打篮球等。

对象：张三、李四、王五等。

特别要指出的是，在面向对象程序设计中，类为对象的创建提供样板。对象作为类的实例出现在内存运行的过程中，占有内存空间，是运行时存在的实体。类实际上是一个新的数据类型，使用它时要在源程序中说明，而说明部分在内存中是不分配存储空间的。对象通过类来定义，对象在内存中分配空间并完成相应操作。在 C++中，把描述类的属性的数据称为成员数据，把描述行为的操作称为成员函数。

5.3.2　类的确定和划分

（1）确定和划分类的重要性。

面向对象技术是将系统分解成若干对象，对象之间的相互作用构成了整个系统。类是创建对象的样板，当解决实际问题时，需要正确地进行分类。这是软件开发的第一步工作，划分的结果直接影响软件的质量。

（2）确定和划分类的一般原则。

类的确定和划分没有统一的方法，基本依赖设计人员的经验、技巧和对实际问题的理解与把握。一个基本的原则是：寻求系统中各事物的共性，将具有共性的那些事物划分成一个类；设计类应有明确的标准，设计的类应该是容易理解和使用的。同一系统，达到的目标不同，确定和划分的类也不相同。例如，一个学生管理系统，分类时既可以按专业分类，也可以按年级分类，甚至可以按年龄和性别分类。

由于问题的复杂性，不能指望一次就能正确地确定和划分类，需要不断地对实际问题进行分析和整理，反复修改才能得出正确的结果。另外，不能简单地将面向过程中的一个模块直接变成类，类不是模块函数的集合。

5.4 类的声明

类是面向对象程序设计的基础和核心，也是实现数据抽象的工具。类实质上是用户自定义的一种特殊的数据类型，特殊之处就在于和一般的数据类型相比，它不仅包含相关的数据，还包含能对这些数据进行处理的函数，同时，这些数据具有隐蔽性和封装性。类中包含的数据和函数统称为成员，数据称为成员数据，函数称为成员函数，它们都有自己的访问权限。

1．类声明的形式

类的声明即类的定义，其语法与结构体的声明类似，一般形式如下：

```
class 类名
{
  private:
    私有成员数据和成员函数
  protected:
    保护成员数据和成员函数
  public:
    公有成员数据和成员函数
};
```

其中，class 是声明类的关键字，类名是给声明的类起的名字；花括号给出了类的主体；最后的分号说明类的声明到此结束。

2．类声明的内容及类成员的访问控制

（1）类声明的内容。

类声明的内容包括成员数据和成员函数两部分，需要对类的成员数据和成员函数以及它们的访问权限做相应的说明。

① 成员数据———声明成员数据的数据类型、名字，以及访问权限。

② 成员函数———定义成员函数及对它们的访问权限。可以在类内定义成员函数，也可以在类外定义成员函数。在类外定义成员函数时先在类内说明该成员函数的原型，再在类外进行定义。

（2）访问控制———类的成员的访问控制是通过类的访问控制权限来实现的。访问控制权限分为三种：

① private：声明该成员为私有成员。私有成员只能被本类的成员函数访问，类外的任何成员对它的访问都是不允许的。私有成员是类中被隐蔽的部分，通常是描述该类对象属性的数据成员，这些成员数据用户无法访问，只有通过成员函数或某些特殊说明的函数才可访问，它体现了对象的封装性。当声明中默认控制访问权限时，系统默认成员为私有

成员。

② protected：声明该成员为保护成员，一般情况下与私有成员的含义相同，它们的区别表现在类的继承中对新类的影响不同。保护成员的具体内容将在本书后面的有关章节中介绍。

③ public：声明该成员为公有成员。公有成员可以被程序中的任何函数访问，它提供了外部程序与类的接口功能。成员函数通常是公有成员。

例 5-1　类与对象的简单举例。

```
class Student                                        //以 class 开头
{
   private:
    int num;
    char name[20];
    char sex;                                        //以上 3 行是类的数据成员
   public:
    void setstu(int n,char nam[20],char s)           //这是成员函数
    {
      num = n;
      strcpy(name,nam);
      sex=s;
    }
   void display( )                                   //这是成员函数
    {
     cout<<"num:"<<num<<endl;
     cout<<"name:"<<name<<endl;
     cout<<"sex:"<<sex<<endl;
    }
};                                                   //类定义完最后有一个“;”
void main()
{
  Student stud1,stud2;            //定义了两个 Student 类的对象 stud1 和 stud2
  stud1.setstu(1001, "Jerry" ,'m');
  stud1. display( );
  stud2.setstu(1002, "Flora" , 'f');
  stud2. display( );
}
```

例子中的“class Student”是类头，由关键字 class 与类名 Student 组成，class 是声明类时必须使用的关键字，后面紧跟的一对花括号是类体。类中的声明和操作需要写到类体中，类体中是类的成员列表，列出类中的全部成员。还需注意，类的声明以分号结束，可以看到类是一种导出的数据类型。这种数据类型中既包含数据，也包含对数据进行操作的函数，本例中 setstu 和 display 都是函数，其作用分别是给某个学生的数据赋值和输出本对象中所有学生的学号、姓名和性别。另外，值得一提的是类的定义只是定义了一种导出的数据类型，定义过程中并不为类中的数据成员分配任何的存储空间，所以不能直接在类定义的时

候对其中的数据成员初始化。

类中数据成员的存储空间是在建立对象的时候分配的，对象是类的具体实例。一个对象可以看作是一个具有某种类类型的变量。与普通变量一样，对象也必须先经声明才可以使用。声明一个对象的一般形式为：

<类名> <对象 1>, <对象 2>, …

例如语句：Student stud1,stud2;即声明了两个名为 stud1 和 stud2 的学生，它们都是 Student 类的对象。通过对象访问其数据成员或函数成员时需要使用成员运算符“.”来访问对象的成员，在上面的例子中可以使用 stud1.setstu(1001, "Jerry" ,'m')，但不能使用 stud1.num=1001，原因是数据成员 num 是私有的，在类外无法直接访问到类中的私有数据成员，所以对类中私有的数据成员的操作只能通过公有的成员函数，例如通过 stud1.setstu(1001, "Jerry" , 'm');程序的执行就可以将名为 stud1 的学生学号赋值为 1001，姓名赋值为 Jerry，性别赋值为男。

同类型的对象之间可以相互赋值，例如 stud2=stud1；就是使得学生 stud2 和学生 stud1 具有相同的学号、姓名和性别。

成员函数函数体的定义除了可以定义在类体中，还可以在类体外进行定义。

例 5-2 在类体外定义成员函数功能。

```
class Student
{
  private:
    int num;
    char name[20];
    char sex;
  public:
     void setstu(int n,char nam[20],char s);    //这是成员函数的声明
     void display( );                           //这是成员函数的声明
};
void Student::setstu(int n,char nam[20],char s)//这是成员函数在类体外的定义
{
     num = n;
     strcpy(name,nam);
     sex=s;
}
void Student::display( )                        //这是成员函数在类体外的定义
   {
      cout<<"num:"<<num<<endl;
      cout<<"name:"<<name<<endl;
      cout<<"sex:"<<sex<<endl;
   }
void main()
{
  Student stud1,stud2;
```

```
  stud1.setstu(1001,"Jerry" , 'm');
  stud1. display( );
  stud2.setstu(1002, "Flora" , 'f');
  stud2. display( );
}
```

若在类体外定义成员函数，必须在成员函数名前加上类名和作用域运算符(::)。作用域运算符用来标识该函数成员属于哪个类。作用域运算符的使用格式为：

```
<类名>::<成员函数名>(<参数表>)
```

这样做的好处是可以在类体定义时清楚地看到类中所有的成员函数，特别对于成员函数非常多的类，这样定义使程序更清晰，有利于程序的可读性。

5.5　构造函数和析构函数

当声明了类并定义了类的对象以后，编译程序需要为对象分配内存空间，进行必要的初始化，C++中有一种专门的函数完成这个工作，就是构造函数。构造函数可以由系统自动生成，也可以由用户自己定义。对象被撤销时，就要回收内存空间，并做一些善后工作，这个任务是由析构函数完成的。析构函数也是属于类的，也可以由系统自动生成或用户自定义。

5.5.1　构造函数

1．构造函数的作用

构造函数是一种特殊的成员函数，被声明为公有成员，其作用是对对象进行初始化，分配内存空间。

2．构造函数的定义与使用

（1）构造函数的名字必须与类的名字相同。

（2）构造函数的参数可以是任何数据类型，但它没有返回值，不能为它定义返回值类型，包括 void 型在内。

（3）对象定义时，编译系统会自动地调用构造函数完成对象内存空间的分配和初始化工作。

（4）构造函数是类的成员函数，具有一般成员函数的所有性质，可访问类的所有成员，可以是内联函数，可以带有参数表，可以带有默认的形参值，还以可重载。

前面的例子是通过 setstu 函数来对对象初始化的，可以将该函数更换为构造函数，例如：

例 5-3　用构造函数初始化对象。

```
class Student
{
  private:
```

```
    int num;
    char name[20];
    char sex;
  public:
   Student (int n,char nam[20],char s)   //这是构造函数
   {
     num = n;
     strcpy(name,nam);
     sex=s;
  }
 void display( )
   {
      cout<<"num:"<<num<<endl;
      cout<<"name:"<<name<<endl;
      cout<<"sex:"<<sex<<endl;
      }
  }
};
void main()
{
  Student stud1(1001, "Jerry" , 'm'),stud2(1002, "Flora" , 'f');
  stud1. display( );
  stud2. display( );
}
```

当执行到语句"Student stud1(1001, "Jerry",'m') "时，构造函数会被系统自动调用，将语句中的三个实参 1001、Jerry 和 m 分别传给构造函数中的三个形参 n、nam 和 s，从而完成对对象 stud1 的赋值。可见，从函数调用的角度来看，构造函数是建对象时由系统自动调用的。

C++编译系统规定：每新建一个对象就要调用一次构造函数，当程序中没有定义任何构造函数时，系统会产生一个不带参数的什么都不做的默认构造函数，也称为缺省的构造函数，其形式为：

```
<类名>( )
{  }
```

在类中定义的构造函数，若没有参数或者所有的参数都具有缺省值时，也称其为缺省的构造函数。需要注意的是，对一个类来说，缺省构造函数只能有一个。

5.5.2 拷贝构造函数

拷贝构造函数是一种特殊的构造函数，具有一般构造函数的所有特性，其形参是本类对象的引用。其作用是使用一个已经存在的对象（由拷贝构造函数的参数指定的对象），去初始化一个新的同类的对象。

用户可以根据自己实际问题的需要定义特定的拷贝构造函数，以实现同类对象之间数

据成员的传递。如果用户没有声明类的拷贝构造函数，系统就会自动生成一个缺省拷贝构造函数，这个缺省拷贝构造函数的功能是把初始值对象的每个数据成员的值都复制到新建立的对象中。因此，也可以说是完成了同类对象的克隆（Clone），这样得到的对象和原对象具有完全相同的数据成员，即完全相同的属性。

定义一个拷贝构造函数的一般形式为：

```
class 类名
{
public:
   类名(形参表);                            //构造函数
   类名(类名& 对象名);                      //拷贝构造函数
   …
};
类名::类名(类名&对象名);                    //拷贝构造函数的实现
{
   函数体
}
```

下面给出一个拷贝构造函数的例子。对于屏幕上的一个点，可以通过给出水平和垂直两个方向的坐标值 X 和 Y 来确定。定义一个确定点的位置的类 Point。

```
class Point
{
public:
    Point (int xx=0, int yy=0 ) {X=xx; Y=yy; }        //构造函数
    Point (Point & p);                                //拷贝构造函数
    int GetX ( )  {return X; }
    int GetY ( )  {return Y; }
private:
    int X, Y;
};
```

类中定义了内联构造函数和拷贝构造函数。拷贝构造函数的实现如下：

```
Point::Point (Point & p)
{
   X=p. X;
   Y=p. Y;
   cout<< "拷贝构造函数被调用" << endl ;
}
```

普通构造函数是在对象创建时被调用，而拷贝构造函数在以下三种情况下都会被调用：

（1）当用类的一个对象去初始化该类的另一个对象时。例如：

```
int main (   )
{    Point A (1, 2);
```

```
    Point B (A);           //用对象A初始化对象B，拷贝构造函数被调用
    cout<<B .GetX ( ) << endl ;
    return 0;
}
```

（2）如果函数的形参是类的对象，在调用函数时，进行形参和实参结合时。例如：

```
void f (Point p )
{   cout<< p . GetX ( )<<endl;
}
int main ( )
{   Point A (1, 2);
    f(A);     //函数的形参为类的对象，当调用函数时，拷贝构造函数被调用
    return 0;
}
```

（3）如果函数的返回值是类的对象，函数调用完成返回时。例如：

```
Point g ( )
{   Point A (1, 2);
    return A;   //函数的返回值是类对象，函数返回时，调用拷贝构造函数
}
int main ( )
{   Point B;
    B=g ( );
    return 0;
}
```

例 5-4 拷贝构造函数的使用方法。

```
#include<iostream>
usingnamespacestd;
classStudent
  {
    char *name;
    int no;
    static int counter;
    public:
      Student()
      {
        name="Paul";
        no=counter;
      }
Student(char  *na)
{
  name=na;
  no=counter;
  ++counter;
```

```
}
Student(Student  &stu)
{
  name=stu.name;
  no=counter;
  ++counter;
}
void display( )
   {
     cout<<"name:"<<name<<endl;
     cout<<"counter:"<<counter<<endl;
      }
};
int Student::counter=1;
void main()
{
  Student stu1("Jerry");
  Student stu2(stu1);
  stu1.display( );
  stu2.display( );
}
```

5.5.3　构造函数的重载

为了适应不同的情况，增加程序设计的灵活性，C++允许对构造函数重载，也就是可以定义多个参数及参数类型不同的构造函数，用多种方法对对象初始化。这些构造函数之间通过参数的个数或类型来区分。下面是构造函数重载的例子。

例 5-5　构造函数的重载。

```
class Student
  {
  private:
    int num;
    char name[20];
    char sex;
  public:
   Student( )
   {
     num = 0001;
     strcpy(name,"admin");
     sex='m';
   }
   Student (int n,char nam[20],char s)
   {
     num = n;
     strcpy(name,nam);
```

```
        sex=s;
    }
    void display( )
      {
      cout<<"num:"<<num<<endl;
      cout<<"name:"<<name<<endl;
      cout<<"sex:"<<sex<<endl;
      }
     }
};
void main()
{
  Student stud1(1001,"Jerry" , 'm'),stud2;
  stud1. display( );
  stud2. display( );
}
```

运行结果：

```
num:1001
name:Jerry
sex:m
num:0001
name:admin
sex:m
```

5.5.4 析构函数

析构函数与构造函数的作用正好相反，它用来完成对象被删除前的扫尾工作。析构函数是在撤销对象前由系统自动调用的，析构函数执行后，系统回收对象的存储空间，对象也就消失了。

析构函数也是类中的一种特殊的成员函数，它具有以下一些特性：

（1）析构函数名是在类名前加求反符号“~”构成；

（2）析构函数不指定返回类型；

（3）析构函数没有参数，也不能重载析构函数，即一个类只能定义一个析构函数；

（4）在撤销对象时，系统自动调用析构函数。

以下三种情况发生时系统会自动调用析构函数撤销对象：

（1）对象的作用域结束；

（2）用 delete 运算符释放 new 运算符创建的对象；

（3）生成的临时对象使用完毕后。

例 5-6 重新定义学生类 Student，增加析构函数。

```
class Student
{
  private:
```

```
    int num;
    char name[20];
    char sex;
  public:
    Student(int n,char nam[20],char s)          //这是构造函数
    {
     num = n;
     strcpy(name,nam);
     sex=s;
    }
  ~Student ()                                    //这是析构函数
    {
      cout<<"Destructor of Student " <<endl;
    }
  void display( )
    {
       cout<<"num:"<<num<<endl;
       cout<<"name:"<<name<<endl;
       cout<<"sex:"<<sex<<endl;
    }
   }
};
void main()
{
 Student stud1(1001, "Jerry",'m');
 stud1.display () ;
}        // stud1 的作用域结束，系统自动调用析构函数
```

一般来讲，如果希望程序在对象被删除时需要进行一些操作（例如信息保存等），就可以写到析构函数中。事实上，在很多情况下，用析构函数来进行扫尾工作是必不可少的。例如，在 Windows 操作系统中，每一个窗口就是一个对象，在窗口关闭之前，需要保存显示于窗口中的内容，就可以在析构函数中完成。

每个类都必须有且只能有一个析构函数。跟构造函数一样，如果在类中没有显式的定义析构函数，编译器将生成一个默认的析构函数，也称为缺省析构函数，它的格式为：

```
~<类名>() { }                                   //空析构函数
```

例 5-7 下面的例子综合使用构造函数、拷贝构造函数、构造函数重载和析构函数。试分析程序的输出结果。

```
#include <iostream.h>
class Test{
public:
        Test()                                  //缺省构造函数
        {
            val=0;
```

```
        cout<<"Default constructor."<<endl;
    }
    Test(int n)                                   //重载构造函数
    {
        val=n;
        cout<<"Constructor of "<<val<<endl;
    }
    Test(const Test& t)                           //拷贝构造函数
    {
        val=t.val;
        cout<<"Copy constructor."<<endl;
    }
    ~Test()                                       //析构函数
    {  cout<<"Destructor of "<<val<<endl;  }
    private:
    int val;
};
void fun1(Test  t)                                //A
{  }                                              //B
Test fun2()
{
    Test tt;                                      //C
    return tt;                                    //D
}
void main( )
{
    Test t1(1);                                   //E
    Test t2=t1;                                   //F
    Test t3;                                      //G
    t3=t1;
    fun1(t2);                                     //H
    t3=fun2();                                    //I
}                                                 //J
```

执行程序后，输出结果为：

```
Constructor of 1
Copy constructor.
Default constructor.
Copy constructor.
Destructor of 1
Default constructor.
Copy constructor.
Destructor of 0
Destructor of 0
Destructor of 0
```

```
Destructor of 1
Destructor of 1
```

在执行主函数时，E 行建立类 Test 的 t1 对象，调用了带参数的构造函数，输出第一行 Constructor of 1。F 行建立类 Test 的 t2 对象时，用 t1 的数据成员初始化 t2，将调用拷贝构造函数，输出第二行 Copy constructor。G 行建立对象 t3 时调用缺省构造函数，输出第三行 Default constructor。执行 H 行调用函数 fun1(t2)时，由于 fun1 采用的是传值调用方式，因此要建立一个局部对象 t，将实参对象 t2 复制给形参对象 t，调用拷贝构造函数，输出第四行 Copy constructor。执行到函数 fun1 结束时（H 行），形参 t 的作用域结束，撤销对象 t 时调用析构函数，输出第五行 Destructor of 1。执行 I 行时，先调用函数 fun2，进入函数 fun2 执行 C 行建立局部对象 tt 时，调用缺省构造函数，输出第六行 Default constructor。由于 tt 对象是一个局部对象，执行到 fun2 函数结束时要撤销该对象。为了返回对象 tt 的值，在执行 D 行时，系统新建立一个匿名（临时）对象，用对象 tt 初始化该匿名对象，调用拷贝构造函数，输出第七行 Copy constructor。在函数 fun2 返回时，撤销对象 tt 调用析构函数，输出第八行 Destructor of 0。在执行 I 行的赋值运算时，将 fun2 返回的匿名对象赋给对象 t3 后，系统撤销匿名对象时调用析构函数，输出第九行 Destructor of 0。执行到 J 行结束整个程序时，在主函数中建立的三个局部对象 t3、t2 和 t1 的作用域结束，撤销这三个对象时三次调用析构函数，输出第十至十二行 Destructor of 0、Destructor of 1 和 Destructor of 1。

注意在主函数中，建立对象的顺序是 t1、t2 和 t3，而撤销对象的顺序则是 t3、t2 和 t1。析构函数的执行顺序与构造函数的执行顺序相反。

5.6　对象应用

5.6.1　成员对象

类的数据成员可以是基本类型的数据，也可以是类类型的对象。因此，可以利用已定义的类的对象作为另外一个类的数据成员，这些对象就称为成员对象。

当类中出现了成员对象时，该类的构造函数要包含对成员对象的初始化，通常采用成员初始化列表的方法来初始化成员对象。定义带有成员初始化列表的构造函数的一般格式为：

```
<类名>(<形参表>) : <成员对象 1>(<实参表 1>),<成员对象 2>(<实参表 2>),…
{
        …                              //类成员的初始化
}
```

其中，成员对象实参表中可以使用类的形参表中的参数名，也可以使用常量表达式。

在使用成员对象时要注意以下几点：

（1）成员对象的初始化必须在该类的构造函数的成员初始化列表中进行。

（2）当建立一个类的对象时，如果这个类中有成员对象，执行构造函数时，先执行所有成员对象的构造函数，再执行本类对象的构造函数体。当类中有多个成员对象时，调用其构造函数的顺序仅与成员对象在类中说明的顺序有关，与成员初始化列表中给出的成员对象的顺序无关。

（3）如果在构造函数的成员初始化列表中没有给出对成员对象的初始化，则表示使用成员对象的缺省构造函数。如果成员对象所在的类中没有缺省构造函数时，将产生错误。

（4）析构函数的执行顺序与构造函数的执行顺序相反。

例 5-8 下面用例子说明类中的成员对象的产生和撤销关系，分析以下程序的输出结果。

```
#include <iostream.h>
class Counter{
    int val;
public:
    Counter() { val=0; cout<<"Default Constructor of Counter"<<endl; }
                                    //缺省构造函数
    Counter(int x) { val=x; cout<<"Constructor of Counter:"<<val<<endl; }
                                    //重载构造函数
    ~Counter() { cout<<"Destructor of Counter:"<<val<<endl; } //析构函数
};
class Example{
    Counter c1,c2;                                        //A
    int val;
public:
    Example() { val=0; cout<<"Default Constructor of Example"<<endl; }
                                    //缺省构造函数
    Example(int x):c2(x),c1()       //重载构造函数和成员初始化列表
    { val=x; cout<<"Constructor of Example:"<<val<<endl; }
    ~Example() { cout<<"Destructor of Example:"<<val<<endl; }
    void Print() { cout<<"value="<<val<<endl; }
};
void main( )
{
    Example e1,e2(4);                                     //B
    e2.Print();                                           //C
}
```

执行程序后，输出结果为：

```
Default Constructor of Counter
Default Constructor of Counter
Default Constructor of Example
Default Constructor of Counter
Constructor of Counter:4
Constructor of Example:4
value=4
Destructor of Example:4
Destructor of Counter:4
Destructor of Counter:0
```

```
Destructor of Example:0
Destructor of Counter:0
Destructor of Counter:0
```

以上程序中，类 Example 中有 Counter 类的成员对象 c1 和 c2。因此建立 Example 类的对象时，要同时建立成员对象 c1 和 c2。成员对象的初始化在构造函数的成员初始化列表中进行，建立对象时要首先执行成员对象 c1 和 c2 的构造函数，再执行 Example 的构造函数体。

执行 B 行建立 Example 类的对象 e1 时，调用 Example 类的缺省构造函数。Example 类的缺省构造函数的成员初始化列表为空，则先调用成员对象 c1 和 c2 的缺省构造函数。因此先输出第一行和第二行，然后执行 Example 的缺省构造函数的函数体时输出第三行。在 B 行中 接着建立对象 e2 时，根据 e2 的参数，调用 Example 类中带有一个参数的构造函数。在该构造函数的成员初始化列表中，已显式列出了成员对象 c2 的初始化。由于成员对象的初始化顺序与成员对象在类中说明的顺序有关，而与成员初始化列表中给出的顺序无关，因此应先对 c1 初始化，调用 Counter 类的缺省构造函数，输出第四行；再对 c2 初始化，调用带有一个参数的构造函数，输出第五行；然后，执行 Example 类中带有一个参数的构造函数，输出第六行。执行 C 行时，输出第七行，即 value=4。

主程序结束要撤销对象 e1 和 e2 时，调用析构函数。析构函数的执行顺序与构造函数的执行顺序相反，先执行 e2 的析构函数，再执行 e1 的析构函数。析构函数的执行顺序正好与对立对象时的顺序相反，由于对象 e2 中包含有成员对象，在执行完 e2 的析构函数后，立即执行其成员函数的析构函数，接着执行成员对象 c2 的析构函数，最后执行 c1 的析构函数。注意，对于具有同一类生存期的多个类的对象，不论这些对象所属的类是一个独立的类，还是含有成员对象的类，建立对象时构造函数的执行顺序与撤销对象时析构函数的执行顺序都是严格相反的。

5.6.2　对象数组

对象数组是指数组元素为对象的数组，该数组中所有元素必须是同一个类的对象。对象数组的定义、赋值和使用与普通数组一样，只是数组的元素与普通数组不同，它是类的对象。

对象数组的定义格式为：

```
<类名> <数组名>[<大小>]…;
```

例如：

```
Student stud[5];
```

使用对象数组成员的一般格式是：

```
<数组名>[<下标表达式>].<成员名>
```

例如：

```
stud[0].name;
```

使用对象数组时，对象数组的初始化和对象数组元素的赋值也是使用 for 循环进行的。

例如：

```
for(i=0;i<5;i++)
{
  stud[i].num=n;
  strcpy(stud[i].name,nam);
  stud[i].sex=s;
}
```

5.6.3 对象指针

对象指针指的是一个对象在内存中的首地址。取得一个对象在内存中首地址的方法与取得一个变量在内存中首地址的方法一样，都是通过取地址运算符“&”。例如，若有：

```
Student  *ptr, s1;
```

则 ptr=&s1;表示对象 s1 在内存中的首地址并赋给指针变量 ptr，即指针变量 ptr 指向对象 s1 在内存中的首地址。

若要使用对象指针引用对象成员，首先要定义对象指针，再把它指向一个已创建的对象或对象数组，然后引用该对象的成员或对象数组元素的成员。用对象的指针引用对象成员或对象数组元素的成员使用操作符“→”，而不是“•”，这一点与指针和结构体变量的结合是一样的。

例 5-9 用对象指针引用对象数组。

```
#include<iostream.h>
class Student
{
  int num;
  public:
    void set_num(int a)
    { num=a; }
    void show_ num ()
    {  cout<<num<<endl;  }
};
void main()
{
  Student *ptr,s[2];
  s[0].set_ num (1011);
  s[1].set_ num (1012);
  ptr=s;
  ptr->show_ num ();
  ptr++;
  ptr-> show_ num ();
}
```

运行结果：

```
1011
1012
```

C++提供了一个特殊的对象指针——this 指针。它是指向调用该成员函数（包括构造函数）的当前对象的指针，成员函数通过这个指针可以知道当前是哪一个对象在调用它。

this 指针是一个隐含的指针，它隐含于每个类的成员函数中，它明确地表示成员函数当前操作数据所属的对象。当一个对象调用成员函数时，编译程序先将对象的地址赋给 this 指针，然后调用该成员函数，每次成员函数存取数据成员时，都隐含地使用了 this 指针。

例 5-10　使用 this 指针操作类和对象。

```
#include<iostream>
using namespace std;
class Student                                    //以 class 开头
{
private:
   int num;
   char name[20];
   char sex;                                     //以上 3 行是数据成员
public:
   void setstu(int num,char name[20],char sex)
   {
    this->num = num;
    strcpy(name, this->name);
    this->sex=sex;
}
void display( )                                  //这是成员函数
   {
     cout<<"num:"<<num<<endl;
     cout<<"name:"<<name<<endl;
     cout<<"sex:"<<sex<<endl;
    }
  }
};
void main()
{
  Student stud;
  stud.setstu(1001, "Jerry" ,'m');
  stud. display( );
}
```

可见，“this->成员变量”的形式即为成员函数访问类中数据成员的形式。注意，this 指针只能在类的成员函数中使用，它指向该成员函数被调用的对象，另外，只有非静态成员函数才有 this 指针，静态成员函数没有 this 指针。

5.7　静态成员

静态成员是指类中用关键字 static 说明的成员，包括静态成员数据和静态成员函数。

静态成员用于解决同一个类的不同对象之间数据和函数共享的问题，也就是说，不管这个类创建了多少个对象，这些对象的静态成员使用同一个内存空间，所以，静态成员是属于所有对象的，或者说是属于整个类的，有的书上又称之为类成员。

5.7.1 静态成员数据

静态成员数据是指类中用关键字 static 说明的数据成员。它是类的数据成员的特例，类的所有对象共用静态数据成员的内存空间，从而实现同类对象之间的数据共享。使用静态数据成员时应注意以下问题：

（1）静态数据成员声明时，加关键字 static 说明。

（2）静态数据成员必须初始化，但只能在类外进行。一般放在声明与 main()之间的位置。静态数据成员的值缺省时默认为 0。初始化的形式为：<数据类型><类名>∷<静态数据成员名>=<值>，例如，int Student::num=0。

（3）静态数据成员不属于任何一个对象，可以在类外通过类名对它进行引用。引用的一般形式为：<类名>∷<静态数据成员名>。

（4）静态成员与普通数据成员一样，要服从访问控制，当它被声明为私有成员时，只能在类内直接引用，类外无法引用。当它被声明为公有成员时，可以在类外通过类名来引用。

例 5-11 使用静态数据成员的例子。

```
#include<iostream.h>
class Csample
{
    int n;
    static int k;
public:
    CSample(int i){n=i;k++;};
    void disp();
};
void CSample::disp( )
{
    cout<<"n="<<n<<",k="<<k<<endl;
}
int CSample::k=0;
void main( )
{
    CSample a(10),b(20),C(30),d(40);
    a.disp();
    b.disp();
    C.disp();
    d.disp();
}
```

运行结果：

```
n=10   k=4
n=20   k=4
n=30   k=4
n=40   k=4
```

5.7.2 静态成员函数

静态成员函数是指类中用关键字 static 说明的成员函数。它属于类，由同一个类的所有对象共同使用和维护，为这些对象所共享。静态成员函数可以直接引用该类的静态数据成员和成员函数，不能直接引用非静态数据成员。使用静态成员函数时应注意以下问题：

（1）静态成员函数可以在类内定义，也可以在类外定义，在类外定义时不用前缀 static。

（2）系统限定静态成员函数为内部连接，所以不会与文件连接的其他同名函数相冲突，保证了静态成员函数的安全性。

（3）静态成员函数中没有隐含 this 指针，调用时可用下面两种方法之一：

```
<类名>::<静态函数名()>;   或  <对象名>::<静态函数名()>;
```

（4）一般而言，静态成员函数不能访问类中的非静态成员。

例 5-12 使用静态成员函数的例子。

```
#include<iostream>
using namespace std;
class Student
{
    private:
        float score;
        static int count;
        static float total_score;
    public:
    void account(float score1)
    {
      score=score1;
      ++count;
      total_score=total_score+score;
    }
    static float sum()
    {
      return total_score;
    }
      static float average()
    {
      return total_score/count;
    }
};
  int Student:: count=0;
```

```
  float Student:: total_score=0.0;
  int main()
  {
    Student s1,s2;
    s1.account(99);
    cout<<Student::sum()<<endl;
    cout<<Student::average()<<endl;
    s2.account(80);
    cout<<Student::sum()<<endl;
    cout<<Student::average()<<endl;
  }
```

运行结果：

```
99
99
179
89.5
```

5.8 友元函数和友元类

C++引入了友元函数和友元类来解决特殊情况下在类的外部直接访问类中私有成员的问题，即友元提供了类的成员函数与一般函数之间、不同类或对象的成员函数之间进行数据共享的一种手段。通过友元这种方式，一个普通函数可以访问封装在类内部的私有成员，即在类的外部通过友元可以看见类内部的一些属性。但这样做，在一定程度上会破坏类的封装性，使程序的可维护性变差，使用时一定要慎重。

一个类中，声明为友元的可以是不属于任何类的一般函数，也可以是另一个类的成员函数，还可以是一个完整的类。

5.8.1 友元函数

友元函数是在类声明中用关键字 friend 说明的非成员函数。它不是当前类的成员函数，而是独立于当前类的外部函数，可以访问当前类的所有私有或公有成员。其位置可以定义在类内部，也可以定义在类外部，但通常都定义在类外部。普通函数声明为友元函数的一般形式为：

```
friend<数据类型><友元函数名>(参数表);
```

下面是友元函数的例子。

例 5-13 普通函数作为友元函数示例。

```
#include <iostream.h>
#include <string.h>
class CStudent{
private:
```

```
  char m_name[20];
  int m_id;
  char m_gender;
  int  m_age;
public:
   CStudent(char *,int,char,int);
   friend void output(CStudent &stu);
};
CStudent::CStudent(char *name,int id,char gender,int age)
{
    strcpy(m_name,name);
    m_id=id;
    m_gender=gender;
    m_age=age;
}
void output(CStudent &stu)
{
    cout<<"姓名"<<stu.m_name<<endl;
    cout<<"学号"<<stu.m_id<<endl;
    cout<<"性别"<<stu.m_gender<<endl;
    cout<<"年龄"<<stu.m_age<<endl;
}
void main()
{
   CStudent  stu("Jerry",1001,'m',6);
   output(stu);
}
```

使用友元函数应注意由于友元函数不是成员函数，因此，在类外定义友元函数体时，不必像成员函数那样，在函数名前加“类名::”。另外，当一个函数需要访问多个类时，应该把这个函数同时定义为这些类的友元函数，这样，这个函数才能访问这些类的数据，如例 5-14 所示。

例 5-14　友元函数访问多个类的数据。

```
#include<iostream.h>
#include<string.h>
    class boy;              //提前声明，以便使用该类的对象
    class girl
    {
      char name[20];
      int age;
      public:
        void init(char n[],int a);
        friend void prt(girl ob1,boy ob2);  //声明函数prt()为类的girl友元函数
    };
```

```
void girl::init (char n[],int a)
{
  strcpy(name,n);
  age=a;
}
class boy
{
  char name[20];
  int age;
  public:
    void init(char n[],int a);
    friend void prt(girl ob1, boy ob2);   //声明函数prt()为类的boy友元函数
};
void boy::init (char n[],int a)
{
  strcpy(name,n);
  age=a;
}
void prt(girl ob1, boy ob2)
{
  cout<<"name:"<<ob1.name<<"      age:"<<ob1.age<<"\n";
  cout<<"name:"<<ob2.name<<"      age:"<<ob2.age<<"\n";
}
void main()
{
  girl g1,g2,g3;
  boy b1,b2,b3;
  g1.init("Leah",6);
  g2.init("Stacy",7);
  g3.init("Judith",5);
  b1.init("Jerry",6);
  b2.init("Michael",5);
  b3.init("Jim",7);
  prt(g1,b1);                         //调用友元函数prt()
  prt(g2,b2);                         //调用友元函数prt()
  prt(g3,b3);                         //调用友元函数prt()
}
```

运行结果：

```
name: Leah          age:6
name: Jerry         age:6
name: Stacy         age:7
name: Michael       age:5
name: Judith        age:5
name: Jim           age:7
```

5.8.2　友元成员

如果一个类的成员函数是另一个类的友元函数，则称这个成员函数为友元成员函数。通过友元成员函数，不仅可以访问自己所在类对象中的私有和公有成员，还可访问由关键字 friend 声明语句所在的类对象中的私有和公有成员，从而可使两个类数据共享，相互合作，协调工作，完成某个任务。

例 5-15　使用友元成员的例子。

```
#include<iostream.h>
#include<string.h>
class boy;
class girl
{
  char *name;
  int age;
  public:
    girl(char *n,int a)
    {
      name=new char[strlen(n)+1];
      strcpy(name,n);
      age=a;
    }
    void prt(boy &b);
    ~girl()
    {  delete name;  }
};
class boy
{
  char *name;
  int age;
  public:
    boy(char *n,int a)
    {
      name=new char[strlen(n)+1];
      strcpy(name,n);
      age=a;
    }
    friend void girl::prt(boy &b);
    ~boy()
    {  delete name;  }
};
void girl::prt (boy &b)
{
  cout<<"girl\'s name:"<<name<<"      age:"<<age<<"\n";
```

```
  cout<<"boy\'s name:"<<b.name<<"      age:"<<b.age<<"\n";
}
void main()
{
  girl g("Stacy",15);
  boy b1("Jim",16);
  g.prt(b1);
}
```

运行结果：

```
girl's name: Stacy  age:15
boy's name: Jim     age: 16
```

应注意的是，当一个类的成员函数作为另一个类的友元函数时，必须先定义成员函数所在的类，如例 5-15 中，类 girl 的成员函数 prt()为类 boy 的友元函数，就必须先定义类 girl。并且在声明友元函数时，要加上成员函数所在类的类名和运算符“::”，如例 5-15 中的语句：

```
friend void girl::prt(boy &b);
```

另外，在主函数中一定要创建一个类 girl 的对象。只有这样，才能通过对象名调用友元函数。如例 5-15 中主函数的语句：

```
girl g("Stacy",15);
```

5.8.3 友元类

1．友元类的概念

当一个类作为另一个类的友元时，称这个类为友元类。当一个类成为另一个类的友元类时，这个类的所有成员函数都成为另一个类的友元函数，因此，友元类中的所有成员函数都可以通过对象名直接访问另一个类中的私有成员，从而实现了不同类之间的数据共享。

2．友元类的声明

友元类声明的形式如下：

```
friend class <友元类名>; 或 friend <友元类名>;
```

友元类的声明可以放在类声明中的任何位置，这时，友元类中的所有成员函数都成为友元函数。

例 5-16 使用友元类的例子。

```
#include<iostream.h>
#include<string.h>
class boy;
class girl
{
  char *name;
  int age;
  public:
```

```
    girl(char *n,int a)
    {
      name=new char[strlen(n)+1];
      strcpy(name,n);
      age=a;
    }
    void prt(boy &b);
    ~girl()
    {  delete name;  }
};
class boy
{
  char *name;
  int age;
  friend  girl;                          //声明类girl为类boy的友元类
  public:
    boy(char *n,int a)
    {
      name=new char[strlen(n)+1];
      strcpy(name,n);
      age=a;
    }
    ~boy()
    {  delete name;  }
};
void girl::prt (boy &b)
{
  cout<<"girl\'s name:"<<name<<"     age:"<<age<<"\n";
  cout<<"boy\'s name:"<<b.name<<"     age:"<<b.age<<"\n";
}
void main()
{
  girl g("Stacy",15);
  boy b1("Jim",16);
  g.prt(b1);
}
```

运行结果：

```
girl's name: Stacy    age:15
boy's name: Jim     age: 16
```

关于友元，还有两点要注意：

① 友元关系是不能传递的。类 B 是类 A 的友元，类 C 是类 B 的友元，类 C 与类 A 之间，除非特别声明，没有任何关系，不能进行数据共享。

② 友元关系是单向的。类 B 是类 A 的友元，类 B 的成员函数可以访问类 A 的成员，反之，类 A 的成员函数却不可以访问类 B 的成员。

5.9 本章任务实践

5.9.1 任务需求说明

利用面向对象编程方法设计一个学生成绩单管理系统，要求实现以下功能：

（1）录入（添加）学生信息：学号、姓名、平时成绩和考试成绩，系统自动计算总评成绩（平时成绩占 20%，考试成绩占 80%）。可以一次录入多名学生的信息。

（2）查询学生成绩：输入要查询的学生的学号，查询该学生的信息并显示。

（3）显示学生成绩单：按学号顺序显示学生成绩单。

（4）删除学生信息：输入要删除的学生的学号，得到用户确认后，删除该学生的信息。

（5）修改学生信息：输入要修改的学生的学号，显示该学生的原有信息，用户输入修改后的信息。

（6）对成绩进行统计分析：可以对总成绩进行统计分析，分别统计出各个成绩段的人数和比例，本课程班级平均成绩等。

各运行界面如图 5-1～图 5-7 所示。

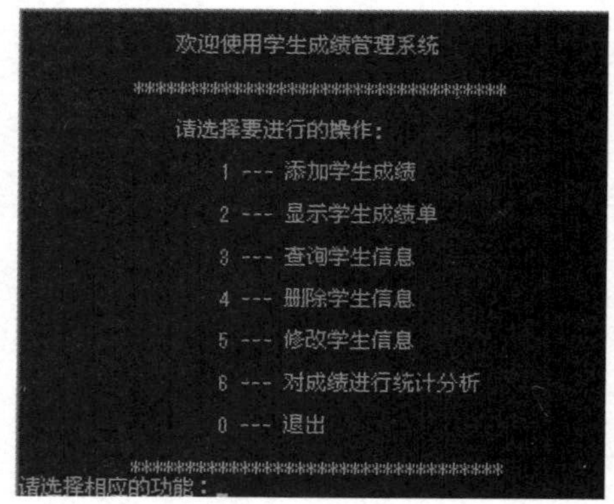

图 5-1　成绩管理系统主界面

```
************************************
请选择相应的功能：1
请输入要添加的学生的学号（输入 -1 结束）：1001
请输入要添加的学生的姓名：Jerry
请输入要添加的学生的平时成绩：
90
请输入要添加的学生的考试成绩：
96

请输入要添加的学生的学号（输入 -1 结束）：1002
请输入要添加的学生的姓名：Candy
请输入要添加的学生的平时成绩：
90
请输入要添加的学生的考试成绩：
92
```

图 5-2　增加学生信息

```
            3 --- 查询学生信息
            4 --- 删除学生信息
            5 --- 修改学生信息
            6 --- 对成绩进行统计分析
            0 --- 退出
      ************************************
请选择相应的功能：2
学号     姓名   平时成绩   考试成绩     总成绩
1001     Jerry        90         96       94.8
1002     Candy        90         92       91.6
共有 2 条学生成绩信息
显示成绩完毕!
按任意键返回....
```

图 5-3　显示学生信息

```
            3 --- 查询学生信息
            4 --- 删除学生信息
            5 --- 修改学生信息
            6 --- 对成绩进行统计分析
            0 --- 退出
      ************************************
请选择相应的功能：3
请输入要查询的学生学号：
1002
你所查找的学生成绩如下：
 学号     姓名   平时成绩   考试成绩     总成绩
1002     Candy        90         92       91.6
按任意键返回....
```

图 5-4　查询学生信息

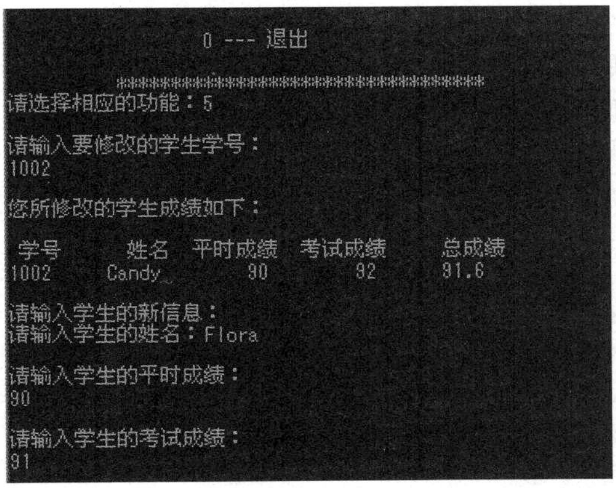

```
                 0 --- 退出

         *************************************
请选择相应的功能：5

请输入要修改的学生学号：
1002

您所修改的学生成绩如下：

 学号      姓名   平时成绩  考试成绩      总成绩
1002      Candy        90        92      91.6

请输入学生的新信息：
请输入学生的姓名：Flora

请输入学生的平时成绩：
90

请输入学生的考试成绩：
91
```

图 5-5　修改学生信息

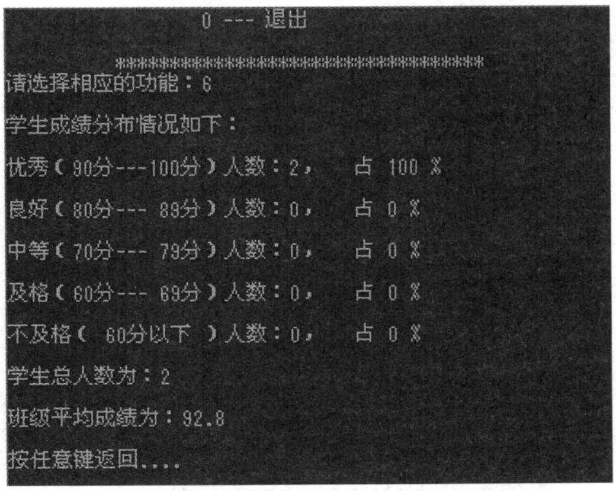

```
                 0 --- 退出

         *************************************
请选择相应的功能：6

学生成绩分布情况如下：

优秀（ 90分---100分 ）人数：2，    占 100 %

良好（ 80分--- 89分 ）人数：0，    占 0 %

中等（ 70分--- 79分 ）人数：0，    占 0 %

及格（ 60分--- 69分 ）人数：0，    占 0 %

不及格（  60分以下  ）人数：0，    占 0 %

学生总人数为：2

班级平均成绩为：92.8

按任意键返回....
```

图 5-6　成绩统计分析

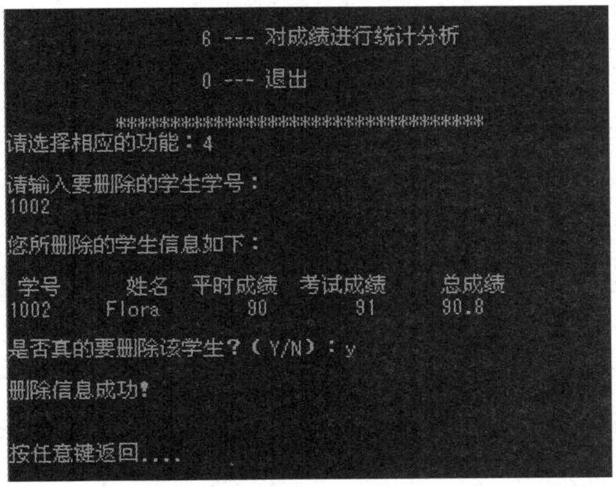

```
                 6 --- 对成绩进行统计分析

                 0 --- 退出

         *************************************
请选择相应的功能：4

请输入要删除的学生学号：
1002

您所删除的学生信息如下：

 学号      姓名   平时成绩  考试成绩      总成绩
1002      Flora        90        91      90.8

是否真的要删除该学生？（Y/N）：y

删除信息成功！


按任意键返回....
```

图 5-7　删除学生信息

5.9.2　技能训练要点

要完成以上项目，读者需要学会使用面向对象的方法进行编程，掌握类与对象的定义和使用，学会使用对象数组来存储和操作数据，熟练掌握构造函数、拷贝功能的构造函数和析构函数的概念和用法。

5.9.3　任务实现

```
#include <iostream.h>
#include <string.h>
#include <iomanip.h>
#include <conio.h>

class CStudent {
public:
CStudent(char * id="",char *na="",int us=0, int ts=0);      //有参构造函数
CStudent(const CStudent &s);                                 //拷贝构造函数
```

```
~CStudent();
char* GetID();                      //获取学生的学号
double GetTotalScore();             //获取总评成绩
static void TableHead( );           //输出表头
void Display( );                    //显示学生信息
private:
char ID[5];                         //学号
char name[10];                      //姓名
int UsualScore;                     //平时成绩
int TestScore;                      //考试成绩
double TotalScore;                  //总评成绩
void CalcTotalScore();              //计算总评成绩
};
int num;                            //学生人数
class CStuDatabase {
public:
CStuDatabase();                     //构造函数
~CStuDatabase();                    //析构函数
 void ListScore( );                 //显示成绩单，输出所有学生信息
 void SelectStuInfo( );             //查询学生信息
 void AddStuInfo( );                //添加学生成绩
 void DelStuInfo( );                //删除学生信息
 void EditStuInfo( );               //修改学生信息
 void AnalyScore( );                //对成绩进行统计分析
 void StuDBM( int );                //成绩库维护
 int FunctionMenu();                    //功能菜单
private:
  CStudent stu[51]; //学生数组,stu[0]不用，一个类的对象作为另外一个类的数据成员
  int SearchStu(const char* id);    //查找指定学号的学生
  void SortStu( );                  //按学号从小到大对成绩单排序
};
int InputScore( )                   //输入百分制成绩
{     int score;
     cin>>score;
while ( score<0 || score>100 )
{    cout<<"成绩超出范围，请重新输入百分制成绩（0---100分）:";
    cin>>score;
}
return score;
}
CStudent::CStudent( char * id, char *na,int us, int ts )   //构造函数
{
strcpy(ID,id);
strcpy(name,na);
   UsualScore=us;
```

```
    TestScore=ts;
    CalcTotalScore();
}
CStudent::CStudent( const CStudent &s )          //拷贝构造函数
{
strcpy( ID, s.ID );
strcpy( name, s.name );
UsualScore=s.UsualScore;
TestScore=s.TestScore;
TotalScore=s.TotalScore;
}
CStudent::~CStudent()
{  }
char* CStudent::GetID()                          //取得学生的学号
{   return ID; }
double CStudent::GetTotalScore()                 //获取总成绩
{   return TotalScore;}
void CStudent::TableHead( )                      //输出学生信息表头
{
  cout<<setw(4)<<"学号"<<setw(10)<<"姓名"<<setw(10)<<"平时成绩"<<setw(10)
<<"考试成绩"<<setw(12)<<"总成绩\n";
}
void CStudent::Display( )                        //显示学生信息
{   cout<<setw(3)<<ID<<setw(10)<<name<<setw(10)<<UsualScore
            <<setw(10)<<TestScore<<setw(10)<<TotalScore<<endl;
}
void CStudent::CalcTotalScore()                  //计算总成绩
{   TotalScore= UsualScore*0.2 + TestScore*0.8;   }

CStuDatabase::CStuDatabase()
{
}

CStuDatabase::~CStuDatabase()
{
}

int CStuDatabase::SearchStu(const char * id)   //查找指定学号的学生
{
for ( int i=1; i<=num; i++ )
    if ( strcmp(stu[i].GetID(),id)==0 )
        return i;
return -1;
}
int CStuDatabase::FunctionMenu()                 //功能菜单
```

```
{   int FuncNum;    //保存操作编号
cout<<"\n";
   cout<<setw(14)<<' '<<"欢迎使用学生成绩管理系统\n\n";
cout<<setw(10)<<' '<<"**********************************\n\n";
cout<<setw(14)<<' '<<"请选择要进行的操作:\n\n";
cout<<setw(18)<<' '<<"1 --- 添加学生成绩\n\n"
    <<setw(18)<<' '<<"2 --- 显示学生成绩单\n\n"
    <<setw(18)<<' '<<"3 --- 查询学生信息\n\n"
    <<setw(18)<<' '<<"4 --- 删除学生信息\n\n"
    <<setw(18)<<' '<<"5 --- 修改学生信息\n\n"
    <<setw(18)<<' '<<"6 --- 对成绩进行统计分析\n\n"
    <<setw(18)<<' '<<"0 --- 退出\n\n";
   cout<<setw(10)<<' '<<"**********************************\n";
cout<<"请选择相应的功能: ";
    cin>>FuncNum;
while ( FuncNum<0 || FuncNum>6 )
{
    cout<<"请重新选择要进行的操作: "<<endl;
    cin>>FuncNum;
}
   return FuncNum;
}
void CStuDatabase::StuDBM( int FuncNum )   //成绩维护
{
switch ( FuncNum )
  {
    case 1: AddStuInfo();  break;            //添加学生成绩
    case 2: ListScore( ); break;             //显示成绩单
    case 3: SelectStuInfo( );  break;        //查询学生信息
    case 4: DelStuInfo( ); break;            //删除学生信息
    case 5: EditStuInfo( );  break;          //修改学生信息
    case 6: AnalyScore( );  break;           //对成绩进行统计分析
  }
}
void CStuDatabase::SelectStuInfo( )          //查询学生信息
{
char no[5];   //临时保存学号
cout<<"\n 请输入要查询的学生学号: "<<endl;
cin>>no;
int i=SearchStu(no);
if ( i==-1 )
{   cout<<"\n 你查找的学生不存在! \n"; }
else
   {    cout<<"\n 你所查找的学生成绩如下: \n\n ";
    CStudent::TableHead( );    //输出表头
```

```
    stu[i].Display();
}
cout<<"\n 按任意键返回...."<<endl;
   getch();
}
void CStuDatabase::ListScore( )     //显示成绩单
{
if ( num == 0 )
{   cout<<"当前还没有学生成绩！\n";    }
else
{
    SortStu( ); //按学号对成绩单排序
    CStudent::TableHead( );         //输出表头
    for ( int i=1; i<=num; i++ )
        stu[i].Display();
    cout<<"\n 共有 "<<num<<" 条学生成绩信息\n";
}
cout<<"\n 显示成绩完毕!\n\n 按任意键返回...."<<endl;
getch();
}
void CStuDatabase::AddStuInfo( )    //添加学生成绩
{
    char no[5];   //临时保存学号
cout<<"请输入要添加的学生的学号（输入 -1 结束）：";
cin>>no;
while ( strcmp(no,"-1")!=0 )
{
    int i=SearchStu( no );
    while ( i!=-1 )
    {   cout<<"\n 你添加的学生已存在！\n 请重新输入学号（-1 结束）：";
    cin>>no;
        if ( strcmp(no,"-1")==0 )
        {
            cout<<"\n 本次操作完成!\n\n 按任意键返回...."<<endl;
            getch();
            return;
        }
        i=SearchStu( no );
    }
   num++;
    char na[10];
    cout<<"\n 请输入要添加的学生的姓名：";
    cin>>na;
    cout<<"\n 请输入要添加的学生的平时成绩：\n";
    int us = InputScore();
```

```
    cout<<"\n 请输入要添加的学生的考试成绩：\n";
    int ts = InputScore();
    CStudent s(no,na,us,ts);
    stu[num]=s;
    cout<<"\n\n 请输入要添加的学生的学号（输入 -1 结束）：";
   cin>>no;
   }
   cout<<"\n 本次操作完成!\n\n 按任意键返回...."<<endl;
getch();
}
void CStuDatabase::DelStuInfo( ) //删除学生信息模块
{
   char no[5];   //临时保存学号
cout<<"\n 请输入要删除的学生学号："<<endl;
cin>>no;
int i=SearchStu( no );
if ( i==-1 )
{   cout<<"\n 你要删除的学生不存在！\n";    }
else
 {   cout<<"\n 您所删除的学生信息如下：\n\n ";
CStudent::TableHead( );    //输出表头
stu[i].Display();
char anser;
cout<<"\n 是否真的要删除该学生？（Y/N）：";
cin>>anser;
if ( anser=='y' || anser=='Y')
{
for ( int j=i+1; j<=num; j++ )
stu[j-1]=stu[j];
num--;
cout<<"\n 删除信息成功！"<<endl;
}
    }
    cout<<"\n\n 按任意键返回...."<<endl;
    getch();
}
void CStuDatabase::EditStuInfo( ) //修改学生信息模块
{
   char no[5];   //临时保存学号
    cout<<"\n 请输入要修改的学生学号："<<endl;
cin>>no;
int i=SearchStu( no );
if ( i==-1 )
{   cout<<"\n 你要修改的学生不存在！\n";    }
else
```

```
    {    cout<<"\n 您所修改的学生成绩如下：\n\n ";
    CStudent::TableHead( );     //输出表头
    stu[i].Display();
        cout<<"\n 请输入学生的新信息：";
    cout<<"\n 请输入学生的姓名：";
    char na[10];
    cin>>na;
    cout<<"\n 请输入学生的平时成绩：\n";
    int us = InputScore();
    cout<<"\n 请输入学生的考试成绩：\n";
    int ts = InputScore();
    CStudent s(no,na,us,ts);
    stu[i]=s;
cout<<"\n 修改信息成功！"<<endl;
}
cout<<"\n\n 按任意键返回...."<<endl;
getch();
}
void CStuDatabase::AnalyScore( )    //对成绩进行统计分析
{
    int c[5]={0};                    //用来保存各个分数段的人数
    double AveScore=0;               //用来保存所有学生的平均成绩
double ts;                           //临时保存总评成绩
for ( int i=1; i<=num; i++ )
{
     ts=stu[i].GetTotalScore();
     AveScore+=ts;
     switch ( int( ts/10 ) ){
     case 10:
     case 9:   c[0]++;   break;       //90（含 90）分以上人数
        case 8:    c[1]++;   break;   //80（含 80）---90（不含 90） 分人数
        case 7:    c[2]++;   break;   //70（含 70）---80（不含 80） 分人数
        case 6:    c[3]++;   break;   //60（含 60）---70（不含 70） 分人数
        default:  c[4]++;   break;    //不及格人数
         }
    }
    AveScore/=num;
cout<<"\n 学生成绩分布情况如下：\n\n";
cout<<"优秀（90 分---100 分）人数："<<c[0]<<"，\t 占 "
<<double(c[0])/num*100<<" %\n\n";
cout<<"良好（80 分--- 89 分）人数："<<c[1]<<"，\t 占 "
<<double(c[1])/num*100<<" %\n\n";
    cout<<"中等（70 分--- 79 分）人数："<<c[2]<<"，\t 占 "
<<double(c[2])/num*100<<" %\n\n";
cout<<"及格（60 分--- 69 分）人数："<<c[3]<<"，\t 占 "
```

```
<<double(c[3])/num*100<<" %\n\n";
cout<<"不及格（ 60 分以下 ）人数："
<<c[4]<<"，\t 占 "<<double(c[4])/num*100<<" %\n\n";
cout<<"学生总人数为："<<num<<endl;
cout<<"\n 班级平均成绩为："<<AveScore<<endl;
cout<<"\n 按任意键返回...."<<endl;
getch();
}
void CStuDatabase::SortStu( )        //按学号从小到大对成绩单排序
{   int i, j, k;
for ( i=1; i<num; i++ )
{
    k=i;
    for ( j=i+1; j<=num; j++ )
        if ( strcmp( stu[j].GetID(),stu[k].GetID() )<0 )
            k=j;
        CStudent temp=stu[i];
stu[i]=stu[k];
stu[k]=temp;
}
}

void main()
{
CStuDatabase stuDB;                  //生成成绩单对象
int FuncNum;                         //保存操作编号
FuncNum=stuDB.FunctionMenu();        //显示功能菜单
while ( FuncNum!=0 )
{
    stuDB.StuDBM( FuncNum );         //学生库管理
    FuncNum=stuDB.FunctionMenu();
}
}
```

本章小结

本章主要讲解了面向对象程序设计的思想和方法，详细介绍了类和对象的概念及它们之间的关系，在此基础上对构造函数、拷贝功能的构造函数、析构函数、友元函数与友元类等内容做了进一步的介绍，并在应用方面与指针、函数、数组等内容结合起来，使读者会用面向对象的思想解决更为复杂的问题，为后续的学习奠定基础。

课后练习

1．下列关于类的定义格式描述中，错误的是________。
   A．类中成员有三种访问权限
   B．类的定义可分说明部分和实现部分
   C．类中成员函数都是公有的，数据成员都是私有的
   D．定义类的关键字通常用 class
2．下列关于对象的描述中，错误的是________。
   A．定义对象时系统会自动进行初始化
   B．对象成员的表示与 C 语言中结构变量的成员表示相同
   C．属于同一个类的对象占有内存字节数相同
   D．一个类所能创建对象的个数是有限制的
3．下列关于成员函数的描述中，错误的是________。
   A．成员函数的定义必须在类体外
   B．成员函数可以是公有的，也可以是私有的
   C．成员函数在类体外定义时，前加 inline 可为内联函数
   D．成员函数可以设置参数的默认值
4．关于构造函数，以下正确的说法是________。
   A．定义类的成员时，必须定义构造函数，因为创建对象时，系统必定要调用构造函数
   B．构造函数没有返回值，因为系统隐含指定它的返回值类型为 void
   C．无参构造函数和参数为缺省值的构造函数符合重载规则，因此一个类中可以含有这两种构造函数
   D．对象一经说明，首先调用构造函数，如果类中没有定义构造函数，系统会自动产生一个不做任何操作的缺省构造函数
5．关于析构函数，以下说法正确的是________。
   A．析构函数与构造函数的唯一区别是函数名前加波浪线~，因此，析构函数也可以重载
   B．当对象调用了构造函数之后，立即调用析构函数
   C．定义类时可以不说明析构函数，此时系统会自动产生一个缺省的析构函数
   D．类中定义了构造函数，就必须定义析构函数，否则程序不完整，系统无法撤销对象
6．执行以下程序后，输出结果依次是________。

```
class test
```

```
{   int x;
    public:
      test(int a){  x=a;  cout<<x<<" 构造函数";  }
      ~test(){  cout<<x<<" 析构函数";  }
};
void main()
{   test x(1);  x=5;  }
```

A．1　构造函数　1　构造函数　5　析构函数　5　析构函数

B．1　构造函数　5　构造函数　5　析构函数　5　析构函数

C．1　构造函数　5　析构函数　5　构造函数　5　析构函数

D．1　构造函数　1　析构函数　5　构造函数　5　析构函数

7．下列表达方式正确的是________。

A．
```
class P{
    public:
    int x=15;
    void  show(){cout<<x; }
 };
```

B．
```
class P{
    public:
    int x;
    void show(){cout<<x; }
}
```

C．
```
class P{
    int  f;
    };
  f=25;
```

D．
```
class P{
    public:
    int a;
    void Seta (int x) {a=x;}
```

8．以下拷贝构造函数具有的特点中，错误的是________。

A．如果一个类中没有定义拷贝构造函数时，系统将自动生成一个默认的

B．拷贝构造函数只有一个参数，并且是该类对象的引用

C．拷贝构造函数是一种成员函数

D．拷贝构造函数的名字不能用类名

9．下列关于友元函数的描述中，错误的是________。

A．友元函数不是成员函数

B．友元函数只可访问类的私有成员

C．友元函数的调用方法同一般函数

D．友元函数可以是另一类中的成员函数

10．下列关于类型转换函数的描述中，错误的是________。

A．类型转换函数是一种成员函数

B．类型转换函数定义时不指出类型，也没有参数

C．类型转换函数的功能是将其函数名所指定的类型转换为该类类型

D．类型转换函数在一个类中可定义多个

11．类体内成员有三种访问权限，说明它们的关键字分别是________、________和________。

12．如果一个类中没有定义任何构造函数时，系统会________。

13．静态成员是属于________的，它除了可以通过对象名来引用外，还可以使用________来引用。

14．友元函数是被说明在________内的________函数。友元函数可访问该类中的成员。

15.

```
#include<iostream.h>
class A
{  int x,y;
    public:
   A(int a,int b){x=a; y=b; cout<<"ABC"<<'\t';}
   A(){ x=3; y=4; cout<<"CBA"<<'\n';}
   void Show()
   { cout<<"x="<<x<<'\t'<<"y="<<y<<'\t';}
   ~A(){cout<<"XYZ"<<'\n';}
   };
void main(void)
{
   A *s1=new A(1,2),*s2=new A;  s2->Show();
   delete s1;  delete s2;
}
```

问题一：本程序的执行后输出的结果是________。

问题二：如果将语句 s2->Show()改为 s1->Show()，则执行结果是________。

16.

```
#include<iostream.h>
class A
{
  private:
     int x;
public:
   A(int a) { x=a; cout<<"x="<<x<<'\t'<<"class_A"<<'\n'; }
   ~A() { cout<<"class_~A"<<'\n'; }


};
class B
{  A y,z;  int s;
  public:
   B(int a,int b,int c): y(a+b+c),z(3-a)
    { s=c-b; cout<<"s="<<s<<'\t'<<"class_B"<<'\n'; }
   ~B() { cout<<"class_~B"<<'\n'; }
};
void main(void)
{  B s(1,2,3);  }
```

问题：本程序共输出________行，其中第三、第四行分别是________和________。

17.

```
#include<iostream.h>
class node
{
    int x,y;
public:
    node(int a,int b)
      { x=a; y=b; cout<<"node_1"<<'\n'; }
    node( )
      { x=a.x; y=a.y; cout<<"node_2"<<'\n'; }
    void Show()
      {cout<<"x="<<x<<'\t'<<"y="<<y<<'\n'; }
};
void main(void)
{
   node f1(5,6);  node f2(f1);  f2.Show();
}
```

问题一：具有拷贝功能的构造函数 node()的参数表中缺少一个形参，这个形参的正确定义是________。

问题二：node()中的形参被正确定义后，执行结果依次是________。

18．以下 student 类用于查找考试成绩在 60 分以下的学生及其学号，并统计这些学生的总人数，请填空。

```
#include <iostream.h>
class student{
    int i,count;
    float *stu;
    int *num;
    int n,m;
public:
    student(int k){
        m=0;
        n=k;
        stu=new float[n];
        ________
        for(i=1;________;i++)cin>>num[i]>>stu[i];
    }
    void stat(){
        for(i=1; i<n ; i++)
if(stu[i]<60)
                  { ________;  Show();  }
    }
    void Show(){
        cout<<"number: "<<num[i]<<'\t'<<"grade: "<<stu[i]<<'\n';
```

```
    }
    void print(){
        cout<<"flunked total: "<<m<<endl;
    }
};
void main(){
    cout<<"请输入总人数：\n";
    int n; cin>>n;
    student a(n); a.stat();a.print();
}
```

19．按下列要求编程：

（1）定义一个描述矩形的类 Rectangle，包括的数据成员有宽（width）和长（length）；

（2）计算矩形周长；

（3）计算矩形面积；

（4）改变矩形大小。

通过实例验证其正确性。

20．编程实现一个简单的计算器。要求从键盘上输入两个浮点数，计算出它们的加、减、乘、除运算的结果。

21. 编一个关于求多个某门功课总分和平均分的程序，实现一个有关学生成绩的操作，该类名为 Student。具体要求如下：

（1）每个学生信息包括姓名和某门功课成绩。

（2）假设 5 个学生。

（3）使用静态成员计算 5 个学生的总成绩和平均分。

第 6 章

继承和多态

6.1 本章简介

本章讲述类的继承性，继承是软件复用的一种形式，它允许在原有类的基础上创建新的类。新类可以从一个或多个原有类中继承成员数据和成员函数，并且可以加入新的成员数据和成员函数，从而减轻编写新类的工作量。可以体现面向对象程序设计中关于代码复用性和可扩充性的优点。继承改变了非面向对象程序设计中对不再适合要求的数据类型要进行改写或重写的方法，克服了传统程序设计方法对编写出来的程序无法重复使用而造成资源浪费的缺点。通过 C++语言中的继承机制，可以扩充和完善旧的程序以适应新的需求，这样不仅可以节省程序开发的时间和资源，而且为未来的程序设计添加了新的方法与路径。

6.2 本章知识目标

本章是面向对象程序设计至关重要的一章，继承与派生是面向对象的核心属性之一，学习本章读者应掌握以下知识：

（1）了解继承与派生的概念与实质，学会编写类的继承与派生的程序。

（2）掌握三种继承方式，了解不同继承方式下成员访问权限的变化。

（3）了解单一继承与多重继承的特点及优缺点，掌握相应的程序设计方法。

（4）掌握单一继承与多重继承中构造函数与析构函数的执行过程，学会派生类中构造函数和析构函数的构建，熟悉它们的调用顺序。

（5）了解多重继承中的二义性，学会使用相应的方法解决二义性。

（6）掌握面向对象多态性分类及虚函数的概念和使用方法。

（7）了解抽象类的概念和使用方法。

类的继承与派生的层次结构是对自然界中事物进行分类分析及进化过程在程序设计中的体现。现实世界中的事物都是相互联系、相互作用的，人们在认识过程中，根据其实际特征，抓住其共同特性和细微差别，利用分类的方法进行分析和描述。比如对于交通工具的分类，见图 6-1。这个分类图反映了交通工具的派生关系，最高层是抽象程度最高的，是最具有普遍和一般意义的概念，下层具有其上层的特性，同时加入了自己的新特征，而最下层最为具体。在这个层次结构中，由上到下，是一个具体化、特殊化的过程；由下到上，是一个抽象化的过程。上、下层之间的关系就可以看作是基类与派生类的关系。

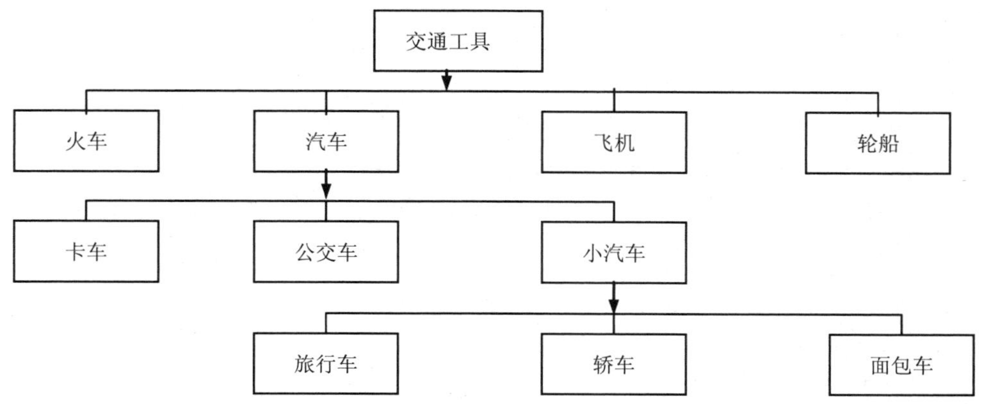

图 6-1 交通工具分类层次图

6.3 继承的基本知识

6.3.1 基类与派生类的定义

继承是指在一个已存在的类的基础上建立一个新的类，使得新类可以自由使用已有类中的数据和函数，从而使得代码可以复用，提高编程者的效率。已经存在的类称为基类（base class），又称为父类（father class）。继承已有类的特性经过扩充和修改而生成的新类称为派生类（derived class），又称之为子类（son class）。在 C++中，定义派生类的一般语法为：

```
class 派生类名：继承方式 基类名 1，继承方式 基类名 2，…，继承方式 基类名 n
{
  派生类成员定义;
};
```

一个派生类可以只有一个基类，称为单一继承。也可以同时拥有多个基类，称为多重继承，这时的派生类同时得到了多个已有类的数据和函数。

（1）继承方式关键字为 private、public 和 protected，分别表示私有继承、公有继承和保护继承。默认的继承方式是私有继承。继承方式规定了派生类成员和类外对象访问基类成员的权限，将在后面介绍。

（2）派生类成员是指除了从基类继承来的成员外，新增加的数据成员和函数成员。正是通过在派生类中新增加成员来添加新的属性和功能实现代码的复用和功能的扩充的。

例 6-1 派生类声明的例子。

```
#include<iostream>
```

```
#include<string>
using namespace std;
class Student
  {
    public:
      void display()
      {
        cout<<"num:"<<num<<endl;
        cout<<"name:"<<name<<endl;
        cout<<"sex:"<<sex<<endl;
      }
    private:
      int num;
      string name;
      char sex;
};
class Student1: public Student
{
    public:
      void display_1( )
      {
        cout<<"age:"<<age<<endl;
        cout<<"address:"<<addr<<endl;
      }
    private:
      int age;
      string addr;
};
```

例 6-1 中派生类 Student1 公有继承于基类 Student，它的成员包括从基类继承过来的成员和自己增加的成员两大部分，如图 6-2 所示。

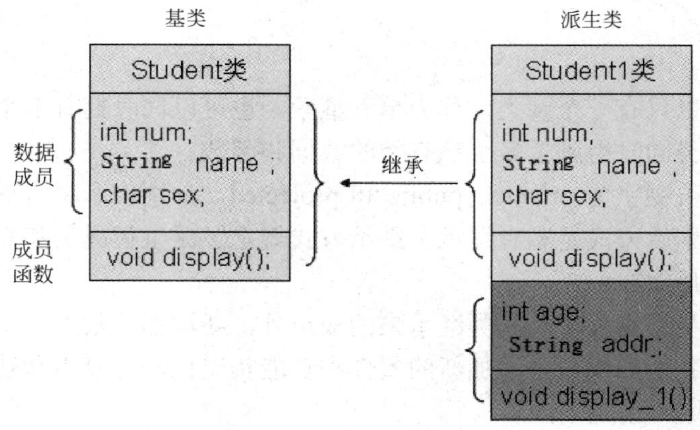

图 6-2　类的继承示意图

一般而言，派生类必须无条件接收除构造函数与析构函数外的基类的所有成员，因为原则上基类的构造函数和析构函数不能被继承。

6.3.2　三种继承方式

可以通过继承方式定义基类成员在派生类中的访问属性。继承方式有公有继承、私有继承和保护继承三种，无论哪种继承方式，基类中的私有成员都不允许外部函数直接访问，也不允许派生类中的成员直接访问，想要访问的话可以通过基类的公有的成员函数来访问。

1．公有继承

在公有继承中，基类成员的可访问属性在派生类中保持不变，即基类的私有成员不允许外部函数和派生类的成员函数直接访问，但可以通过基类的公有成员函数访问；基类的公有成员和保护成员在派生类中仍是公有成员和保护成员，派生类的成员函数可直接访问它们，而外部只能通过派生类的公有函数间接访问它们。

需要注意的是在派生类中声明的名字如果与基类中声明的名字相同，则派生类中的名字起支配作用。也就是说，若在派生类的成员函数中直接使用该名字的话，该名字是指在派生类中声明的名字。如果要使用基类中的名字，则应使用作用域运算符加以限定，即在该名字前加“基类名::”。例如：

```
class base
{
  public:
    int f();
};
class derived:public base
{
  int f();
  int g();
};
void derived::g()
{
  f();                  //被调用的函数是derived:: f()而不是base:: f()
}
```

上述结论也适用于派生类的对象的引用，例如：

```
derived obj;
obj.f();                //被调用的函数是derived:: f()而不是base:: f()
```

要使用基类中的函数，则应用作用域运算符限定，例如：

```
obj. base::f();
```

由于公有继承时，派生类基本保持了基类的访问特性，所以公有继承使用得比较多。

2．私有继承

在私有继承中，派生类只能以私有方式继承基类的公有成员和保护成员，因此，基类的公有成员和保护成员在派生类中成为私有成员，它们能被派生类的成员函数直接访问，但不能被类外函数访问，也不能在类外通过派生类的对象访问。另外，基类的私有成员派生类仍不能访问，因此，在设计基类时，通常都要为它的私有成员提供公有的成员函数，以便派生类和外部函数能间接访问它们。

3．保护继承

不论是公有继承还是私有继承，派生类都不能访问基类的私有成员，要想访问，只能通过调用基类的公有成员函数的方式来实现，也就是使用基类提供的接口来访问。这对于频繁访问基类成员的派生类而言，很不方便。为此，C++提供了具有另一种访问特性的成员即保护(protected)成员。保护成员可被本类或派生类的成员函数访问，但不能被外部函数直接访问，即只能在同一个类族中被直接访问。所以，为便于派生类的访问，可将基类中的需要提供给派生类访问的成员定义为保护成员。

保护成员用关键字 protected 声明，它可以放在类声明的任何地方，通常放在私有成员和公有成员之间。一般形式为：

```
class 类名
{
  private:
   …         //私有成员
  protected:
   …         //保护成员
  public:
   …         //公有成员
};
```

在保护继承中，基类的公有成员在派生类中成为保护成员，基类的保护成员在派生类中仍为保护成员，所以，在类的外部都无法直接访问它们。

例 6-2　派生方式的例子。

```
#include<iostream>
#include<string>
using namespace std;
class Student
{
public:
  void get_value()
  {
       cin>>num>>name>>sex;
  }
  void display()
  {
     cout<<"num:"<<num<<endl;
     cout<<"name:"<<name<<endl;
     cout<<"sex:"<<sex<<endl;
  }
```

```
protected:
  int num;
  string name;
  char sex;
};

class Student1: protected Student
{
public:
  void get_value_1()
  {
      get_value();
      cin>>age>>addr;
  }
  void display_1()
  {
      display();
      cout<<"age:"<<age<<endl;
      cout<<"address:"<<addr<<endl;
      cout<<num<<endl;
  }
private:
  int age;
  string addr;
};

int main()
{
 Student1 stud;
 stud.get_value_1();
 stud.display_1();
 return 0;
}
```

程序的输入输出结果如图 6-3 所示。

```
1001 Jerry m 6 nanjing
num:1001
name:Jerry
sex:m
age:6
address:nanjing
1001
Press any key to continue
```

图 6-3　输入输出结果

三种继承方式下基类成员在派生类中的访问属性总结如表 6-1 所示。

表 6-1　三种继承方式下基类成员在派生类中的访问属性

基类成员＼继承方式	公　有	保　护	私　有
公有	公有	保护	私有
保护	保护	保护	私有
私有	不可访问	不可访问	不可访问

例 6-3　不同继承方式下基类成员在派生类中的访问属性。

```
#include<iostream>
using namespace std;
class A
{
    public:
      int i;
    protected:
      void f2();
      int j;
    private:
      int k;
};
class B: public A
{
    public:
      void f3();
    protected:
      void f4();
    private:
      int m;
};

class C: protected B
{
    public:
      void f5();
    private:
      int n;
};
```

本例中各成员在不同类中的访问属性如表 6-2 所示。

表 6-2　各变量的访问属性

	i	f2	j	K	f3	f4	m	f5	n
A	公有	保护	保护	私有					
B	公有	保护	保护	不可见	公有	保护	私有		
C	保护	保护	保护	不可见	保护	保护	不可见	公有	私有

6.4　单一继承与多重继承

当一个派生类只继承一个基类时，称为单一继承，本章前面涉及的例子都是单一继承的例子，在此不再举例。

当一个派生类具有多个基类时，称这种继承为多重继承，多重继承声明的一般形式为：

```
class <派生类名>：<派生方式 1><基类名 1>，…，<派生方式 n><基类名 n>
{
  派生类成员声明;
};
```

其中，冒号后面的部分称为基类列表，之间用逗号分开。派生方式规定了派生类以何种方式继承基类成员，仍为 private、protected 和 public。多继承中，各种派生方式对于基类成员在派生类中的访问权限与单继承的规则相同。

6.4.1　多重继承派生类构造函数的构建

如果基类没有定义构造函数，派生类也可以不定义构造函数，全都采用缺省的构造函数，此时，派生类新增成员的初始化工作可用其他公有函数来完成。

如果基类定义了带有参数的构造函数，派生类就必须定义新的构造函数，提供一个将参数传递给基类构造函数的途径，以便保证在基类进行初始化时能获得必需的数据。

如前所述，派生类的数据成员由所有基类的数据成员和派生类新增的数据成员共同组成，如果派生类新增成员中还有对象成员，那么派生类的数据成员中还间接含有这些对象的数据成员。因此，派生类对象的初始化，就要对基类数据成员、新增数据成员和对象成员的数据进行初始化。这样，派生类的构造函数需要以合适的初值作为参数，调用基类的构造函数和新增对象成员的构造函数来初始化各自的数据成员，再在派生类的构造函数体中加入对新增数据成员进行初始化的语句。派生类构造函数声明的一般形式为：

```
<派生类名>:: <派生类名>(参数总表):: 基类名 1(参数表 1)，…，基类名 n(参数表 n)，对象成员名 1(参数表 1)，…，对象成员名 n(参数表 n)
{
   //派生类新增成员的初始化语句
}
```

其中：

（1）派生类的构造函数名与派生类名相同。

（2）参数总表列出初始化基类成员数据、新增对象成员数据和派生类新增成员数据所需要的全部参数。

（3）冒号后列出需要使用参数进行初始化的基类的名字和所有对象成员的名字及各自的参数表，之间用逗号分开，称为初始化列表，对于没有出现在初始化列表中的基类则调用其无参或缺省的构造函数。

例 6-4 多重继承的例子。

```
#include<iostream>
#include<string>
using namespace std;
class person
{  string id_card;
   string name;
   char sex;
 public:
   person(string id,string na,char se)
   { id_card=id;
     name=na;
     sex=se;
   }
  void print1()
   {
     cout<<"name: "<<name<<endl<<"id_card:"<<id_card<<endl<<"sex: "<<sex<<endl;
   }
};

class student:public person
{
   string class_name;
   string profession;
   string student_id;
 public:
   student(string id,string na,char se,string cl,string pr,string st):
   person(id,na,se)
   { class_name=cl;
     profession=pr;
     student_id=st;
   }

  void  print2()
   {
cout<<"class_name:  "<<class_name<<endl<<"profession:  "<<profession<<endl<<
"student_id: "<<student_id<<endl;
   }
};
```

```
class score
{
    int computer;
 public:
   score(int co)
   { computer=co; }
  void print3()
   {
     cout<<"computer: "<<computer<<endl;
   }
};

class cadre:public student,public score
{
   string title;
   string evaluation;
  public:
     cadre(string id,string na, char se,string cl,string pr,string st,int
     co,string ti,string ev):student(id,na,se,cl,pr,st),score(co)
    { title=ti;evaluation=ev;   }
   void print()
   {  // person::print1();
      // student::print2();
      // score::print3();
      cout<<"title:  "<<title<<endl<<"evaluation:  "<<evaluation<<endl;
   }
};

void main()
{    cadre   cadre1("1001","Jerry",'m',"c01","computer","20140101",99,"monitor",
"well");
     //cadre1.print();
     cadre1.print1();
     cadre1.print2();
     cadre1.print3();
     cadre1.print();
}
```

当建立派生类的对象时，由于派生类的成员包括来自基类的成员，还有派生类自己的成员，所以在初始化时除了要初始化派生类的成员，还要初始化其从基类继承来的成员，由于构造函数原则上不能继承，所以在派生类的对象初始化时既要调用派生类自己的构造函数又要调用基类的构造函数。如果有多个基类，所有基类的构造函数都要被调用。

6.4.2 多重继承派生类析构函数的构建

析构函数不能被继承，如果需要，则要在派生类中重新定义。如果派生类对象在撤销时需要做善后清理工作，就需要定义新的析构函数。跟基类的析构函数一样，派生类的析构函数也没有返回值类型和参数。

派生类析构函数的定义方法与基类的析构函数的定义方法完全相同，而函数体只需完成对新增成员的清理和善后就行了，基类和对象成员的清理善后工作会由系统自动调用它们各自的析构函数来完成，多重继承中的构造函数和析构函数调用顺序是相反的。

例 6-5 多重继承中的构造函数和析构函数调用顺序的例子。

```
#include<iostream.h>
    class base1
    {
      int x1;
      public:
        base1(int y1)
        {
          x1=y1;
          cout<<"constructing base1,x1="<<x1<<endl;
        }
        ~base1()
        {  cout<<"destructing base1"<<endl;  }
    };
    class base2
    {
      int x2;
      public:
        base2(int y2)
        {
          x2=y2;
          cout<<"constructing base2,x2="<<x2<<endl;
        }
        ~base2()
        {  cout<<"destructing base2"<<endl;  }
    };
    class base3
    {
      int x3;
      public:
        base3()
        {  cout<<"constructing base3"<<endl;  }
        ~base3()
        {  cout<<"destructing base3"<<endl;  }
    };
```

```
    class derived:public base2,public base1,public base3
    {
      private:
        base3 o3;
        base1 o1;
        base2 o2;
public:
derived(int x,int y,int z,int v):base1(x),base2(y),o2(z),o1(v)
  {  cout<<"constrcting derived"<<endl; }
};
 void main()
  {
    derived obj(1,2,3,4);
  }
```

运行结果：

```
constructing base2,x2=2
constructing base1,x1=1
constructing base3
constructing base3
constructing base1,x1=4
constructing base2,x2=3
constructing derived
destructing base2
destructing base1
destructing base3
destructing base3
destructing base1
destructing base2
```

由例 6-5 可以看出，构造函数和析构函数的执行顺序是相反的，但应强调的是，各个基类中构造函数的执行顺序是按照声明派生类时的基类的先后顺序来执行的，子对象也是按照它们在派生类中的定义顺序来执行相应的构造函数的，与它们在派生类构造函数后面初始化列表中的次序无关。

C++规定，基类和派生类的构造函数和析构函数的执行顺序为：

① 对于构造函数，先执行基类的，再执行对象成员的，最后执行派生类的。

② 对于析构函数，先执行派生类的，再执行对象成员的，最后执行基类的，即与构造函数的执行顺序相反。

6.4.3　多重继承的二义性

多重继承也是有弊端的，其中的主要问题是二义性，又称之为“冲突”。比如，多个基类中有同名成员时，派生类中就会继承到来自不同基类的多个同名成员，由于这些成员来自不同的基类，但拥有相同的名字，所以在派生类中使用这个名字的成员时就会出现标识不唯一的二义性，这在程序中是不允许的。例如：

例 6-6 多重继承中二义性的例子。

```
class base1
{
  public:
    int x;
    int a();
    int b();
    int b(int);
    int c();
};
class base2
{
  int x;
  int a();
  public:
    float b();
    int c();
};
class derived: base1,base2
{    };
void d(derived &e)
{
  e.x=10;         //错误，不知道 x 是从哪个基类继承来的，有二义性
  e.a();          //错误，有二义性
  e.b();          //错误，有二义性
  e.c();          //错误，有二义性
}
```

解决这个问题的办法有两种：一是使用作用域运算符“::”；二是使用虚基类。

1．作用域运算符

在引用同名成员时，可在成员名前加上类名和作用域运算符“::”，从而区别来自不同基类的成员。例如，将例中的函数 d(derived &e)改写如下，就不会出现这个问题了：

```
void d(derived &e)
{
  e.base1::x=10;
  e.base2::a();
  e.base2::b();
  e.base1::c();
}
```

2．虚基类

（1）虚基类的定义。

如果一个派生类有多个直接基类，而这些直接基类又有一个共同的基类，则在最终的

派生类中会保留该间接共同基类的多份同名成员。如图 6-4 所示，B 类和 C 类都会继承 A 类成员，而它们又共同派生出 D 类，所以 B 类和 C 类从 A 类继承来的成员又都被 D 类继承，在 D 类就会存在 A 类成员的两份数据复制，必然会产生冲突。

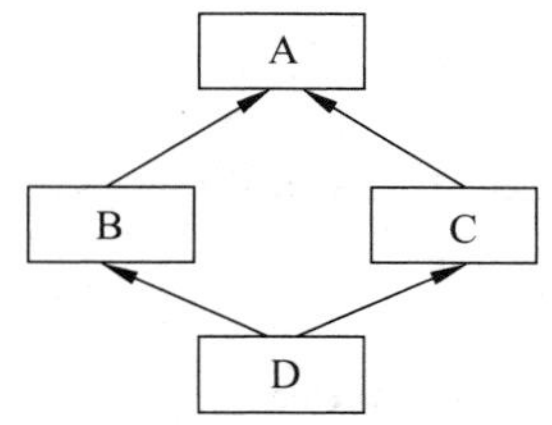

图 6-4　使用虚基类的类结构图

C++规定，如果希望只在 D 类中保留 A 类成员的一份数据复制，可以将 A 类定义为虚基类。虚基类的声明是在派生类的声明过程中进行的，一般形式为：

```
class<派生类名>: virtual<派生方式><基类名>
```

例如：

```
class A
{ … };
class B: virtual public A
{ … };
class C: virtual public A
{ … };
class D: publicB, public C
{ … };
```

使用中应注意的几个问题：

① 虚基类使用关键字 virtual 定义，只对紧跟其后的基类起作用。

② 虚基类的关键字 virtual 与派生方式的关键字 private、protected 和 public 的书写位置无关紧要，可以先写虚基类的关键字，也可以先写派生方式的关键字。

③ 一个基类在作为某些派生类的虚基类的同时也可作为另一些派生类的非虚基类。

（2）虚基类的初始化。

因为虚基类在最后的派生类中只保留一份数据复制，所以 C++规定，最后的派生类不仅要负责对其直接基类进行初始化，还要负责对虚基类初始化，即虚基类的初始化是由最后的派生类完成的，而不是由其直接派生类初始化的。C++编译系统只执行最后的派生类对虚基类构造函数的调用，而忽略虚基类的其他直接派生类（如图 6-4 中的类 B 和类 C）对虚基类的构造函数的调用，这就保证了虚基类的数据成员不会被多次初始化，也就是说，在图 6-4 中对派生类 D 的对象进行初始化时，它直接调用虚基类 A 的构造函数对 A 的数据成员初始化，不会再通过类 B 和类 C 去调用 A 的构造函数。

例 6-7　虚基类使用范例。

```
#include<iostream.h>
   class base
   {
```

```
  protected:
    int x;
  public:
    base(int x1)
    {
      x=x1;
      cout<<"constructing base,x="<<x<<endl;
     }
};
class base1:virtual public base
{
  int y;
  public:
    base1(int x1,int y1):base(x1)
    {
      y=y1;
      cout<<"constructing base1,y="<<y<<endl;}
};
class base2:virtual public base
{
  int z;
  public:
    base2(int x1,int z1):base(x1)
    {
     z=z1;
     cout<<"constructing base2,z="<<z<<endl;}
};
class derived:public base1,public base2
{
  int xyz;
  public:
  derived(int x1,int y1,int z1,int xyz1):base(x1),base1(x1,y1),base2(x1,z1)
{
    xyz=xyz1;
    cout<<"constrcting derived xyz="<<xyz<<endl;}
};
void main()
{
   derived obj(1,2,3,4);

}
```

运行结果：

```
constructing base,x=1
constructing base1,y=2
```

```
constructing base2,z=3
constructing derived,xyz=4
```

不难看出，例 6-7 中虚基类 base 的构造函数只执行了一次。这是因为当派生类 derived 调用了虚基类 base 的构造函数之后，类 base1 和类 base2 对虚基类 base 构造函数调用被忽略了。这也是初始化虚基类和初始化非虚基类的不同。

6.5　多态性

在面向对象的概念中，多态性是指不同对象接收到相同消息时，根据对象的不同产生不同的动作。例如，森林里开运动会，鸟、老虎、青蛙参加赛跑比赛，当发令枪响的时候，动物们应该有不同的行为：鸟是飞，老虎是奔跑，青蛙是跳；这就是对于同样一个消息，不同对象有不同状态的例子。在程序中多态性表现为提供了同一个接口可以用多种方法进行调用的机制，从而可以通过相同的接口访问不同的函数。具体地说，就是同一个函数名称，作用在不同的对象上将产生不同的操作。

多态性提供了把接口与实现分开的另一种方法，提高了代码的组织性和可读性，更重要的是提高了软件的可扩充性。

6.5.1　编译时多态和运行时多态

首先了解一下联编的概念，联编也称为绑定，是指源程序通过编译生成可执行代码的连接装配过程。联编分为两种：静态联编和动态联编。

1．静态联编

在运行前就完成的联编，称为前期联编。这种联编在编译时就决定如何实现某一动作，因此要求在程序编译时就知道全部信息。这种联编类型速度很快，效率也很高。由静态联编支持的多态性称为编译时的多态性或静态多态性，也就是说，确定同名操作的具体操作对象过程是在编译过程中完成的。C++用函数重载和运算符重载实现编译时的多态性。

2．动态联编

在运行时动态地决定实现某一动作，称为后期联编。这种联编要到程序运行时才能确定调用哪个函数，提供了更好的灵活性和程序的易维护性。由动态联编支持的多态性称为运行时的多态性，也就是说，确定同名操作具体操作对象的过程是在运行过程中完成的。C++用类的继承关系和虚函数来实现运行时的多态性。

6.5.2　虚函数

C++中使用虚函数来实现动态的多态，在类的层次结构中，不同的层次中可以出现名字相同、参数个数和返回值类型都相同而功能不同的函数。编译系统按照运行时对象的不同来决定调用哪一个函数。

1．基类与派生类的转换

基类与派生类对象之间有赋值兼容关系，由于派生类中包含从基类继承的成员，因此可以将派生类的值赋给基类对象，在用到基类对象的时候可以用其子类对象代替。具体表现在以下几个方面：

（1）派生类对象可以向基类对象赋值。

可以用子类（需为公有派生类）对象对其基类对象赋值。如类 B 为类 A 的公有派生类，则：

```
A a1;                //定义基类 A 对象 a1
B b1;                //定义类 A 的公有派生类 B 的对象 b1
a1=b1;               //用派生类 B 对象 b1 对基类对象 a1 赋值
```

在赋值时舍弃派生类自己的成员。实际上，所谓赋值只是对数据成员赋值，对成员函数不存在赋值问题。

（2）派生类对象可以向基类对象的引用进行赋值或初始化。

如可以定义 A 的引用变量 r：

```
A a1;                //定义基类 A 对象 a1
B b1;                //定义公有派生类 B 对象 b1
A& r=b1;             //定义基类 A 对象的引用变量 r，并用 b1 对其初始化
```

需要注意的是，此时 r 只是 b1 中基类数据部分的别名，r 与 b1 中基类数据部分共享同一段存储单元，r 与 b1 具有相同的起始地址。

（3）如果函数的参数是基类对象或基类对象的引用，相应的实参可以用子类对象。

如有一函数 fun：

```
void fun(A& r)            //形参是类 A 的对象的引用
{cout<<r.num<<endl;}      //输出该引用的数据成员 num
```

函数的形参是类 A 的对象的引用，本来实参应该为 A 类的对象。由于子类对象与派生类对象赋值兼容，派生类对象能自动转换类型，在调用 fun 函数时可以用派生类 B 的对象 b1 作实参：

```
fun(b1);
```

需要注意的是，在 fun 函数中只能输出派生类中基类成员的值。

（4）派生类对象的地址可以赋给指向基类对象的指针变量，也就是说，指向基类对象的指针变量也可以指向派生类对象，与前面的解释相同，如果用该指针进行输出的话，也只能输出基类中成员的值。

例 6-8 定义一个基类 Student(学生)，再定义 Student 类的公用派生类 Graduate(研究生)，Student 类只设 num(学号)、name(名字)和 score(成绩)3 个数据成员，Graduate 类只增加一个数据成员 pay(工资)。用指向基类对象的指针输出数据。

```
#include <iostream>
#include <string>
using namespace std;
class Student
{
```

```
public:
   Student(int, string,float);
   void display( );
private:
   int num;
   string name;
   float score;
};

Student::Student(int n, string nam,float s)
{
  num=n;
  name=nam;
  score=s;
}

void Student::display( )
{
  cout<<endl<<"num:"<<num<<endl;
  cout<<"name:"<<name<<endl;
  cout<<"score:"<<score<<endl;
}

class Graduate:public Student
{
public:
  Graduate(int, string ,float,float);
  void display( );
private:
  float pay;
};

Graduate::Graduate(int n, string nam,float s,float p):Student(n,nam,s),
pay(p){ }
void Graduate::display()
{
  Student::display();
  cout<<"pay="<<pay<<endl;
}

int main()
 {
  Student stud1(1001,"Jerry",99);
  Graduate grad1(2001,"Flora",92,3000);
  Student *pt=&stud1;
```

```
 pt->display( );
 pt=&grad1;                     //指针指向子类grad1
 pt->display( );                //调用grad1.display函数
}
```

很多读者会认为：当指针指向派生类的对象 grad1 时，可以调用类 Graduate 对象的 display 函数，输出相应的 num、name、score 和 pay，而实际运行结果却并没有输出 pay 的值，结果如下：

```
num:1001
name:Jerry
score:99

num:2001
name:Flora
score:92
```

因为 pt 是指向 Student 类对象的指针变量，即使让它指向了 grad1，也只是指向了 grad1 中从基类继承的部分。也就是说通过指向基类对象的指针，只能访问派生类中的基类成员，而不能访问派生类增加的成员。那么怎么才能把 pay 输出来呢？这就需要使用虚函数。

2．虚函数的使用

虚函数的作用是允许在派生类中重新定义与基类中一模一样的函数，并且可以通过基类指针或引用来访问基类和派生类中的这些函数。当访问派生类的函数时，可以访问到派生类新增加的成员，例如在例 6-8 中，只需要在 Student 类中声明 display 函数时，在最左面加一个关键字 virtual，即：virtual void display( );就可以把 Student 类的 display 函数声明为虚函数。其余都不用改动，就可以得到以下输出：

```
num:1001
name:Jerry
score:99

num:2001
name:Flora
score:92
pay=3000
```

可见，虚函数主要实现动态的多态性，需要在派生类中重新定义虚函数的功能，此时要求函数名、函数类型、函数参数个数和类型必须全部与基类的虚函数相同，并根据派生类的需要重新定义函数体。然后再定义一个指向基类对象的指针变量，并使它指向同一类族中需要调用该函数的对象，就可以作出不同的响应。虚函数在使用时需要注意以下几点：

（1）C++规定，当一个成员函数被声明为虚函数后，其派生类中的一模一样的函数都自动成为虚函数。因此在派生类重新声明该虚函数时，可以加 virtual，也可以不加，但在容易引起混乱时，应写上该关键字，使程序更加清晰。

（2）基类中只有公有成员函数或保护成员函数才能被声明为虚函数。如果函数只在类体中作原型声明，而函数体的实现在类体外时，关键字 virtual 只能加在函数原型的声明时，不能在类外函数体实现的时候加关键字 virtual。

（3）动态联编只能通过成员函数来调用或通过指针、引用来访问虚函数，如果用对象名的形式访问虚函数，将采用静态联编。

（4）虚函数必须是所在类的成员函数，不能是友元函数或静态成员函数，但可以在另一个类中被声明为友元函数。

（5）构造函数不能声明为虚函数，析构函数可以声明为虚函数。

（6）由于内联函数不能在运行中动态确定，所以它不能声明为虚函数。

6.6　抽象类

抽象类是一种特殊的类，这种类不能用来建立对象，只能用作父类派生出子类。现实编程应用中抽象类往往作为父类派生出一个类族，并为一族类提供统一的操作界面，目的是通过抽象基类的指针变量指向类族中不同类的对象来多态地使用它们的成员函数。C++规定，带有纯虚函数的类是抽象类。

6.6.1　纯虚函数

含有纯虚函数的类称为抽象类，纯虚函数是在一个基类中说明的虚函数，它在该基类中没有具体的操作内容，要求类族中的各派生类在定义时根据自己的需要来定义实际的操作内容。纯虚函数的一般定义形式为：

```
virtual<函数类型><函数名>(参数表)=0;
```

纯虚函数与普通虚函数不同在于书写形式上加了“=0”，且不用定义该函数的函数体，它的函数体由派生类定义。

6.6.2　抽象类及使用

如果一个类中含有纯虚函数，这个类就称为抽象类。它的主要作用是为一个类族提供统一的公共接口以有效地发挥多态的特性。使用时应注意以下问题：

（1）抽象类只能用作其他类的基类，不能建立抽象类的对象。因为它的纯虚函数没有定义功能。

（2）可以声明抽象类的指针和引用，通过它们，可以指向并访问派生类的对象，从而访问派生类的成员。

（3）若抽象类的派生类中没有给出所有纯虚函数的函数体，这个派生类仍是一个抽象类。若抽象类的派生类中给出了所有纯虚函数的函数体，这个派生类可以不再是一个抽象类，可以声明自己的对象。

例 6-9　下面的 shape 类是一个表示形状的抽象类，area()为求图形面积的函数，total()是一个求不同形状的图形面积总和的函数。请写一个程序从 shape 类派生三角形类（triangle）和矩形类（rectangle），并给出具体的求面积函数。

```
class shape
{
   public:
      virtual float area()=0;
};
float total(shape *s[],int n)
{
   float sum=0.0;
   for(int i=0;i<n;i++)
   sum+=s[i]->area();
return sum;
}
```

程序设计如下：

```
#include<iostream.h>
#include<math.h>
class shape
{
   public:
      virtual float area()=0;
};
class rectangle:public shape
{
   float width,height;
public:
   rectangle(float w,float h){width=w;height=h;}
   void show()
   {
      cout<<"width:"<<width<<","<<"height:"<<height<<endl;
      cout<<"area:"<<area()<<endl;
   }
   float area(){return width*height;}
};
class triangle:public shape
{
   float a,b,c;
public:
   triangle(float  aa,float bb,float cc)
   {a=aa;b=bb;c=cc;}
   float show()
   {
      cout<<"a:"<<a<<",b:"<<b<<",c:"<<c<<endl;
      cout<<"area:"<<area()<<endl;
   }
   float area()
```

```
    {
        float s=(a+b+c)/2;
        return sqrt(s*(s-a)*(s-b)*(s-c));
    }
};
float total(shape *s[],int n)
{
    float sum=0.0;
    for(int i=0;i<n;i++)
    sum+=s[i]->area();
    return sum;
}
void main()
{
    float w,h,aa,bb,cc;
    cout<<"请输入三角形的三条边："<<endl;
    cin>>aa>>bb>>cc;
    triangle t(aa,bb,cc);
    cout<<"请输入矩形的长和宽："<<endl;
    cin>>w>>h;
    rectangle r(w,h);
    shape *p[2];
    p[0]=&t;
    p[1]=&r;
    cout<<"两个图形面积的和为："<<total(p,2)<<endl;
}
```

6.7　本章任务实践

6.7.1　任务需求说明

开发一个简单的学校人员管理程序。该程序可以管理学校的一些基本人员信息：学生（student）和教师（teacher）。先设计一个虚基类 person，通过该类描述人员的基本信息：姓名（name）、年龄（age）和性别（sex）等。然后使用该类派生出学生类 student 和教师类 teacher，在其中添加各自的特征。如在 student 类中添加专业（speciality），在 teacher 类中添加院系（department）等。还有部分教师在工作的同时，在职攻读学位，因此具有教师和学生双重身份，由 student 类和 teacher 类再次派生出 strTeacher 类。为每个类定义一个输出函数 print()输出该类的相关信息。

6.7.2　技能训练要点

要完成本任务需要读者了解继承的含义，会使用继承的思想解决问题，会编写与之相关的程序，熟悉继承过程中构造函数和析构函数的调用过程和运行机制。

6.7.3 任务实现

根据继承的相关知识，可以设计源程序如下：

```
#include<iostream>
using namespace std;
class Person
{
private:
    char *name;
    char * sex;
    int age;
public:
    Person(){}
    void setName(char *name2)
    {
        name = name2;
    }
    char* getName()
    {
        return name;
    }
    void setSex(char *sex2)
    {
        sex = sex2;
    }
    char* getSex()
    {
        return sex;
    }
    void setAge(int age2)
    {
        age = age2;
    }
    int getAge()
    {
        return age;
    }
    void print();
};
void Person::print()
{
    cout<<"姓名为:"<<name<<",年龄为:"<<age<<",性别为:"<<sex<<endl;
}
class Student:public Person
```

```
{
protected:
    Student() {}
private:
    char *speciality;
public:
    Student(char *name2,char *sex2,int age2,char *speciality2)
    {
        setName(name2);
        setSex(sex2);
        setAge(age2);
        setSpeciality(speciality2);
    }
    void setSpeciality(char *speciality2)
    {
        speciality = speciality2;
    }
    char* getSpeciality()
    {
        return speciality;
    }
    void print();
};
void Student::print()
{
    cout<<"姓名为:"<<getName()<<",年龄为:"<<getAge()<<",性别为:"<<getSex()
    <<",专业为:"<<getSpeciality()<<endl;
}
class Teacher:public Person
{
protected:
    Teacher() {}
private:
    char *department;
public:
    Teacher(char *name2,char *sex2, int age2,char* department2)
    {
        setName(name2);
        setSex(sex2);
        setAge(age2);
        setDepartment(department2);
    }
    void setDepartment(char *department2)
    {
        department = department2;
```

```
    }
    char* getDepartment()
    {
        return department;
    }
    void print();
};
void Teacher::print()
{
    cout<<"姓名为:"<<getName()<<",年龄为:"<<getAge()<<", 性别为:"<<getSex()
    <<"部门为:"<<getDepartment()<<endl;
}
class strTeacher:public Student,public Teacher
{
public:
    strTeacher(char *name2,char *sex2, int age2,char *speciality,char *department2)
    {
        Teacher::setName(name2);
        Teacher::setSex(sex2);
        Teacher::setAge(age2);
        setSpeciality(speciality);
        setDepartment(department2);
    }
    void print();
};
void strTeacher::print()
{
    cout<<"姓名为:"<<Teacher::getName()<<",年龄为:"<<Teacher::getAge()<<",
    性别为:"<<Teacher::getSex()<<",专业为:"<<getSpeciality()<<"部门为:
   "<<getDepartment()<<endl;
}
void main()
{
    cout<<"欢迎进入学校人员管理程序 "<<endl;
    Student student = Student("学生","man",21,"计算机科学与技术");
    Teacher teacher = Teacher("老师","woman",28,"电子与计算机工程学院");
    strTeacher stuTea=strTeacher("师生同体","man",25," 计算机科学与技术","电
    子与计算机工程学院");
    student.print();
    teacher.print();
    stuTea.print();
}
```

本程序在主函数中通过对象调用 print()方法实现了对程序的测试，也可以定义基类的指针变量，分别指向不同派生类的对象，使用多态的思想来操作和测试本程序，读者可以

自行编写相应的程序。

本章小结

本章主要讲解了面向对象程序设计中的继承与多态的特性，读者可以通过本章的学习学会使用继承的思想来写程序，增强代码的复用性，提高编写代码的效率；通过对多态性的理解与掌握，学会在程序设计使用虚函数和抽象类等元素，增强程序的可读性和灵活性。

课后练习

1．下列关于继承的描述中，错误的是________。

A．继承是重用性的重要机制

B．C++语言支持单重继承和双重继承

C．继承关系是不可逆的

D．继承是面向对象程序设计语言的重要特性

2．下列关于基类和派生类的描述中，错误的是________。

A．一个基类可以生成多个派生类

B．基类中所有成员都是它的派生类的成员

C．基类中成员访问权限继承到派生类中不变

D．派生类中除了继承的基类成员还有自己的成员

3．派生类的对象可以直接访问的基类成员是________。

A．公有继承的公有成员　　B．保护继承的公有成员

C．私有继承的公有成员　　D．公有继承的保护成员

4．下列描述中，错误的是________。

A．基类的 protected 成员在 public 派生类中仍然是 protected 成员

B．基类的 private 成员在 public 派生类中是不可访问的

C．基类 public 成员在 private 派生类中是 private 成员

D．基类 public 成员在 protected 派生类中仍是 public 成员

5．派生类构造函数的成员初始化列表中，不能包含的初始化项是________。

A．基类的构造函数　　B．基类的子对象

C．派生类的子对象　　D．派生类自身的数据成员

6．下列关于子类型的描述中，错误的是________。

A．在公有继承下，派生类是基类的子类型

B．如果类 A 是类 B 的子类型，则类 B 也是类 A 的子类型

C．如果类 A 是类 B 的子类型，则类 A 的对象就是类 B 的对象

D．在公有继承下，派生类对象可以初始化基类的对象引用

7．下列关于多继承二义性的描述中，错误的是________。

A．一个派生类的多个基类中出现了同名成员时，派生类对同名成员的访问可能出现二义性

B．一个派生类有多个基类，而这些基类又有一个共同的基类，派生类访问公共基类成员时，可能出现二义性

C．解决二义性的方法是采用类名限定

D．基类和派生类中同时出现同名成员时，会产生二义性

8．在创建派生类对象时，构造函数的执行顺序是________。

A．对象成员构造函数→基类构造函数→派生类本身的构造函数

B．派生类本身的构造函数→基类构造函数→对象成员构造函数

C．基类构造函数→派生类本身的构造函数→对象成员构造函数

D．基类构造函数→对象成员构造函数→派生类本身的构造函数

9．当不同的类具有相同的间接基类时，________。

A．各派生类无法按继承路线产生自己的基类版本

B．为了建立唯一的间接基类版本，应该声明间接基类为虚基类

C．为了建立唯一的间接基类版本，应该声明派生类虚继承基类

D．一旦声明虚继承，基类的性质就改变了，不能再定义新的派生类

10．下列关键字中，用来说明虚函数的关键字是________。

A．inline　　B．operator

C．virtual　　D．public

11．下列的成员函数中，纯虚函数是________。

A．virtual void f1() = 0　　B．void f1() = 0;

C．virtual void f1() {}　　D．virtual void f1() == 0;

12．含有一个或多个纯虚函数的类称为________。

A．抽象类　　B．具体类

C．虚基类　　D．派生类

13．下列关于虚函数的描述中，错误的是________。

A．虚函数是一个成员函数

B．虚函数具有继承性

C．静态成员函数可以说明为虚函数

D．在类的继承的层次结构中，虚函数是说明相同的函数

14．下列各种类中，不能定义对象的类是________。

A．派生类　　B．抽象类

C．嵌套类　　D．虚基类

15．下列关于抽象类的描述中，错误的是________。

A．抽象类中至少应该有一个纯虚函数

B．抽象类可以定义对象指针和对象引用

C．抽象类通常用作类族中最顶层的类

D．抽象类的派生类必定是具体类

16．一个类的层次结构中，定义有虚函数，并且都是公有继承，在下列情况下，实现

动态联编的是________。

A．使用类的对象调用虚函数

B．使用类名限定调用虚函数，其格式为：<类名>::<虚函数名>

C．使用构造函数调用虚函数

D．使用成员函数调用虚函数

17．下列关于动态联编的描述中，错误的是________。

A．动态联编是函数联编的一种方式，它是在运行时来选择联编函数的

B．动态联编又可称为动态多态性，它是 C++语言中多态性的一种重要形式

C．函数重载和运算符重载都属于动态联编

D．动态联编只是用来选择虚函数的

18．C++将类继承分为________和________两种。

19．派生类可以定义其________中不具备的数据和操作。

20．派生类构造函数的初始化列表中包含________。

21．静态的多态性是在________时进行的；动态的多态性是在________时进行的。

22．虚函数是类的成员函数。说明方法是在函数名前加关键字________。虚函数具有性，在基类中被说明的虚函数，具有相同说明的函数在派生类中自然是虚函数。

23．含有_______的类称为抽象类。它不能定义对象，但可以定义_______和_______。

24．指出并改正下面程序中的错误。

```
#include<iostream.h>
class Point
{
int x,y;
  public:
    Point(int a=0,int b=0) {x=a; y=b;}
    void move(int xoffset,int yoffset) {x+=xoffset; y+=yoffset;}
    int getx() {return x;}
    int gety() {return y;}
};
class Rectangle:protected Point
{    int length,width;
  public:
     Rectangle(int x,int y,int l,int w):Point(x,y)
    {  length=l;width=w;}
     int getlength(){return length;}
     int getwidth(){return width;}
};
void main()
{
  Rectangle r(0,0,8,4);
  r.move(23,56);
  cout<<r.getx()<<","<<r.gety()<<","<<r.getlength()<<","<<r.getwidth()<<endl;
}
```

25. 指出并改正下面程序中的错误。

```
#include<iostream.h>
class A
{
 public:
    int x;
    A(int a=0) {x=a;}
    void display() { cout<<"A.x="<<x<<endl; }
};
class B
{
public:
     int x;
     B(int a=0) {x=a;}
void display() {cout<<"B.x="<<x<<endl; }
};
class C:public A,public B
{
 int y;
 public:
    C(int a,int b,int c) :A(a),B(b)
      {    y=c;   }
   int gety() { return y; }
};
void main()
{ C myc(1,2,3);
 myc.x=10;
 myc.display();
}
```

26. 看程序写结果。

```
#include <iostream.h>
class Base
{
   int i;
   public:
      Base(int n){cout <<"Constucting base class" << endl;i=n;}
      ~Base(){cout <<"Destructing base class" << endl;}
      void showi(){cout << i<< ",";}
      int Geti(){return i;}
   };
class Derived:public Base
{
    int j;
```

```
      Base aa;
   public:
      Derived(int n,int m,int p):Base(m),aa(p){
     cout << "Constructing derived class" <<endl;
     j=n;
      }
      ~Derived(){cout <<"Destructing derived class"<<endl;}
      void show(){Base::showi();
      cout << j<<"," << aa.Geti() << endl;}
    };
void main()
{
 Derived obj(8,13,24);
 obj.show();
 }
```

27. 看程序写结果。

```
#include<iostream.h>
class A
{
  public:
   A(char *s) { cout<<s<<endl; }
   ~A() {}
};
class B:virtual public A
{
  public:
    B(char *s1, char *s2):A(s1)
     {    cout<<s2<<endl;   }
};
class C: virtual public A
{
 public:
   C(char*s1,char *s2):A(s1)
   {
    cout<<s2<<endl;
   }
};
class D:public B,public C
{
public:
  D(char *s1, char *s2,char *s3, char *s4):B(s1,s2),C(s1,s3),A(s1)
   {
   cout<<s4<<endl;
   }
```

```
};
void main()
{
 D *p=new D("class A","class B","class C","class D");
 delete p;
}
```

28. 分析下列程序的输出结果。

```
#include <iostream.h>
class A{
public:
A() { cout<<"A's cons."<<endl; }
virtual ~A() { cout<<"A's des."<<endl; }
virtual void f() { cout<<"A's f()."<<endl; }
void g() { f(); }
};
class B : public A{
public:
B() { f(); cout<<"B's cons."<<endl; }
~B() { cout<<"B's des."<<endl; }
};
class C : public B{
public:
C() { cout<<"C's cons."<<endl; }
~C() { cout<<"C's des."<<endl; }
void f() { cout<<"C's f()."<<endl; }
};
void main()
{   A *a=new C;
a->g();
delete a;
}
```

29. 比较类的三种继承方式 public（公有继承）、protected（保护继承）、private（私有继承）之间的差别。

30. 派生类构造函数执行的次序是怎样的？

31. 如果在派生类B已经重载了基类A的一个成员函数 fn1()，没有重载成员函数 fn2()，如何调用基类的成员函数 fn1()和 fn2()？

32. 什么叫做虚基类？它有何作用？

33. 什么叫做多态性？在C++语言中是如何实现多态的？

34. 什么叫做抽象类？抽象类有何作用？抽象类的派生类是否一定要给出纯虚函数？

35. 在C++语言中，能否声明虚构造函数？为什么？能否声明虚析构函数?有何用途？

36. 定义一个 Rectangle 类，它包含两个数据成员 length 和 width，以及用于求长方形面积的成员函数。再定义 Rectangle 的派生类 Rectangular，它包含一个新数据成员 height

和用来求长方体体积的成员函数。在 main 函数中，使用两个类，求某个长方形的面积和某个长方体的体积。

37．建立一个基类 Building，用来存储一座楼房的层数、房间数以及它的总平方英尺数。建立派生类 Housing、继承 Building，并存储下面的内容：卧室和浴室的数量，另外，建立派生类 Office、继承 Building，并存储灭火器和电话的数目。然后，编制应用程序，建立住宅楼对象和办公楼对象，并输出它们的有关数据。

38．假设某销售公司有一般员工、销售员工和销售经理。月工资的计算办法是：

一般员工月薪=基本工资；

销售员工月薪=基本工资+销售额*提成率；

销售经理月薪=基本工资+职务工资+销售额*提成率。

编写程序，定义一个表示一般员工的基类 Employee，它包含 3 个表示员工基本信息的数据成员：编号 number、姓名 name 和基本工资 basicSalary；

由 Employee 类派生销售员工 Salesman 类，Salesman 类包含两个新数据成员：销售额 sales 和静态数据成员提成比例 commrate；

再由 Salesman 类派生表示销售经理的 Salesmanager 类。Salesmanager 类包含新数据成员：岗位工资 jobSalary。

为这些类定义初始化数据的构造函数，以及输入数据 input、计算工资 pay 和输出工资条 print 的成员函数。

设公司员工的基本工资是 2000 元，销售经理的岗位工资是 3000 元，提成率=5/1000。

在 main 函数中，输入若干个不同类型的员工信息测试你的类结构。

39．声明一个哺乳动物 Mammal 类，再由此派生出狗 Dog 类，两者都定义 Speak( )成员函数，基类中定义为虚函数。声明一个 Dog 类的对象，调用 Speak()函数，观察运行结果。

第7章

运算符重载

7.1 本章简介

采用面向对象的程序设计时，C++允许程序设计者重新定义已有的运算符的功能，并能按设计者规定要求去完成特定的操作，这就是运算符的重载。运算符重载的本质是通过调用一个函数来实现运算符相应的功能。通过重载运算符，使同一运算符能根据调用不同的重载函数完成不同的操作，所以，运算符重载也体现了面向对象程序设计的多态性。

7.2 本章知识目标

本章讲解多态的特性之一——运算符的重载，读者学习本章应该掌握以下知识点：

（1）了解运算符重载的概念与规则。

（2）掌握运算符重载为类的成员函数和友元函数两种方式的内涵与编程方法，了解两种方式的区别，能熟练编写相应的程序。

（3）学会流插入和流提取运算符以及前置和后置的自增自减运算符重载程序的编写。

（4）了解转换函数的概念及使用方法。

7.3 运算符重载的概念与规则

7.3.1 运算符重载的概念

C++预定义的运算符只是对基本数据类型进行操作，例如对于两个整型数 a 和 b，可以完成 cout<<a+b 的操作，得到加和以后的值，实际上，加法的功能是通过函数来实现的，在编译系统内部存在着一个这样的函数：

```
operator+(int a,int b);
```

当程序中出现两个整数相加的情况时，编译系统会自动调用这个函数，在编译系统内部存在着很多以 operator+命名的函数，例如：

```
int  operator + (int, int);                //完成两个整数相加
double  operator + (double, double);       //完成两个实数相加
double  operator + (int, double);          //完成一个整数和一个实数相加
…
```

运算时，编译系统会根据加号两边操作数的类型来决定调用哪个 operator +的函数，实际上常用的运算符在系统中都有很多诸如这种形式的函数，对同一种运算符而言，它们的函数的名称相同，参数不同，符合重载的条件，构成了运算符函数的重载。

编译系统内部定义的运算符重载函数的参数都是基本类型的数据，如果想把自定义数据类型的数据（比如自定义类的对象）进行直接运算，就需要编程者自己写一个运算符函数来完成新功能，与系统中已经存在的相应完成运算符功能的函数构成重载。

从本质上说，编程者需要编写一个以“operator 运算符号”为函数名的运算符函数，该函数定义了重载的运算符要执行的操作，函数的形参类型必须是自定义的类型。当使用该运算符对形参规定的数据类型进行运算时，就使用函数体中语句完成的操作与功能，而不再是原运算符的功能了。

7.3.2　运算符重载的规则

C++中的运算符具有特定的语法规则，运算符重载时也要遵守一定的规则，这些规则是：

（1）C++中的运算符除了几个不能重载外，其他的都能重载，而且只能重载已有的运算符，不能自己创造运算符。不能重载的运算符是：“•”“*”“::”“sizeof”和“？：”。

（2）重载以后运算符的优先级和结合性都不能改变，语法结构也不能改变，即单目运算符只能重载为单目运算符，双目运算符只能重载为双目运算符。

（3）运算符重载以后的功能应与原有功能类似，含义必须清楚，不能有二义性。

7.4　运算符重载为类的成员函数和友元函数

面向对象中的运算符重载形式有两种：一种是重载为类的成员函数；一种是重载为类的友元函数。

7.4.1　运算符重载为类的成员函数

实际使用运算符重载为类的成员函数时，总是通过该类的某个对象访问重载的运算符。

1．成员运算符重载函数的定义

在类内声明的一般形式为：

```
<返回类型> operator<运算符>(参数表);
```

在类外定义的一般形式为：

```
<返回类型> <类名::> operator<运算符>(参数表)
{
  函数体
}
```

其中，operator 是定义运算符重载函数的关键字；运算符是要重载的运算符的名称；参数表给出重载运算符所需要的参数和类型。

2．双目运算符重载为成员运算符函数

例 7-1 设计一个学生类 student，包括姓名和 C++课程成绩，利用类的成员函数重载运算符"+"，使得对类对象的直接相加就是对成绩的相加。

```
#include<iostream.h>
#include<string.h>
class student
{
    char name[10];
    int sco;
public:
    student(){  }
    student(char na[],int sc)
    {
      strcpy(name,na);
      sco =sc;
    }
    student operator+(student &s)    //运算符重载函数
    {
      student st;
      st.sco=sco+s.sco;
      return st;
    }
    void disp()
    {
      cout<<"成绩为" <<sco <<endl;  }
    };
void main()
    {
      student s1("Jerry",100),s2("flora",75),s3;
        s3=s1+s2;
        s3. disp();
    }
```

本程序的执行结果如下：

```
成绩为：175
```

由例 7-1 可以看出，用成员函数方式重载双目运算符时，函数的参数比原来的操作个数少一个，因为是成员函数，类的对象可以直接调用该函数，通过隐含的 this 指针传入其中的一个参数，所以少了的参数就是由 this 指针传递的该对象本身，例如例 7-1 中的 s1+s2，在系统内部会被解释为 s1. operator+(s2),因为是对象 s1 调用的 operator+函数，所以左操作数 s1 无须作为参数输入，operator+函数中的 sco 就相当于 s1.sco;正是因为需要通过 this 指针传递左操作数，所以成员函数作为运算符重载函数时，左操作数一定是一个对象。

7.4.2　运算符重载为类的友元函数

如果左操作数是一个常数时，就不能使用成员函数作为运算符的重载函数了，应当使用友元函数方式。运算符重载函数重载为友元函数时，因为友元函数不是类的成员函数，没办法通过 this 指针传递左操作数，所以参数个数与该运算符原有的操作数个数相同。将运算符重载为类的友元函数的格式如下：

```
friend  函数类型  operator  运算符 (参数表){ 函数体 }
```

例 7-2　设计一个学生类 student，包括姓名和三门课程成绩，利用重载运算符“+”将所有学生的成绩相加放在一个对象中，再对该对象求各门课程的平均分。

```
#include<iostream.h>
#include<iomanip.h>
#include<string.h>
class student
{
   char name[10];
   int sco1, sco2, sco3;
public:
   student(){}
   student(char na[],int score1,int score2,int score3)
     {
       strcpy(name,na);
       sco1=score1;
       sco2=score2;
       sco3=score3;
     }
   friend student operator+(student &s1,student &s2)
     {
       static student st;
       st.sco1=s1.sco1+s2.sco1;
       st.sco2=s1.sco2+s2.sco2;
       st.sco3=s1.sco3+s2.sco3;
       return st;
     }
  void disp()
  {
     cout<<name<<": "<<sco1<<" "<<sco2<<" "<<sco3<<endl;
  }
```

```
friend void avg(student &s,int n)
 {
    cout<<"平均分:"<<s.sco1/n<<" " << s.sco2/n<<" "<<s.sco3/n<<endl;
 }
};
void main()
{
    student s1("Jerry",90,80,96),s2("flora",75,70,90),s;
    cout<<"输出结果: "<<endl;
    s1.disp();
    s2.disp();
    s=s1+s2;          //调用重载运算符
    avg(s,2);         //友元函数求平均分
}
```

本程序的执行结果如下：

```
输出结果:
Jerry: 90 80 96
flora: 75 70 90
平均分:82 75 93
```

C++编译系统将程序中的表达式 s1+s2 解释为 operator+(s1,s2)，值得注意的是，除了运算符“：”不能用友元函数重载外，其余 C++允许重载的运算符都可以作为友元函数来重载。

成员运算符函数与友元运算符函数选择哪种方式比较好，要根据实际情况和使用习惯决定。一般而言，有的运算符（如赋值运算符、下标运算符、函数调用运算符）必须定义为类的成员函数，有的运算符则不能定义为类的成员函数（如流插入“<<”和流提取“>>”运算符、类型转换运算符）。双目运算符重载为友元运算符函数较好，若运算符的操作数特别是左操作数需要进行类型转换，则必须重载为友元运算符函数。若一个运算符需要修改对象的状态，则选择成员运算符较好。

7.5 “++”和“--”的重载

运算符“++”和“--”有前置和后置两种形式，使用 operator++()或 operator--()来重载前置运算符，使用 operator++(int)或 operator--(int)来重载后置运算符，其中“int”只是一个标识，调用时，参数 int 被传递给值 0。

例 7-3 有一个 Time 类，包含数据成员 minute(分)和 sec(秒)，模拟秒表，每次走一秒，满 60 秒进一分钟，此时秒又从 0 开始算。要求输出分和秒的值。

```
#include <iostream>
using namespace std;
class Time
```

```
{
private:
  int minute;
  int sec;
public:
  Time( ){minute=0;sec=0;}
  Time(int m,int s):minute(m),sec(s){ }
  Time operator++( );
  void display( ){cout<<minute<<":"<<sec<<endl;}
};
Time Time::operator++( )    //前置++的重载函数
{
 if(++sec>=60)
  {
  sec-=60;
  ++minute;
  }
 return *this;                //返回加过以后的对象
}
void main( )
{
  Time time1(34,0);
  for (int i=0;i<61;i++)
   {
     ++time1;
     time1.display( );
   }
}
```

运行结果如下：

```
34:1
34:2
⋮
34:59
35:0
35:1              (共输出 61 行)
```

通过程序可以看到在程序中对运算符“++”进行了重载，使它能直接应用于 Time 类的对象。“++”和--”运算符有两种使用方式，即前置运算符和后置运算符，它们的作用是不一样的，在重载时也要进行区别，C++规定在自增（自减）运算符的重载函数中增加一个 int 型形参，就是后置自增（自减）运算符重载函数，该 int 型的形参只是说明函数是后置自增（自减）运算符重载函数，别的没有什么作用。

例 7-4 前置与后置自增运算符重载函数比较。

```
#include <iostream>
```

```
using namespace std;
class Time
{
  public:
    Time( ){minute=0;sec=0;}
    Time(int m,int s):minute(m),sec(s){}
    Time operator++( );                      //前置自增运算符“++”重载函数的声明
    Time operator++(int);                    //后置自增运算符“++”重载函数的声明
    void display( ){cout<<minute<<":"<<sec<<endl;}
  private:
    int minute;
    int sec;
};

Time Time::operator++( )                     //前置
{
   if(++sec>=60)
   {sec-=60;
   ++minute;}
   return *this;                             //返回自加后的当前对象
}

Time Time::operator++(int)                   //后置
{
  Time temp(*this);
  sec++;
  if(sec>=60)
   {sec-=60;
    ++minute;}
  return temp;                               //返回的是自加前的对象
}

void main( )
{
  Time time1(34,59),time2;
  cout<<"time1: ";
  time1.display( );
  ++time1;
  cout<<"++time1 : ";
  time1.display( );
  time2=time1++;
  cout<<"time1++: ";
  time1.display( );
  cout<<"time2 :";
  time2.display( );
}
```

运行结果如下：

```
time1: 34:59
++time1 : 35:0
time1++: 35:1
time2 :35:0
```

从例 7-4 中可以看出前置自增运算符“++”和后置自增运算符“++”两者的区别。前置自增运算符是先自增，然后返回修改后的对象；后置自增运算符是先返回自增前的对象，然后对象再做自增操作。

7.6　流插入运算符和流提取运算符的重载

流插入运算符“<<”和流提取运算符“>>”是 C++在类库中提供的，所有 C++编译系统都在类库中提供输入流类 istream 和输出流类 ostream（这两个类将在下一章详细介绍）。cin 和 cout 分别是输入和输出流类的对象。在类库提供的头文件中已经对标准类型数据的“<<”和“>>”进行了重载，因此，在本书前面几章中，凡是用“cout<<”和“cin>>”对标准类型数据进行输入输出的，都要用#include <iostream.h>把头文件包含到程序文件中。

如果想用“<<”和“>>”输出和输入用户自定义类型的数据，必须对它们重载。重载的函数形式如下：

```
friend  istream & operator >> (istream &,自定义类 &);
friend  ostream & operator << (ostream &,自定义类 &);
```

即重载运算符“>>”的函数的第一个参数和函数的类型都必须是 istream&类型，第二个参数是要进行输入操作的自定义类型的对象。重载“<<”的函数的第一个参数和函数的类型都必须是 ostream&类型，第二个参数是要进行输出操作的自定义类型的对象。C++规定，只能将“>>”和“<<”的重载函数作为友元函数或普通函数，而不能将它们定义为成员函数。

例 7-5　定义一个学生类，数据成员包括姓名、学号、C++、英语和数学成绩。重载运算符“<<”和“>>”，实现学生对象的直接输入输出。

```
#include<iostream>
#include<string>
using namespace std;
class student
{
private:
    string name;
    string number;
    float cpp;
    float math;
    float eng;
public:
  student()
```

```
  {
    number="201";
    cpp=0;
    eng=0;
    math=0;
  }
  void set(char *nm,char *num,float _cpp,float ma,float _eng)
    {
      name=nm;
      number=num;
      cpp=_cpp;
      math=ma;
      eng=_eng;
}
  friend ostream& operator<<(ostream &out, student &a)
  {
    out<<a.name<<" "<<a.number<<" "<<a.cpp<< " "<<a.math<< " " <<a.eng<<endl;
    return out;
}
  friend istream& operator>>(istream &in, student &b)
  {
      in>>b.name>>b.number>>b.cpp>>b.math>>b.eng;
       return in;
  }
};
void main()
{
  student stu1;
  stu1.set("Jerry","201",97,90,96);
  cout<<stu1;
  student stu2;
  cout<<"请输入第二个学生的姓名、学号和三门课的成绩："<<endl;
  cin >> stu2;
  cout<<"输入的信息为："<<endl;
  cout << stu2;
}
```

运算符“>>”和“<<”的重载函数的返回值是 istream 和 ostream 类型的引用，是为了能够让对象类型的数据做连续的输入和输出，例如例 7-5 中最后可以这样写输出：cout << stu1<<stu2;系统执行时，先执行 cout << stu1，执行完后返回值为 ostream 的对象，便可以接着输出 stu2。

7.7 转换函数

转换函数（又称为类型转换函数）必须是成员函数，其定义的一般格式为：

```
ClassName:: operator  <type> ( )
{   …         }
```

其中，ClassName 是类名，type 是该函数返回值的类型，它可以是任一数据类型，operator 与 type 一起构成转换函数名。该函数没有参数。转换函数的作用是将对象的成员数据转换成 type 类型的数据。

例 7-6　定义一个包含整型成员数据元、角、分的类，用转换函数把这三个数据成员变换成一个等价的实数。

```
#include <iostream.h>
class  Dollar{
    int  yuan,jiao,fen;
public:
    Dollar(int  y=0,int  j=0 , int f=0){ yuan=y;jiao=j;fen=f; }
    operator float();                                    //转换函数
    float GetDollar();
};
float Dollar ::GetDollar()
{  return (yuan*100.0+jiao*10.0 +fen)/100 ; }
Dollar ::operator float( )                               //A
{   return (yuan*100.0+jiao*10.0 +fen)/100 ;  }
void  main( )
{
    Dollar d1(25,50,70),d2(100,200,55);
    float s1,s2,s3,s4;
    s1= d1; s2=d2;                                       //B
    s3=d1.GetDollar(); s4=d2.GetDollar();
    cout <<"s1= "<< s1<<'\t' << "s2="<< s2 <<'\n';
    cout <<"s3= "<< s3<<'\t' << "s4="<< s4 <<'\n';
}
```

执行程序后，输出：

```
s1= 30.7        s2=120.55
s3= 30.7        s4=120.55
```

程序中的 A 行定义了一个转换函数，将对象中的三个数据成员元、角和分转换成实数，并返回该实数。B 行中表达式 s1= d1 和 s2=d2，编译器将其变换为 s1=d1.operator float()和 s2=d2.operator float()，通过调用转换函数，将对象 d1、d2 中的数据成员转换成实数后赋给变量 s1、s2。

转换函数只能是成员函数，其操作数是 this 指针所指向的对象。在一个类中可以定义多个转换函数。转换函数可以被派生类继承，也可以定义为虚函数。

从转换函数的定义可以看出，对任一转换函数均可以用成员函数来实现。例如，A 行的转换函数可被以下的成员函数所代替：

```
float  Dollar :: GetDollar  ( )
{   return  (yuan*100.0+jiao*10.0 +fen )/100; }
```

但转换函数使用更方便。

一般来说，类类型与标准类型之间的转换有以下三种方法：

（1）通过构造函数转换。

通过构造函数能将标准数据类型向类类型转换，但不能将类类型转换为标准类型。

（2）通过类类型转换函数转换。

当要将类类型转换为标准数据类型时，需要定义类类型转换函数。

需要注意的是：

① 类类型转换函数的功能是将类的对象转换为类型为 type 的数据，它既没有参数，也没有返回类型，但在函数体中必须返回具有 type 类型的一个数据。

② 类类型转换函数只能定义为类的成员函数，可在类内定义，也可在类内声明类外定义。

③ 一个类内可定义多个类类型转换函数，编译器会根据操作数的类型自动选择一个合适的类型转换函数与之匹配。但在出现二义性时，应显式地使用类类型转换函数进行转换。

（3）通过运算符重载实现类型转换。

这种方式的转换，可以实现标准类型的数据与类对象之间的相互运算。

7.8 本章任务实践

7.8.1 任务需求说明

设计一个学生类 student，包括学号、姓名、年龄、性别和三门课程成绩，利用重载运算符“+”将所有学生的成绩相加放在一个对象中，再对该对象求各门课程的平均分；利用“==”来比较两个对象是否为同一个学生，系统可以根据用户输入的两个学生的姓名来判断是否为同一个学生。具体效果如图 7-1 所示。

```
请输入要输入的学生的学号（输入“-1”结束）：
1001
请输入姓名、年龄、性别以及三门课的成绩：
Jerry 6 男 90 92 96
请输入要输入的学生的学号（输入“-1”结束）：
1002
请输入姓名、年龄、性别以及三门课的成绩：
Flora 6 女 90 80 70
请输入要输入的学生的学号（输入“-1”结束）：
1003
请输入姓名、年龄、性别以及三门课的成绩：
Flora 7 女 80 90 97
请输入要输入的学生的学号（输入“-1”结束）：
-1
输出结果:
 1001Jerry    90   92   96
 1002Flora    90   80   70
 1003Flora    80   90   97
    平均分    86   87   87
请输入要比较的两个同学的姓名
Flora Flora
                                这两个学生不同
Press any key to continue
```

图 7-1　系统运行效果图

7.8.2 技能训练要点

解决本实践任务要求读者了解什么是运算符重载，如何对运算符进行重载，其重载的格式是什么，熟练掌握运算符重载为成员函数与友元函数的区别与写法，熟悉运算符重载在面向对象的程序设计中的应用方法。

7.8.3 任务实现

由运算符重载的相关知识设计程序如下：

```
#include<iostream.h>
#include<iomanip.h>
#include<string.h>
int w=0;                    //记录学生的个数
class student
{
  public:
   int num;
   char name[20];
   int age;
   char sex[10];
   int deg1,deg2,deg3;
  student();
  student(int n,char na[],int a,char s[],int d1,int d2,int d3);
  operator == (student stu);
  friend student operator+(student s1,student s2);
  void comp(student stu[]);
  void disp();
  friend void input();
  friend void avg(student &s,int n) ;
};
student::student()
{
  num=0;
  *name=0;
  age=0;
  *sex=0;
  deg1=0;
  deg2=0;
  deg3=0;
}
student::student(int n,char na[],int a,char s[],int d1,int d2,int d3)
{
  num=n;
  strcpy(name,na);
  age=a;
  strcpy(sex,s);
  deg1=d1;deg2=d2;deg3=d3;
}
```

```
student operator+(student s1,student s2) //友元函数实现“+”运算符
{
  student st;
  st.deg1=s1.deg1+s2.deg1;
  st.deg2=s1.deg2+s2.deg2;
  st.deg3=s1.deg3+s2.deg3;
  return st;
}
void avg(student &s,int n)
{
  cout<<setw(10)<<"平均分"<<setw(5)<<s.deg1/n<<setw(5)<< s.deg2/n<<setw(5)
  <<s.deg3/n<<endl;
}
int student::operator == (student stu)      //成员函数实现“==”运算符
{
    if(num==stu.num &&age==stu.age&&*sex==*stu.sex)
        return 1;
    else
        return 0;
}
void student::comp(student stu[])             //学生信息对比
{
int i;
int num1,num2;
char na1[20];
char na2[20];
cout<<"请输入要比较的两个同学的姓名"<<endl;
cin>>na1>>na2;
for(i=1;i<=w;i++)
if(strcmp(stu[i].name,na1) ==0)
num1=i;
for(i=w;i>=1;i--)
if(strcmp(stu[i].name,na2) ==0)
num2=i;
    if(stu[num1]==stu[num2])
       cout<<"这两个学生是相同的"<<endl;
    else
       cout<<"这两个学生不同"<<endl;
}
void student::disp()
{
cout<<setw(5)<<num<<setw(5)<<name<<setw(5)<<deg1<<setw(5)<<deg2<<setw(5)
<<deg3<<endl;
}
void main()
```

```
{ int n;
  char na[20];
  int a;
  char s[10];
  int d1,d2,d3;
  student st[100],stu;
  cout<<"请输入要输入的学生的学号（输入“-1”结束）："<<endl;
  cin>>n;
  while(n!=-1)
  { w++;
   cout<<"请输入姓名、年龄、性别以及三门课的成绩："<<endl;
   cin>>na>>a>>s>>d1>>d2>>d3;
   st[w].num=n;
   strcpy(st[w].name,na);
   st[w].age=a;
   strcpy(st[w].sex,s);
   st[w].deg1=d1;
   st[w].deg2=d2;
   st[w].deg3=d3;
  cout<<"请输入要输入的学生的学号（输入“-1”结束）："<<endl;
  cin>>n;
  }
cout<<"输出结果:"<<endl;
for(int i=1;i<=w;i++)
{
st[i].disp();
stu=stu+st[i];
}
 avg(stu,w);
 stu.comp(st);
}
```

本实践任务重载了两个运算符“+”和“==”，一个作为友元函数完成重载功能，用来求三门课成绩的加和；另一个作为成员函数完成重载功能，用来比较两个对象是否为同一个学生，如图 7-1 所示，虽然输入的两个名字都是 Flora，但由于他们学号不同，所以系统依然输出他们不是同一个学生的提示，读者可以在此基础上完成其余运算符的重载功能。

本章小结

运算符的重载属于面向对象程序设计中的静态的多态性，它由 C++编译器在编译时处理。一般运算符的处理过程为：当遇到对象参与运算时，编译器首先查看在该类中是否有成员函数重载了该运算符，若有，则调用相应的成员函数实现这种运算。若没有，查看是否用友元函数重载了该运算符，若是，则调用相应的友元函数；否则，编译器试图用类中定义的转换函数将对象转换为其他类型的操作数进行运算；若没有合适的转换函数，则C++编译器将给出错误信息。

课后练习

1．重载运算“+”，实现a+b运算，则________。

A．a必须为对象，b可为整数或实数　　B．a和b必须为对象

C．b必须为对象，a可为整数或实数　　D．a和b均可为整数或实数

2．下列叙述正确的是________。

A．重载不能改变运算符的结合性

B．重载可以改变运算符的优先级

C．所有的C++运算符都可以被重载

D．运算符重载用于定义新的运算符

3．有关运算符重载的说法，正确的是________。

a．运算符重载函数最多只能有一个形参

b．调用成员函数实现双目运算符的重载时，运算符左边的操作数是必须对象

c．调用成员函数实现的运算符重载，右操作数必须是对象

d．调用友元函数实现的运算符重载，右操作数必须是对象

e．C++系统定义过的所有运算符都可以重载

f．能够用友元重载的运算符都可以用成员函数重载

g．能够用成员函数重载的运算符都可以用友元重载

h．运算符重载是指在一个类中对某个运算符进行多次定义

A．af　　B．dh　　C．bg　　D．ce

4．以下类中分别说明了“+=”和“++”运算符重载函数的原型。如果主函数中有定义：fun m,c,d;，那么，当执行语句 d+=m; 时，C++编译器对语句作如下解释：________。

A．d=operator+=(m);　　B．m=operator+=(d);

C．m.operator+=(d);　　D．d.operator+=(m);

```
class fun{
public:
    …
    fun operator +=(fun &);
       friend fun operator ++(fun &,int);
}
```

5．运行下列程序的结果为________。

```
#include<iostream.h>
class complex
{
    double re,im;
```

```
public:
    complex(double r,double i):re(r),im(i){}
    double real() const{return re;}
    double image() const{return im;}
    complex& operator+=(complex a)
    {
        re+=a.re ;
        im+=a.im ;
        return *this;
    }
};
ostream &operator<<(ostream&s,const complex& z)
{
    return s<<'('<<z.real ()<<','<<z.image()<<')';
}
int main()
{
    complex x(1,-2),y(2,3);
    cout<<(x+=y)<<endl;
    return 0;
}
```

A．(1,-2)　　B．(2,3)　　C．(3,5)　　D．(3,1)

6．C++语言多态性中的重载主要指________重载和________重载。

7．运算符重载函数的两种主要方式是________函数和________函数。

8．采用成员函数实现“+”运算符重载时，对象 c1+c2，编译器将解释为：________而采用友元函数实现“+”运算符重载时，对象 c1+c2，编译器将解释为：________。

9．在类名为 classname 中用友元函数声明“>>”重载函数的格式为：________。

10．利用成员函数对二元运算符重载，其左操作数为________，右操作数为________。

11．下面的程序通过重载运算符“+”实现了两个一维数组对应元素的相加。请将程序补充完整。

```
#include<iostream.h>
class Arr
{
    int x[20];
    public:
    Arr(){for(int i=0;i<20;i++) x[i]=0;}
    Arr(int *p)
    {for(int i=0;i<20;i++)x[i]=*p++;}
    Arr operator+(Arr a)
    {
        Arr t;
        for(int i=0;i<20;i++)
            t.x[i]=_______;
```

```
        return _______;
    }
    Arr operator+=(Arr a)
    {
        for(int i=0;i<20;i++)x[i]=_______;
        return  _______;
    }
    void show()
    {
        for(int i=0;i<20;i++)cout<<x[i]<<'\t';
        cout<<endl;
    }

};
void main()
{
    int array[20];
      for(int i=0;i<20;i++) array[i]=i;
      Arr a1(array),a2(array),a3;
      a3=a1+a2;a3.show ();
      a1+=a3;a1.show();
}
```

12. 分析下列程序的输出结果。

```
#include <iostream.h>
#include <iomanip.h>
#include <string.h>
#include <stdlib.h>
class Sales
{public:
    void Init(char n[]) { strcpy(name,n); }
    int& operator[](int sub);
    char* GetName() { return name; }
      private:
    char name[25];
    int divisionTotals[5];
};
int& Sales::operator [](int sub)
{   if(sub<0||sub>4)
    {   cerr<<"Bad subscript! "<<sub<<" is not allowed."<<endl;
        abort();
    }
    return divisionTotals[sub];
}
void main()
```

```
{   int totalSales=0,avgSales;
    Sales company;
    company.Init("Swiss Cheese");
    company[0]=123;
    company[1]=456;
    company[2]=789;
    company[3]=234;
    company[4]=567;
    cout<<"Here are the sales for "<<company.GetName()<<"'s divisions:"<<endl;
    for(int i=0;i<5;i++)
        cout<<company[i]<<"\t";
    for(i=0;i<5;i++)
        totalSales+=company[i];
    cout<<endl<<"The total sales are "<<totalSales<<endl;
    avgSales=totalSales/5;
    cout<<"The average sales are "<<avgSales<<endl;
}
```

13. 运行下列程序，分别输入“tom”“m”“23”“321456”后的输出结果为________。

```
#include <iostream.h>
#include <string.h>
class Employee
{
 public:
   Employee(void) {};
   Employee(char *name, char sex, int age, char *phone)
   {
     strcpy(Employee::name, name);
     Employee::sex = sex;
     Employee::age = age;
     strcpy(Employee::phone, phone);
   };
     friend ostream &operator<<(ostream &cout, Employee emp);
     friend istream &operator>>(istream &stream, Employee &emp);
 private:
   char name[256];
   char phone[64];
   int age;
   char sex;
};
ostream &operator<<(ostream &cout, Employee emp)
 {
   cout << "Name: " << emp.name << "; Sex: " << emp.sex;
   cout << "; Age: " << emp.age << "; Phone: " << emp.phone << endl;
   return cout;
```

```
 }
istream &operator>>(istream &stream, Employee &emp)
 {
   cout << "Enter Name: ";
   stream >> emp.name;
   cout << "Enter Sex: ";
   stream >> emp.sex;
   cout << "Enter Age: ";
   stream >> emp.age;
   cout << "Enter Phone: ";
   stream >> emp.phone;
   return stream;
 }
void main(void)
 {
   Employee worker;
   cin >> worker;
   cout << worker ;
 }
```

14．运行下列程序的结果为________。

```
#include <iostream.h>
class sample {
 public:
   int i;
   sample *operator->(void) {return this;}
 };
void main(void)
 {
   sample obj;
   obj->i = 10;
   cout << obj.i << " " << obj->i;
 }
```

15．定义点（Point）类，有数据成员 X 和 Y，重载“++”和“--”运算符，可以实现其坐标的增加和减少，要求同时应用前缀方式和后缀方式完成重载。

16．声明计数器 Counter 类，对其重载运算符“+”。

第 8 章

文件与流类库

8.1 本章简介

在 C++中，将数据从一个对象到另一个对象的传递抽象为“流”。流是数据的有序序列，流可分为输入流和输出流，输入流指从某个数据来源输入的数据序列，输出流指将向某个数据目的地输出的数据序列；换言之，从流中获取数据的操作称为提取操作，向流中添加数据的过程称为插入操作，数据的输入与输出是通过 I/O 流来实现的。将执行 I/O 操作的类体系称为流类，实现该流类的系统称为流类库。C++提供了功能强大的流类库，有三套实现 I/O 的方法：第一套是与 C 语言兼容的 I/O 库函数，在 C++程序中不提倡使用这种 I/O 方式；第二套是 I/O 流类库，在非 Windows 程序设计中提倡使用这种 I/O 方式；第三套是为 Windows 程序设计提供的类库。本章主要介绍在非 Windows 应用程序设计中使用的输入输出流。

8.2 本章知识目标

本章主要讲述输入输出流及文件读写的相关内容，本章知识目标如下：

（1）了解流及流类库的相关概念和内容。

（2）熟悉输入输出的格式控制。

（3）了解文件操作流程，掌握文件操作。

（4）学会编写对二进制文件和文本文件进行读写的程序。

（5）学会随机存取文件的方法。

8.3 输入输出流

8.3.1 输入输出流的含义

C++完全支持 C 的输入输出系统，但由于 C 的输入输出系统不支持类和对象，所以

C++又提供了自己的输入输出系统，并通过重载运算符“<<”和“>>”来支持类和对象的输入输出。C++的输入输出系统是以字节流的形式实现的。

C++中的流具有方向性：与输入设备相联系的流称为输入流，与输出设备相联系的流称为输出流。从流中读取数据称为提取操作，向流内添加数据称为插入操作。C++专门内置了一些供用户使用的类，在这些类中封装了可以实现输入输出操作的函数，这些类统称为 I/O 流类。

8.3.2　C++的基本流类体系

在头文件 iostream.h 中定义了 C++的基本 I/O 流类体系，其结构如图 8-1 所示。

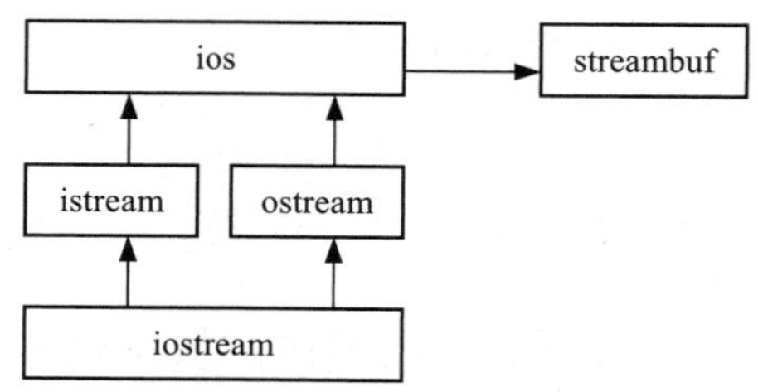

图 8-1　I/O 的基本流类体系

类 ios 为流类库的基类，其他流类基本上都由该基类派生。但类 streambuf 不是 ios 类的派生类，而是在类 ios 中有一个成员指向 streambuf 对象。streambuf 用于管理一个流的缓冲区。通常，使用类 ios、istream、ostream 和 iostream 中提供的公共接口来实现 I/O 操作。类 ios 是一个虚基类，它提供了对流进行格式化 I/O 操作和出错处理的成员函数。由类 ios 公有派生类 istream 和 ostream 提供输入和输出操作的成员函数。类 iostream 是由类 istream 和 ostream 公有派生，该类并没有提供新的成员函数，只是将类 istream 和 ostream 组合在一起，以支持一个既可完成输入操作又可完成输出操作的流。

8.3.3　标准的输入输出流

C++将一些常用的流类对象，如键盘输入、显示器输出、程序运行出错输出、打印机输出等实现定义并内置在系统中，供用户直接使用。这些系统内置的用于设备间传递数据的对象称为标准流类对象，共有四个：

（1）cin 对象：　与标准输入设备相关联的标准输入流。

（2）cout 对象：与标准输出设备相关联的标准输出流。

（3）cerr 对象：与标准错误输出设备相关联的非缓冲方式的标准输出流。

（4）clog 对象：与标准错误输出设备相关联的缓冲方式的标准输出流。

在默认方式下，标准输入设备是键盘，标准输出设备是显示器。cin 对象和 cout 对象前面已作过说明，cerr 对象和 clog 对象都是输出错误信息，它们的区别是：cerr 没有缓冲区，所有发送给它的出错信息都被立即输出；clog 对象带有缓冲区，所有发送给它的出错信息都先放入缓冲区，当缓冲区满时再进行输出，或通过刷新流的方式强迫刷新缓冲区。应注意的是，cout 对象也能输出错误信息。

这些标准流类对象都包含在头文件 iostream.h 中，使用时应包含该头文件。

8.4　文件操作

8.4.1　文件输入输出流

文件是一系列字符数据的有序集合，按组织形式可分为文本文件和二进制文件两种。在 C++中，要进行文件的输入输出，必须先创建一个流，再把这个流与文件相关联，即打开文件，才能进行输入输出操作，操作完成后关闭文件。

为了执行文件的输入输出操作，C++提供了三个文件输入输出流类：

（1）ofstream：由基类 ostream 派生而来，用于文件的输出（写）。

（2）ifstream：由基类 istream 派生而来，用于文件的输入（读）。

（3）fstream：由基类 iostream 派生而来，用于文件的输入或输出。

与此相对应，为了执行文件的输入输出操作，C++还提供了三个相应的流，即输入流、输出流和输入输出流。定义流类的对象就是建立流，例如：

```
ofstream  out;
ifstream  in;
fstream  inout;
```

建立了流以后，就可以把某一个流与文件建立联系，进行文件的读写操作了。

8.4.2　文件关联与打开

关联与打开文件就是用函数 open()把某一个流与文件建立联系。open()函数是上述三个流类的成员函数，定义在 fstream.h 头文件中，例如：outfile.open(“test.txt”,ios::out);。

其中：第一个参数用来传递文件名；第二个参数的值决定文件打开的方式，打开方式可以从表 8-1 中选取。

表 8-1　文件的打开方式

打开方式	说　　明
ios::in	打开一个输入文件，用这个标志作为 ifstream 的打开方式，以防止截断一个现成的文件
ios::out	打开一个输出文件，对于所有 ofstream 对象，此模式是隐含指定的
ios::app	以追加的方式打开一个输出文件
ios::ate	打开一个现成文件（不论是输入还是输出）并寻找末尾
ios::nocreate	仅打开一个存在的文件（否则失败）
ios::noreplace	仅打开一个不存在的文件（否则失败）
ios::trunc	如果一个文件存在，打开它并删除旧的文件
ios::binary	打开一个二进制文件，默认是文本文件

以上各值可以组合使用，之间用“|”分开。

打开文件时，其文件名和路径可以写全，例如：in.open("c:\\myfile",ios::nocreate);是绝对路径；也可以只写文件名，例如：in.open("myfile",ios::nocreate);是相对路径，系统会默认文件与该 cpp 程序在同一个文件夹下，即默认为当前目录下的文件。也可以将定义流与

打开文件用一条语句完成，如：fstream io("test.txt",ios::in|ios::out);。

8.4.3 文件关闭

文件使用完后，必须关闭，否则会丢失数据。关闭文件就是将文件与流的联系断开。关闭文件用函数 close()完成，它也是流类中的成员函数，没有参数，没有返回值。

例 8-1 文件打开与关闭的例子。

```
#include<iostream.h>
#include<fstream.h>
void main()
{
  ifstream in;
  in.open("c:\\myfile",ios::nocreate);
  if(in.fail())
    cout<<"文件不存在，打开失败！"<<endl;
  in.close();
}
```

本例中的函数 fail()是流类中的成员函数，当文件以 ios::nocreate 方式打开时，可用该函数测试文件是否存在。若存在，返回 0；否则，返回非 0。还有其他一些成员函数，请参考有关文献。

一般情况下，ifstream 和 ofstream 流类的析构函数就可以自动关闭已打开的文件，但若需要使用同一个流对象打开的文件，则需要首先用 close()函数关闭当前文件。

8.5 文件读写

在含有文件操作的程序中，必须包含头文件 fstream.h。

8.5.1 文本文件的读写

对文本文件进行读写时，先要以某种方式打开文件，然后使用运算符“<<”和“>>”进行操作就行了，只是必须将运算符“<<”和“>>”前的 cin 和 cout 用与文件相关联的流对象代替。

例 8-2 文件读写的例子。

```
#include<fstream.h>
void main()
{
  ofstream fout("test.txt");
  if(!fout)
  {
    cout<<"打开文件出错。"<<endl;
  }
```

```
    fout<<"你好！"<<endl;
    fout.close();
    ifstream fin("test.txt");
    if(!fin)
    {
      cout<<"打开文件出错。"<<endl;
    }
    char c[20];
    fin>>c;
    cout<<c<< endl;
    fin.close();
}
```

运行结果：

你好！

例 8-2 中建立 ofstream 的对象 fout 与文件"test.txt"相关联，通过对象 fout 将"你好！"输出到该相关联的文件，其实就是在写文件，然后建立 ifstream 的对象 fin 也与文件"test.txt"相关联，通过对象 fin 从相关联的文件"test.txt"中将内容读入内存，该例是使用内存中的一个字符数组 char c[20]来接收从文件中读入的内容的。

由此可见，在标准输入输出流里是使用键盘和显示器作为默认的输入输出文件，而使用自定义的文件输入输出流就可以自定义相关联的文件进行输入输出，从而完成文件的读写。

8.5.2　二进制文件的读写

任何文件，都能以文本方式或二进制方式打开，文本文件与二进制文件有以下区别：

① 文本文件是字符流，二进制文件是字节流。

② 文本文件在输入时，将回车和换行两个字符转换为字符“\n”，而输出是将字符“\n”转换为回车和换行两个字符，二进制文件不做这种转换。

③ 文本文件遇到文件结束符时，用 get()函数返回一个文件结束标志 EOF，该标志的值为−1。二进制文件用成员函数 eof()判断文件是否结束，其原型为 int eof();当文件到达末尾时，它返回一个非零值，否则返回零。当从键盘输入字符时，结束符为 ctrl_z，也就是说，按下 ctrl_z，eof()函数返回的值为真。

对于二进制方式打开的文件，可以使用函数 read()和 write()进行读写操作。read()函数是输入流类 istream 中定义的成员函数，其最常用的原型为：

```
istream &read(char *buf,int num);
```

作用是从相应的流读出 num 个字节的数据，把它们放入指针所指向的缓冲区中。第一个参数 buf 是一个指向读入数据存放空间的指针，它是读入数据的起始地址；第二个参数 num 是一个整数值，该值说明要读入数据的字节或字符数。该函数的调用格式为：

```
read(缓冲区首地址，读入的字节数);
```

注意：“缓冲区首地址”的数据类型为 char *，当输入其他类型数据时，必须进行类型转换。

write()函数是输出流类 ostream 中定义的成员函数，其最常用的原型为：

```
ostream &write(const char *buf,int num);
```

作用是从 buf 所指向的缓冲区把 num 个字节的数据写到相应的流中。参数的含义、调用及注意事项与 read()相同。

例 8-3 使用成员函数 read 和 write 来实现文件的复制。

```
#include <fstream.h>
#include <stdlib.h>
void  main( )
{
    char  filename1[256],filename2[256];
    char  buff[4096];
    cout <<"输入源文件名:";
    cin >>filename1;
    cout <<"输入目的文件名:";
    cin >>filename2;
    fstream  infile,outfile;
    infile.open(filename1,ios::in | ios::binary | ios::nocreate);
    outfile.open(filename2,ios::out | ios::binary);
    if (!infile ) {
        cout << "不能打开输入文件:"<<filename1<<'\n';
        exit(1);
    }
    if (!outfile ) {
        cout << "不能打开目的文件:"<<filename2<<'\n';
        exit(2);
    }
    int n;
    while (!infile.eof()){                          //文件不结束，继续循环
        infile.read(buff,4096);                     //一次读 4096 个字节
        n=infile.gcount();                          //取实际读的字节数
        outfile.write(buff,n);                      //按实际读的字节数写入文件
    }
    cout<<"已成功复制"<<endl;
     infile.close();
     outfile.close();
}
```

该程序可以实现任意文件类型的复制，包括文本文件、数据文件或执行文件等。在 while 循环中，使用函数 eof 来判断是否已到达文件的结尾。由于从源文件中最后一次读取的数据可能不是 4096 个字节，所以使用函数 gcount 来获得实际读入的字节数，并按实际读的字节数写到目的文件中，也可以使用 sizeof（）函数取到对象的字节数再进行相应的读写。

例 8-4 将一批学生类型的数据以二进制形式写入磁盘文件中，再从该磁盘文件中将数据

读入内存并在显示器上显示。

```
#include <iostream>
#include <fstream>
#include <string>
using namespace std;
struct student
{
  string name;
  int num;
  int age;
  char sex;
};
int main( )
{
     int i;
     student stud[2];
     cout<<"请输入学生的姓名、学号、年龄和性别："<<endl;
     for(i=0;i<2;i++)
     {
         cin>>stud[i].name>>stud[i].num>>stud[i].age>>stud[i].sex;
     }
     ofstream outfile("stud.txt",ios::binary);
     ifstream infile("stud.txt",ios::binary);
     if(!outfile)
      {cerr<<"文件打开出错！"<<endl;
       abort( );                              //退出程序
}
     if(!infile)
      {cerr<<"文件打开出错！"<<endl;
       abort( );                              //退出程序
}
     for(i=0;i<2;i++)
      outfile.write((char*)&stud[i],sizeof(stud[i]));
      outfile.close( );
for(i=0;i<2;i++)
  infile.read((char*)&stud[i],sizeof(stud[i]));
  infile.close( );
  for(i=0;i<2;i++)
   {cout<<" NO" <<i+1<<":"<<endl;
    cout<<" name:" <<stud[i].name<<endl;
    cout<<" num:" <<stud[i].num<<endl;;
    cout<<" age:" <<stud[i].age<<endl;
    cout<<" sex:" <<stud[i].sex<<endl;
   }
}
```

若程序输入为：

```
Jerry 201 20 m
Flora 202 19 f
```

则输出为：

```
NO1:
name:Jerry
num:201
age:20
sex:m
NO2:
name:Flora
num:202
age:19
sex:f
```

由例 8-4 可以看出，用二进制的方式读写文件时函数的两个参数分别为(char*)&stud[i]和 sizeof(stud[i])，第一个参数是起始地址，第二个参数是读取或写入的字节数。

8.5.3 文件的随机读写

前面介绍的文件读写操作都是按一定顺序进行读写的，称为顺序读写文件，它们只能按数据在文件中的排列顺序一个一个地访问数据，有些时候文件需要从某一个位置读写，为此，C++提供了文件的随机读写。它是通过使用输入或输出流中与文件指针随机移动相关的成员函数，移动文件指针而达到随机访问的目的。

移动文件指针的成员函数主要有 seekg()和 seekp()，它们的常用原型为：

```
istream &seekg(streamoff  offset,seek_dir origin);
ostream &seekp(streamoff  offset,seek_dir origin);
```

函数名中的 g 是 get 的缩写，表示要移动输入流文件的指针；而 p 是 put 的缩写，表示要移动输出流文件的指针。其中，第一个参数类型 streamoff 等同于类型 long，是一个长整型的类型，参数 offset 表示相对于第二个参数指定位置的位移量。第二个参数的类型 seek_dir 是系统定义的枚举名，origin 是枚举量，表示文件指针的起始位置。origin 的取值有以下三种情况：

（1）ios::beg：从文件头开始，把文件指针移动到 offset 指定的距离。

（2）ios::cur：从文件当前位置开始，把文件指针移动到 offset 指定的距离。

（3）ios::end：从文件尾开始，把文件指针移动到 offset 指定的距离。

offset 的值可正可负：正数时表示向后移动文件指针；负数时表示向前移动文件指针。例如：

```
f.seekg(-50,ios::cur);          //当前文件指针值前移 50 个字节
f.seekg(50,ios::cur);           //当前文件指针值后移 50 个字节
f.seekg(-50,ios::end);          //文件指针值从文件尾前移 50 个字节
```

进行文件的随机读写时，可用下列函数确定文件当前指针的位置：

```
streampos  tellg();
streampos  tellp();
```

其中，streampos 是在头文件 iostream.h 中定义的类型，实际是 long 型的。函数 tellg()用于输入流文件，函数 tellp()用于输出流文件。

例 8-5 有 5 个学生的数据，要求：

（1）把它们存到磁盘文件中。

（2）将磁盘文件中的第 1、3、5 个学生数据读入程序，并显示出来。

（3）将第 3 个学生的数据修改后存回磁盘文件中的原有位置。

（4）从磁盘文件读入修改后的 5 个学生的数据并显示出来。

```
#include <fstream>
#include <iostream>
using namespace std;
struct student
{
  int num;
 char name[20];
 float score;
};
int main( )
{
student stud[5]={1001,"Jerry",100,1002,"Flora",97,1003,"mary",70, 1004,
"paul",80,1005,"king",60};
 fstream iofile("stud.txt",ios::in|ios::out|ios::binary);
 if(!iofile)
  {
    cerr<<"open error!"<<endl;
    abort( );
  }
 int i;
 for(i=0;i<5;i++)
  iofile.write((char *)&stud[i],sizeof(stud[i]));
 cout<<"五个学生的记录为："<<endl;
 for(i=0;i<5;i++)
   {
    cout<<stud[i].num<<" "<<stud[i].name<<" "<<stud[i].score<<endl;
   }
 student stud1[5];
 cout<<"第 1、3、5 个学生的记录为："<<endl;
 for(i=0;i<5;i=i+2)
   {
```

```
    iofile.seekg(i*sizeof(stud[i]),ios::beg);
    iofile.read((char *)&stud1[i/2],sizeof(stud1[0]));
   cout<<stud1[i/2].num<<" "<<stud1[i/2].name<<" "<<stud1[i/2].score<<endl;
   }
 cout<<endl;
 stud[2].num=1234;
 strcpy(stud[2].name,"Judy");
 stud[2].score=60;
 iofile.seekp(2*sizeof(stud[0]),ios::beg);
iofile.write((char *)&stud[2],sizeof(stud[2]));
 iofile.seekg(0,ios::beg);
 cout<<"更新完第三个学生的记录为: "<<endl;
 for(i=0;i<5;i++)
   {
    iofile.read((char *)&stud[i],sizeof(stud[i]));
    cout<<stud[i].num<<" "<<stud[i].name<<" "<<stud[i].score<<endl;
   }
 iofile.close( );
return 0;
}
```

输出结果为：

```
五个学生的记录为:
1001 Jerry 100
1002 Flora 97
1003 mary 70
1004 paul 80
1005 king 60
第 1、3、5 个学生的记录为:
1001 Jerry 100
1003 mary 70
1005 king 60
更新完第三个学生的记录为:
1001 Jerry 100
1002 Flora 97
1234 Judy 60
1004 paul 80
1005 king 60
```

本程序为二进制文件的读写，不仅可以对文件进行读写操作，还可以修改（更新）数据。利用这些功能，可以实现比较复杂的输入输出任务。需要注意的是，不能用 ifstream 或 ofstream 类定义输入输出的二进制文件流对象，而应当用 fstream 类。

8.6　本章任务实践

8.6.1　任务需求说明

利用面向对象的程序设计思想和方法设计一个学生学籍管理系统，可以输入学生的自然信息，如学号、姓名、电话、住址、学分绩点、备注及是否预约办理学生证等信息，并将输入的信息写入文件中保存，然后再通过读写文件及函数调用实现以下功能：

（1）显示全部学生信息。

（2）查找指定信息。

（3）开具学籍证明。

（4）学生证预约登记。

（5）奖惩信息录入。

（6）按学号排序后输出。

（7）按绩点高低排序后输出。

（8）清除数据文件。

（9）学生信息更新/修改。

（10）作者&版权信息。

具体效果如图 8-2 所示。

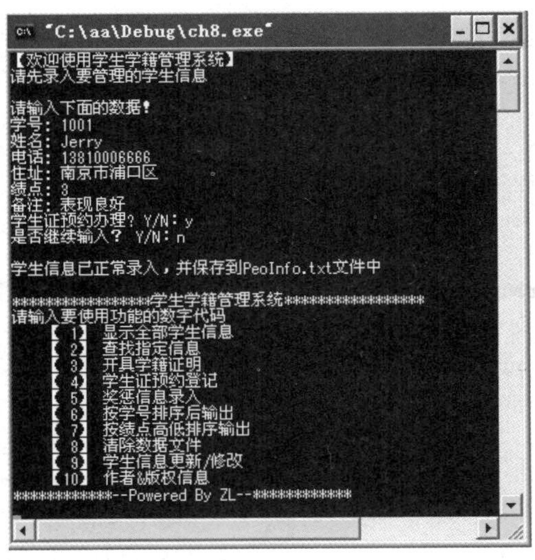

图 8-2　学生学籍管理系统效果图

8.6.2　技能训练要点

本任务中，将数据的存储位置由原来的数组、链表改为了文件，将所有的信息存储在一个文本文件中，这个文本文件就是一个原始的数据库模型，要解决这个任务需要读者会使用文件读写的方法操作学生学籍信息。此外，此系统是一个较为复杂和综合的系统，在系统实现的过程中还需使用到指针、内存的动态分配、链表、类与对象、构造函数、析构函数、友元函数、虚函数、继承、函数与运算符重载等前面所讲过的相关内容。

8.6.3 任务实现

根据前面讲过的内容，程序设计如下：

```
#include<iostream.h>
#include<fstream.h>
#include<stdlib.h>
#include<string.h>
struct Info
{
char num[20];                                    //学号
char name[8];                                    //姓名
char phone[16];                                  //电话
char adres[40];                                  //住址
float mark;                                      //绩点
char other[100];                                 //奖惩信息
char book;                                       //学生证预约
Info *next;
};
static int N;
class Stu
{
protected:
Info *person;
fstream people;
public:
Stu();
virtual Info *SearNum(char *)=0;                 //按学号查找学生信息，纯虚函数
bool operator>(const Info *);                    //比较成绩高低，重载>运算符
   friend void InputOne(Info *p1);               //友元函数
void creat();                                    //创建链表
~Stu();
};

class Show:public Stu                            //Stu 的子类，显示模块，抽象类
{
public:
void ShowOne(Info *);                            //显示指定的学生信息
   void ShowAll();                               //显示所有学生的信息
Info *SearNum(char *);
void ListNum();                                  //按学号排序输出
   void ListMark();                              //按绩点高低排序输出
```

```
void Apply(char *);                      //学籍证明
void Book(char *);                       //学生证预约
void Change(char *);                     //信息更新/修改
void GoodBad(char *);                    //奖惩情况录入
};

Stu::Stu()
{
    N=0;
    person=new Info;                     //内存动态分配
    people.open("PeoInfo.txt",ios::in |ios::out | ios::binary);
    if(people.fail())
      {
       cout<<"创建文件 PeoInfo.txt 出错！ \n" ;
          exit(0);
      }
}

Stu::~Stu()
{
people.close();
}

void InputOne(Info *p1)                  //输入学生信息
{
cout << "\n 请输入下面的数据！ \n" ;
    cout << "学号： ";
cin.getline(p1->num,20);
    cout << "姓名： ";
cin.getline(p1->name,8);
    cout << "电话： ";
    cin.getline(p1->phone,16);
cout << "住址： ";
    cin.getline(p1->adres,40);
    cout << "绩点： ";
    cin >> p1->mark; cin.ignore();       //略过换行符
    cout << "备注： ";
    cin.getline(p1->other,100);
cout << "学生证预约办理？ Y/N： ";
    cin >> p1->book; cin.ignore();
N++;
}

void Show::ShowOne(Info *p)              //显示指定学生信息
{
```

```
    cout << "=====================================================\n\n";
    cout << "学号: " << p->num << endl;
    cout << "姓名: " << p->name << endl;
    cout << "电话: " << p->phone << endl;
    cout << "住址: " << p->adres << endl;
    cout << "绩点: " << p->mark << endl;
    cout << "备注: " << p->other << endl;
    cout << "学生证预约办理 Y/N: " << p->book << endl;
    cout << "=====================================================\n";
}

void Stu::creat()                                          //创建链表
{
Info *head;
Info *p1,*p2;
int n=0;
char GoOn='Y';
p1=p2=new Info;
InputOne(p1);
people.write((char *)p1, sizeof(*p1));         //二进制输出文件
head=NULL;
while(GoOn=='Y'||GoOn=='y')
{
    n++;
    if(n==1) head=p1;
    else p2->next=p1;
    p2=p1;
    cout << "是否继续输入? Y/N: ";
    cin >> GoOn; cin.ignore();
    if(GoOn!='Y' && GoOn!='y')                     //判断输入是否结束
    {
        people.close();
        break;
    }
    p1=new Info;
    InputOne(p1);
    people.write((char *)p1, sizeof(*p1));
}
p2->next=NULL;
person=head;
}

Info *Show::SearNum(char *a)                       //按学号查找学生信息
{
Info *p;
```

```
cout << "开始按学号查找！\n";
p=person;
bool record=false;
while(p!=NULL && !record)
{
    if(strcmp(p->num,a)==0)
    {
        ShowOne(p);
        return p;
        record=true;
    }
    p=p->next;
}
if(!record)
    cout << "没有查找到相关数据！\n";
return NULL;
}

void Show::ShowAll()                //显示所有学生的信息
{
    char again;
    fstream showAll;
cout << "\n\n*** 下面显示所有学生的信息 ***\n" ;
    showAll.open("PeoInfo.txt",ios::in | ios::binary);
    if(showAll.fail())
{
    cout<<"打开文件 PeoInfo.txt 出错！ \n" ;
        exit(0);
}
    showAll.read((char *)person, sizeof(*person));
while( !showAll.eof())
{
        cout << "学号: " << person->num << endl;
        cout << "姓名: " << person->name << endl;
        cout << "电话: " << person->phone << endl;
    cout << "住址: " << person->adres << endl;
        cout << "绩点: " << person->mark << endl;
        cout << "备注: " << person->other << endl;
        cout << "学生证预约办理 Y/N: " << person->book << endl;
    cout << "\n 请按回车键，显示下一条信息!\n";
    cin.get(again);
    showAll.read((char *)person,sizeof(*person));
    }
cout<<"显示完毕!\n";
showAll.close();
```

```
}

void Show::Apply(char *a)        //开具学籍证明
{
Info *p;
p=SearNum(a);
    fstream apply;
apply.open("Apply.txt",ios::out);
cout << "====================================================\n\n";
cout << "                    证    明                    \n";
cout << "    " << p->name <<"同学(学号: "<<p->num<<"), 系我校在校学生。\n";
cout << "    特此证明。\n\n";
cout << "                              东南大学\n\n";
cout << "====================================================\n";
cout << endl << "已按上述格式保存到 Apply.txt 文件中! \n";
apply << "====================================================\n\n";
apply << "                    证    明                    \n";
apply << "    " << p->name <<"同学(学号: "<<p->num<<"), 系我校在校学生。\n";
apply << "    特此证明。\n\n";
apply << "                              东南大学\n\n";
apply << "====================================================\n";
    apply.close();
}

void Show::Book(char *a)        //学生证预约办理
{
Info *p;
p=SearNum(a);
p->book='Y';
cout << "====================================================\n\n";
cout << "预约信息已记录! 请尽快提交相关证明! \n\n";
cout << "====================================================\n";
}

void Show::GoodBad(char *a)      //学生奖惩情况录入功能
{
Info *p;
p=SearNum(a);
cout << "====================================================\n\n";
cout << "请输入该同学的奖惩情况: \n";
cin >> p->other;
fstream GoodBad;
GoodBad.open("PeoInfo.txt",ios::out | ios::binary);
    p=person;
while(p)
```

```
{
    GoodBad.write((char *)p, sizeof(*p));
    p=p->next;
}
    GoodBad.close();
cout << "奖惩情况录入完毕！感谢使用\n\n";
cout << "======================================================\n";
}

bool Stu::operator > (const Info *right)             //运算符重载
{
if(person->mark > right->mark)
    return true;
else return false;
}

void Show::ListNum()                                  //按学号排序输出
{
Info *p1,*p2,*temp,*now;
int i=0;
cout << "开始按学号排序！\n";
now=person;
    p1=person;
p2=person->next;
while(p2 && i++<=N)
{
    if(strcmp(p2->num,p1->num)>0 && p1==person)     //插入到头节点之前
    {
        temp=p2;
        p2=temp->next;                                //在原链表中删除 p2 的信息
        person=temp;
        temp->next=p1;                                //p2 插入到最前
    }
        if(strcmp(p2->num,p1->num)>0)
    {
        temp=p2;
        p2=temp->next;
        temp->next=p1;
        p1=temp;
    }
    now=now->next;
    p1=now;
    p2=now->next;
}
fstream listnum;
```

```
listnum.open("PeoInfo.txt",ios::out | ios::binary);
    p1=person;
while(p1)
{
    listnum.write((char *)p1, sizeof(*p1));
    p1=p1->next;
}
    listnum.close();
ShowAll();
}

void Show::ListMark()                          //按绩点高低排序输出
{
Info *p1,*p2,*temp,*now;
int i=0;
cout << "开始按学号排序! \n";
p1=person;
p2=person->next;
now=person;
while(p2!=NULL && i++<=N)
{
    if(p2>p1 && p1==person)
    {
        temp=p2;
        p2=temp->next;
        person=temp;
        temp->next=p1;
    }
        if(p2>p1)
    {
        temp=p2;
        p2=temp->next;
        temp->next=p1;
        p1=temp;
    }
    now=now->next;
    p1=now;
    p2=now->next;
}
fstream listnum;
listnum.open("PeoInfo.txt",ios::out | ios::binary);
    p1=person;
while(p1)
{
    listnum.write((char *)p1, sizeof(*p1));
```

```
    p1=p1->next;
}
    listnum.close();
ShowAll();
}

void Show::Change(char *a)                    //学生信息更新/修改
{
Info *p;
p=SearNum(a);
cout << "=================================================\n\n";
cout << "请输入该同学更新/修改后的信息：\n";
    cout << "学号：" << p->num << endl;
    cout << "姓名：";
cin.getline(p->name,8);
    cout << "电话：";
    cin.getline(p->phone,12);
cout << "住址：";
    cin.getline(p->adres,40);
    cout << "绩点：";
    cin >> p->mark; cin.ignore();         //略过换行符
    cout << "备注：";
    cin.getline(p->other,100);
cout << "学生证预约办理? Y/N：";
    cin >> p->book; cin.ignore();
fstream Change;
Change.open("PeoInfo.txt",ios::out | ios::binary);
    p=person;
while(p)
{
    Change.write((char *)p, sizeof(*p));
    p=p->next;
}
    Change.close();
cout << "该同学信息更新/修改完毕！感谢使用\n\n";
cout << "=================================================\n";
}

void main()
{
Info *p;
Show show;
int want;
char use='Y';
char sear[20];
```

```
    cout << "【欢迎使用学生学籍管理系统】\n 请先录入要管理的学生信息\n";
show.creat();
cout << "\n 学生信息已正常录入，并保存到 PeoInfo.txt 文件中\n";
while(use=='y' || use=='Y')
{
    cout << "\n*****************学生学籍管理系统*****************\n";
    cout << "请输入要使用功能的数字代码\n";
    cout << "     【 1】 显示全部学生信息\n";
    cout << "     【 2】 查找指定信息\n";
    cout << "     【 3】 开具学籍证明\n";
    cout << "     【 4】 学生证预约登记\n";
    cout << "     【 5】 奖惩信息录入\n";
    cout << "     【 6】 按学号排序后输出\n";
    cout << "     【 7】 按绩点高低排序输出\n";
    cout << "     【 8】 清除数据文件\n";
    cout << "     【 9】 学生信息更新/修改\n";
    cout << "     【10】 作者&版权信息\n";
        cout << "***********--Powered By ZL--*******************\n";
    cin >> want;
    cin.ignore();
        if(want > 10 || want < 1)
        {cout << "输入有误! 请重新输入要使用的功能代码: ";
        cin >> want;
        cin.ignore();
        }
switch(want)
{

    case 1: show.ShowAll(); break;
    case 2:
        {
            cout << "请输入要查找的学号: ";
            cin >> sear;
            p=show.SearNum(sear);
            } break;
    case 3:
        {
            cout << "请输入要开具学籍证明的学生的学号: ";
            cin >> sear;
            show.Apply(sear);
        } break;
        case 4:
        {
            cout << "请输入要预约办理学生证的学生的学号: ";
            cin >> sear;
```

```
            show.Book(sear);
        } break;
        case 5:
        {
            cout << "请输入要录入奖惩信息的学生的学号：";
            cin >> sear;
            show.GoodBad(sear);
        } break;
        case 6:
        {
            cout << "输入任意字符后按回车按键开始排序！";
            cin >> sear;
            show.ListNum();
        } break;
        case 7:
        {
            cout << "输入任意字符后按回车按键开始排序!! ";
            cin >> sear;
            show.ListMark();
        } break;
        case 8:
        {
            cout << "按任意键开始清除！\n";
            fstream clean;
            clean.open("PeoInfo.txt",ios::out);
            cout << "==========================================\n";
            cout << "清除完毕！\n";
            cout << "==========================================\n";
            clean.close();
        } break;
        case 9:
        {
            cout << "请输入要更新/修改信息的学生的学号：";
            cin >> sear; cin.ignore();
            show.Change(sear);
        } break;
        case 10:
        {
            cout << "\n**************学生学籍管理系统**************\n";
            cout << "东南大学“C++语言程序设计”课程\n\n";
            cout << "*********--Powered By ZL--********************\n";
        } break;
    default: break;
}
cout << "\n系统执行完毕，是否使用其他功能？ Y/N: ";
```

```
cin >> use;
if(use=='n' || use=='N')
{
    cout << "==========================================================\n";
    cout << "                感谢使用！再见！\n";
    cout << "==========================================================\n";
}
    }
}
```

每条功能使用完毕后系统会给出“系统执行完毕，是否使用其他功能？ Y/N:”的提示，用户可以根据需要选择是否继续使用该系统，其中第 5 条功能是“奖惩信息录入”，用户可以在此处输入学生的获奖和处分信息，如图 8-3 所示。

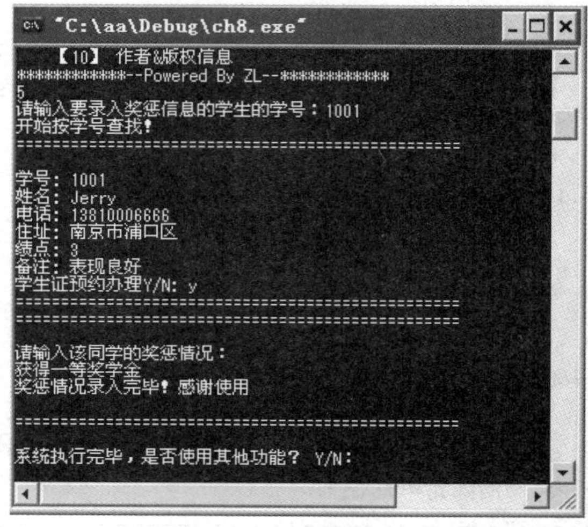

图 8-3 “奖惩信息录入”示意图

这些信息会被写入备注，如图 8-3 所示输入完成后，再次查看该生信息会发现备注已经被修改成“获得一等奖学金”，如图 8-4 所示。

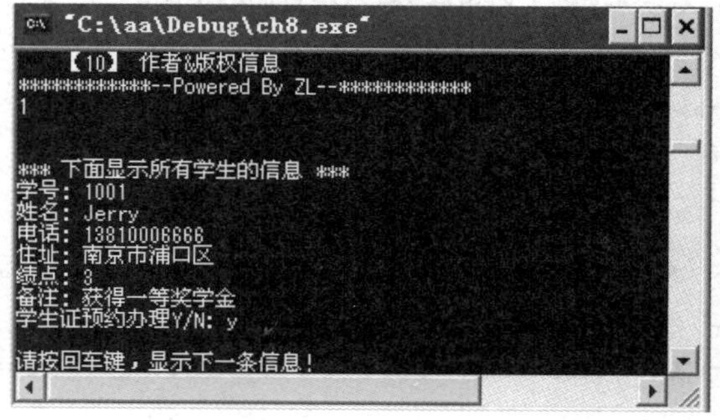

图 8-4 查看信息

其余功能读者可以自行编写并运行系统进行了解，在此不再赘述。

本章小结

本章主要讲解了输入输出流及文件读写的相关内容，读者通过本章的学习应该掌握使用文件来存储数据的方法，学会编写程序对文本文件和二进制文件进行读写，并了解如何对相应的文件进行随机读写，为以后编写较大规模的程序打下良好的基础。

课后练习

1．C++语言程序中进行文件操作时应包含的头文件是________。

A．fstream.h　　B．math.h

C．stdlib.h　　D．strstrea.h

2．在打开磁盘文件的访问方式常量中，用来以追加方式打开文件的是________。

A．in　　B．out

C．ate　　D．app()

3．在下列读写函数中，进行写操作的函数是________。

A．get()　　B．read()

C．put()　　D．getline()

4．已知文本文件 abc.txt，以读方式打开，下列的操作中错误的是________。

A．fstream infile ("abc.txt", ios::in);　　B．ifstream infile ("abc.txt");

C．ofstream infile ("abc.txt");　　D．fstream infile; infile.open("abc.txt", ios::in);

5．已知：ifstream input;在下列写出的语句中，将 input 流对象的读指针移到距当前位置后（文件尾方向）100 个字节处的语句是________。

A．input.seekg(100,ios::beg);　　B．input.seekg(100,ios::cur);

C．input.seekg(−100,ios::cur);　　D．input.seekg(100,ios::end);

6．关于 read()函数的下列描述中，________是对的。

A．函数只能从键盘输入中获取字符串

B．函数所获取的字符多少是不受限制的

C．该函数只能用于文本文件的操作中

D．该函数只能按规定读取所指定的字符数

7．下列函数中，________是对文件进行写操作的。

A．read()　　B．seekg()　　C．get()　　D．put()

8．系统规定与标准设备对应的 4 个流对象是________、________、________和________。

9．在定位读写指针的带有两个参数的函数中，表示相对位置方式的 3 个常量是________、________和________。

10．下面是一个将文本文件 readme 中的内容读出并显示在屏幕上的示例，请完成该程序。

```
#include<fstream.h>
void main()
{
    char buf[80];
    ifstream me("c:\\readme");
    while(_______)
    {
        me.getline(_______,80);
        cout<<buf<<endl;
    }
    me.close();
}
```

11. 下面的程序向 C 盘的 new 文件写入内容，然后把该内容显示出来，试完成该程序。

```
#include<fstream.h>
void main()
{
    char str[100];
    fstream f;
    _______;
    f<<"hello world";
    f.put('\n');
    f.seekg(0);
    while( _______)
    {
        f.getline(str,100);cout<<str;
    }
    _______;
}
```

12. 阅读程序，写出运行结果。

```
#include <iostream.h>
#include <fstream.h>
#include <stdlib.h>
void main()
{
   fstream inf,outf;
   outf.open("my.dat",ios::out);
   if(!outf)
   {
     cout<<"Can't open file!\n";
     abort();
   }
   outf<<"abcdef"<<endl;
   outf<<"123456"<<endl;
```

```
    outf<<"ijklmn"<<endl;
    outf.close();
    inf.open("my.dat",ios::in);
    if(!inf)
    {
      cout<<"Can't open file!\n";
      abort();
    }
    char ch[80];
    int a(1);
    while(inf.getline(ch,sizeof(ch)))
        cout<<a++<<':'<<ch<<endl;
    inf.close();
}
```

13．阅读程序，写出运行结果。

```
#include <iostream.h>
#include <fstream.h>
#include <stdlib.h>
void main()
{
    fstream f;
    f.open("my1.dat",ios::out|ios::in);
    if(!f)
    {
      cout<<"Can't open file!\n";
      abort();
    }
    char ch[]="abcdefg1234567.\n";
    for(int i=0;i<sizeof(ch);i++)
      f.put(ch[i]);
    f.seekg(0);
    char c;
    while(f.get(c))
        cout<<c;
    f.close();
}
```

14．阅读程序，写出运行结果。

```
#include <iostream.h>
#include <fstream.h>
#include <stdlib.h>
struct student
{
    char name[20];
```

```
    long int number;
    int totalscore;
}stu[5]={"Li",502001,287,"Gao",502004,290,"Yan",5002011,278,"Lu",502014
,285, "Hu",502023,279};
void main()
{
    student s1;
    fstream file("my3.dat",ios::out|ios::in|ios::binary);
    if(!file)
    {
      cout<<"Can't open file!\n";
      abort();
    }
    for(int i=0;i<5;i++)
    file.write((char *)&stu[i],sizeof(student));
    file.seekp(sizeof(student)*2);
    file.read((char *)&s1,sizeof(stu[i]));
    cout<<s1.name<<'\t'<<s1.number<<'\t'<<s1.totalscore<<endl;
    file.close();
}
```

15．编写程序，在文件 old.txt 中的所有行后加上句号后写入文件 new.txt 中。

16．编程统计一个文本文件中字符的个数。

17．编程给一个文件的所有行上加行号，并存到另一个文件中。

18．定义一个 Dog 类，包含体重和年龄两个数据成员及相应的成员函数。声明一个实例 dog1，体重为 5，年龄为 10，使用 I/O 流把 dog1 的状态写入磁盘文件；再声明另一个实例 dog2，通过读文件把 dog1 的状态赋给 dog2。

第 9 章

模板与异常处理

9.1 本章简介

模板是 C++语言多态性中支持参数类型化的工具。所谓参数类型化，是指将一段程序所处理对象的参数类型定义为一个通用类型，使该程序能处理某些类型范围内的各种类型的变量或对象，这些类型呈现某种共同的结构。

在设计应用软件时，不仅要保证软件的正确性，而且应该具有一定的容错能力，充分考虑到各种意外情况，并进行恰当的处理。这就是异常处理。

9.2 本章知识目标

本章主要介绍 C++模板与异常处理方面的内容，通过本章的学习，读者应该掌握以下知识点：

（1）掌握函数模板的定义和使用。

（2）掌握类模板的定义和使用。

（3）了解异常处理的概念，学会在编程中使用异常处理。

9.3 模板

9.3.1 模板的概念

很多情况下，设计一种算法或函数需要处理多种数据类型。例如，求绝对值的函数 abs：

```
int abs(int x){ return x>0 ? x : -x; }
double abs(double x){ return x>0 ? x : -x; }
long abs(long x){ return x>0 ? x : -x; }
```

从以上函数的定义可知，这些函数的函数体相同，参数类型和函数返回类型不同。能否采用某种方法避免以上函数体的重复定义呢？解决这个问题的一种方法是使用模板。例如，对于以上的三个函数，可定义以下模板：

```
template < typename  T>
    T abs(T x) {return x>0 ? x : -x; }
```

模板是实现代码重用机制的一种工具，它可以实现参数的类型化，即把参数定义为通用类型，从而实现代码重用。模板分为函数模板和类模板，它们分别用于构造模板函数和模板类。模板、模板函数、模板类和对象之间的关系如图 9-1 所示。

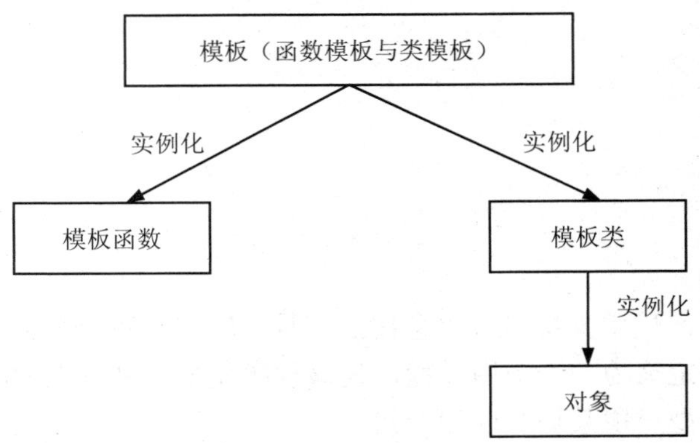

图 9-1　模板、模板类、模板函数和对象之间的关系

9.3.2　函数模板

函数模板可实现函数参数的通用性，简化函数体设计，提高程序设计的效率。定义函数模板的格式为：

```
template  <类型参数表>
<返回类型> <函数名>(<函数形参表>)
{  …  }                                        //函数体定义
```

其中，template 是定义模板的关键字，所有函数模板的定义都以关键字 template 开始。类型参数表必须用尖括号<>括起来的，对于类型参数表中列举一个或多个类型参数项（用逗号分隔参数项），每一个参数项由关键字 typename 或 class 后跟一个标识符组成。例如：

```
template < typename T > 或  template <class T>
template < typename  T1, typename  T2 >或 template < class T1, class T2 >
```

关键字 typename 或 class 指定函数模板的类型参数，标识符 T、T1 和 T2 为类型参数，它们表示传递给函数的参数类型、函数返回值类型和函数中定义变量的类型。注意，类型参数在函数模板的定义中是一种通用的数据类型，而不表示某一种具体的数据类型。在使用函数模板时，必须将这种类型参数实例化，即用某种具体的数据类型替代它。函数形参表中至少要给出一个参数说明，并且在类型参数表中给出的每个类型参数都必须在函数形参表中得到使用，即用来说明函数形参的类型。

调用函数模板的方法与调用一般函数方法相同，由函数名和实参表组成。不同的是系统要用函数的实参类型替换函数模板定义中的类型参数。遇到调用函数模板时，系统首先确定类型参数所对应的具体类型，并按该类型生成一个具体函数，然后再调用该函数。由函数模板在调用时生成的具体函数称为模板函数，它是函数模板的一个实例。

例 9-1　函数模板的例子。

```
#include <iostream.h>
 template < typename T>
 T max(T x,T y)
 {  return (x>y) ? x : y; }
void main( )
{
    int  x1=1,y1=2 ;
    double  x2=3.4,y2=5.6;
    char  x3='a',y3='b';
    cout<<max(x1,y1)<< '\t';                    //A
    cout<<max(x2,y2)<< '\t';                    //B
    cout<<max(x3,y3)<<endl;                     //C
}
```

程序输出结果如下：

```
2      5.6    b
```

在 A 行、B 行和 C 行调用模板函数时，编译器分别产生函数模板的三个实例。A 行中用实参 int 对类型参数 T 进行实例化；B 行中用实参 double 对类型参数 T 进行实例化；C 行用实参 char 对类型参数 T 进行实例化。类型参数 T 被实例化后，编译器以函数模板为样板生成函数，以 A 为例：

```
int max(int x, int y)
{   return (x>y) ? x : y; }
```

并使用 A 行中的 max(x1,y1)调用该实例化的函数。编译器对 B 行和 C 行作类同的处理。

函数模板中的类型参数 T 可以被实例化为各种类型，其实际类型取决于模板函数给出的实参类型。但要注意实例化 T 的各模板函数的实参之间必须保持完全一致的类型，否则会出现语法错误。例如，对于以下的函数 f:

```
#include <iostream.h>
  template <typename T>
  T max(T x,T y)
  { return (x>y) ? x : y; }
void f(int i, char c, double d)
{
        max(i,i);                         //正确，调用 max(int,int)
        max(c,c);                         //正确，调用 max(char,char)
        max(d,d);                         //正确，调用 max(double,double)
        max(i,c);                         //D  错误
        max(i,d);                         //错误
        max(c,d);                         //错误
}
```

错误的原因是由于函数模板中的类型参数只有到该函数真正被调用时才能确定其实际类型。在调用函数时，编译器按最先遇到的实参的类型隐含生成一个模板函数，并用它对所有的参数进行类型一致性检查。例如，对 D 行中的函数 max(i,c)，编译器首先按变量 i 的类型将类型参数 T 解释为 int 类型，而实参 c 是 char 类型，与 int 类型不一致（此处不进行隐含的类型转换），因此将出现类型不一致的错误。

函数模板与函数是一对多的关系。函数模板是对具有相同操作的一类函数的抽象，它以任意类型 T 作为参数类型，函数返回值类型也为 T。模板函数则表示某一具体的函数。函数模板与模板函数的关系如图 9-2 所示。

函数模板实现了函数参数的通用性，作为一种代码的重用机制，可以大大提高程序设计的效率。

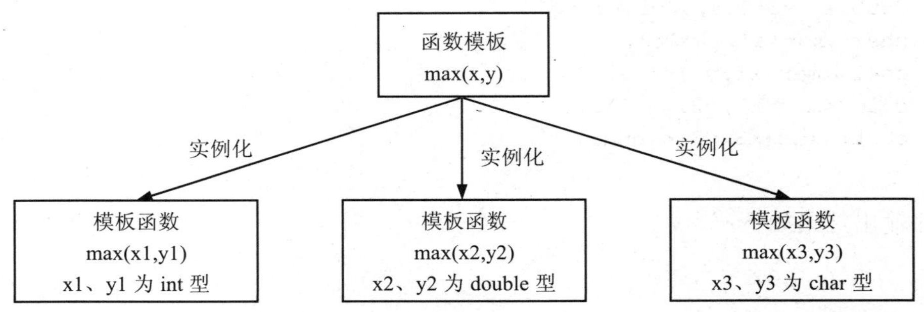

图 9-2　函数模板与模板函数的关系

9.3.3　类模板

1．类模板的定义

类模板可以为类的定义提供一种模式，使得类中的某些数据成员、成员函数的参数和返回值能取任意数据类型。

类模板的定义与函数模板的定义类似，其格式为：

```
template <类型参数表>
class <类名>{
  …   };                                  //类体定义
```

其中，template 是定义一个模板关键字，所有的类模板定义以 template 开始。

类型参数表必须用尖括号<>括起来，它由一个或多个类型参数项（用逗号隔开），每一参数项由关键字 class 后跟一个标识符组成。例如：

```
template < class T >
```

或

```
template < class T1, class T2 >
```

标识符 T、T1 和 T2 为类型参数，它们用来指定类中数据成员的类型、成员函数的参数类型、成员函数返回值类型等。这种类型参数是一种通用的数据类型，在类中可以用来说明成员的类型或成员函数的参数类型。在使用类模板时，必须将其实例化，即用实际的数据类型替代它。注意，当类模板中的成员函数在类体外定义时，必须将成员函数定义为函数模板的形式。

下面通过一个例子来说明如何定义一个类模板。

例 9-2　定义一个类模板。

```
//test.h(将类模板定义为一个头文件)
template <class T>
class Test{
    T a;
    int b;
public:
    Test(){b=0;}
    Test(T x , int y)                    //A
    {
      a=x;
      b=y;
    }
    int Getb() { return b; }
    void Print() { cout<<a<<b<<endl; }
};
```

注意，若将 A 行的构造函数的实现放到类外定义时，必须以函数模板格式定义。例如：

```
template <class T>
Test<T>::Test(T x,int y)
{
  a=x;
  b=y;
}
```

2．类模板的实例化

类模板不代表一个具体的、实际的类，而代表若干个具有相同特性的类，它是生成类的样板。实际上，类模板的使用就是将类模板实例化为一个个具体的类，即模板类，然后再通过模板类建立对象。说明模板类对象的格式为：

```
<类名> <类型参数表> <对象 1>, … ,<对象 n>;
```

其中，类型参数表必须用尖括号括起来，它由用逗号分隔的若干类型标识符或常量表达式构成。类型参数表中的参数与类模板定义时类型参数表中的参数必须一一对应。

当编译器遇到类模板的使用时，将使用类型参数表中所给出的类型去替换类模板定义中的相应参数，从而生成一个具体的类，称其为类模板的一个实例，这整个过程就是将类模板实例化的过程。类模板只有被实例化后才能定义对象。

例 9-3　使用类模板生成多个对象。

```
#include <iostream.h>
```

```
#include "test.h"
void main( )
{
    Test <int> obj1(10,1);          //B  对象 obj1 的数据成员 a 为 int 型
    Test <char> obj2('A',2);        //C  对象 obj2 的数据成员 a 为 char 型
    obj1.Print();
    obj2.Print();
}
```

程序输出结果如下：

```
101
A2
```

B 行和 C 行分别生成两个模板对象 obj1 和 obj2。obj1 用实参 int 对类型参数 T 进行实例化，obj2 用实参 char 对类型参数 T 进行实例化。类型参数 T 被实例化后，编译器以类模板为样板，对 B 行的 Test <int>生成以下形式的模板类：

```
class Test{
    int a,
    int b;
public:
    Test(){b=0;}
    Test(int x,int y)
    {
      a=x;
      b=y;
    }
    int Getb() { return b; }
    void Print() { cout<<a<<b<<endl; }
};
```

实例化的类 Test<int>、Test<char>等称为模板类。模板类的名字由类模板名字与其后的尖括号括起来的一个类型名一起构成，可以像其他的类名字一样使用。

模板类是类模板对某一特定类型所产生的一个实例。类模板代表许多具有某些相同属性的类，模板类是类模板实例化的类，它表示某一具体的类。类模板和模板类之间的关系如图 9-3 所示。

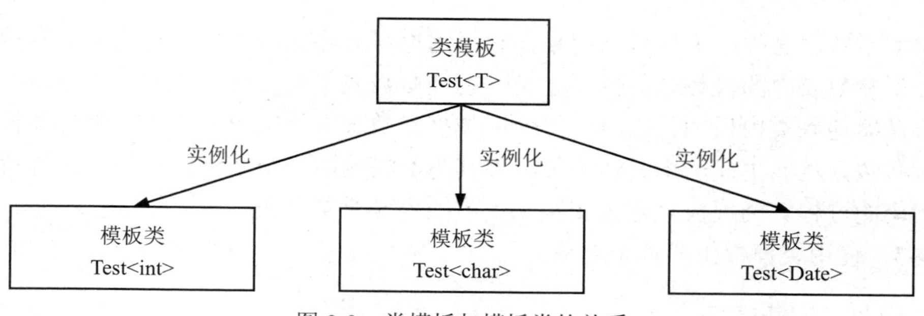

图 9-3　类模板与模板类的关系

例 9-4 设计一个类模板，实现任意类型数据的存取。

```
#include <iostream.h>
#include <stdlib.h>
template <class T>                                //定义类模板
class Store{
        T item;
        int val;
public:
        Store(){val=0;}
        T GetItem();
        void PutItem(T x);
    };
    template <class T>                            //定义类模板的成员函数
    T Store<T>::GetItem()
    {
        if (val==0){
            cout<<"No item present!"<<endl;
            exit(1);
        }
        return item;
    }
    template <class T>
    void Store<T>::PutItem(T x){ val++; item=x; }
    struct Student
    {
        char name[8];
        double score;
    };
void main( )
{
 Student graduate={"Alice",92};
 Store<int> iObj;
 Store<Student> SObj;
 Store<double> dObj;
 iObj.PutItem(3);
 cout<<iObj.GetItem()<<endl;
 SObj.PutItem(graduate);
 cout<<"The student "<<SObj.GetItem().name<<"'s score is "<<SObj.GetItem()
 .score<<endl;
 cout<<"Retrieving double object is "<<dObj.GetItem()<<endl;
}
```

执行程序后，输出结果为：

```
3
```

```
The student Alice's score is 92
No item present!
```

9.4 异常处理

9.4.1 异常处理概述

异常就是在程序运行过程中由于使用环境的变化以及用户的操作等产生的不正常的现象。例如，内存不足时应用程序请求内存分配、请求打开硬盘上不存在的文件、程序中出现了以零为除数的错误、打印机未打开、调制解调器掉线等都会引发异常。对这些不正常的现象，应用程序如果不能进行合适的处理，将会使程序变得非常脆弱，甚至不可使用。因此，对于这些可以预料的错误，在程序设计时，应编制相应的预防代码或处理代码，以便防止异常发生后造成严重后果。一个应用程序，既要保证其正确性，还应有容错能力，也就是说，既要在正确的应用环境中，在用户正确操作时，要运行正常、正确，并且在应用环境出现意外或用户操作不当时，也应有合理的反应。

在C++中，异常处理是指从发生问题的代码区域传递到处理问题的代码区域的一个对象。小型程序在出现异常时，一般是将程序立即中断运行，无条件释放所有资源。

例 9-5 以下程序当除数为零时，停止运行并给出提示信息。

```
#include<iostream.h>
#include<stalib.h>
double fuc(double x, double y)
{
  if(y==0)
  {
    cerr<<"error of dividing zero.\n";
    exit(1);
  }
  return x/y;
}
void main()
{
  fuc(2,3);
  fuc(4,0);
}
```

大中型程序中，上述处理方法就过于简单粗糙。这是因为在大中型程序中，函数之间有着明确的分工和复杂的调用关系。发现错误的程序往往在函数调用链的底层，这样，简单地在发现错误的函数中处理异常，就没有机会把调用链中的上层函数已经完成的一些工作做妥善的善后处理。例如，上层函数已经申请了堆对象，那么释放堆对象的工作显然不能在底层函数中处理，从而使程序不能正常运行。因此，对于大中型程序来说，在程序运行中一旦发生异常，应该允许恢复和继续运行。恢复是指把产生异常的错误处理掉，中间可能涉及一系列函数调用链的退栈、对象的析构、资源的释放等。继续运行是指异常处理之后，在紧接着异常处理的代码区域中继续运行。

处理异常的基本思想是：在底层发生的问题，逐级上报，直到有能力可以处理异常的那级为止。即在应用程序中，若某个函数发现了错误并引发异常，这个函数就将该异常向上级调用者传递，请求调用者捕获该异常并处理该错误。如果调用者不能处理该错误，就继续向上级调用者传递，直到异常被捕获且错误被处理为止。如果程序最终没有相应的代码处理该异常，那么该异常最后被 C++系统所接受，C++系统就简单地终止程序运行。异常的传递如图 9-4 所示。

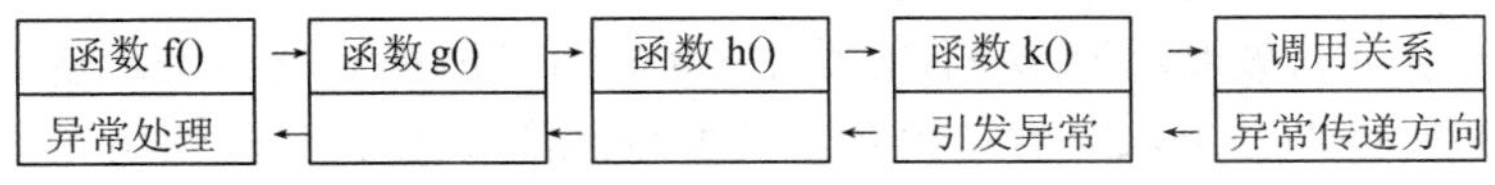

图 9-4　异常的传递方向

从图 9-4 可以看出，函数 f 调用了函数 g，函数 g 又调用了函数 h，函数 h 调用了函数 k，这是一个嵌套调用，如果在函数 k 中出现了异常，且函数 k 本身不能处理，异常处理机制就会先看函数 h 能否处理，若不行就接着看函数 g 能否处理，若还不行就去看函数 f 能否处理，都不行的话再交给 C++编译系统来处理。可见，C++异常处理的目的，是在异常发生时，尽可能地减少破坏，周密地处理善后，而不去影响程序其他部分的运行，这也是程序员在编程过程中需要注意的。

9.4.2　异常处理的实现

C++异常处理的步骤如下。

1．定义异常（try 语句块）

将可能产生异常的语句放在 try 语句块中。其格式是：

```
try
{
  可能产生错误的语句
}
```

2．定义异常处理（catch 语句块）

将异常处理的语句放在 catch 语句块中，以便异常被传递过来时处理。通常，异常处理是放在 try 语句块后的由若干个 catch 语句组成的程序中。其格式是：

```
catch（异常类型声明 1）
{
  异常处理语句块 1
}
catch（异常类型声明 2）
{
  异常处理语句块 2
}
…
```

```
catch (异常类型声明 n)
{
  异常处理语句块 n
}
```

3．抛出异常（throw 语句）

检测是否产生异常，若是，则抛出异常。其格式是：

```
throw 表达式;
```

如果在 try 语句块的程序段中（包括在其中调用的函数）发现了异常，且抛出了该异常，则这个异常就可以被 try 语句块后的某个 catch 语句所捕获并处理，捕获和处理的条件是被抛出的异常的类型与 catch 语句的异常类型相匹配。由于 C++使用数据类型来区分不同的异常，因此在判断异常时，throw 语句中的表达式的值就没有实际意义，而表达式的类型就特别重要。

例 9-6 以下程序处理除数为 0 的异常事件。分析程序的执行过程如下：

```
#include <iostream.h>
int Div(int x,int y)                                          //整除函数
{
        if(y==0)     throw  y;                                //A
        return x/y;
}
float Div(float x,float y)                                    //实除函数
{
        if(y==0)     throw y;                                 //B
        return x/y;
}
void main(void)
{
        try {                                                 //C
            int a,b;
            float x,y;
            cout<<"输入两个整数：\n";
            cin>>a>>b;
            cout<<"a/b="<<Div(a,b)<<endl;                     //D
            cout<<"输入两个实数：\n";
            cin>>x>>y;                                        //E
            cout<<"x/y="<<Div(x,y)<<endl;                     //F
        }
        catch(int y ){                                        //G
            cout<<"整除时，除数为 0."<<endl;
        }
        catch(float y ){                                      //H
            cout<<"y="<<y<<"\t 实数除法时，除数为 0."<<endl;   //I
        }
```

```
        cout<<"OK."<<endl;                                    //J
}
```

以上程序从 C 行开始执行，当输入两个整数且除数为 0 时，执行 D 行的调用函数 Div 时，转去执行该函数的函数体，执行到 A 行时产生一个 int 型异常事件，则执行 G 行开始的异常事件处理程序。处理该异常事件后，转到 J 行执行。当输入两个整数且除数不为 0 时，就可以顺利执行到 E 行。当输入两个实数且除数为 0 时，执行 F 行的调用函数 Div，转去执行该函数的函数体，执行到 B 行时产生一个 float 型异常事件，将此时 y 的值传给 H 行的形参 y，执行 I 行的异常事件处理程序，最后依然转到 J 行执行。

也可以将 B 行"throw y"中的 y 改为任何的数值数据传到 H 行的形参 y，例如改为 throw (float)3.14;当输入两个实数分母为 0 时就会输出：

```
cout<<y=3.14  实数除法时，除数为 0
```

注意，因为异常处理时 catch 语句的执行是依据异常类型匹配相应处理的，所以如果将 throw (float)3.14 改为 throw 3.14，就执行不到相应的 catch 语句，异常就会交给 C++编译系统进行处理，如图 9-5 所示。

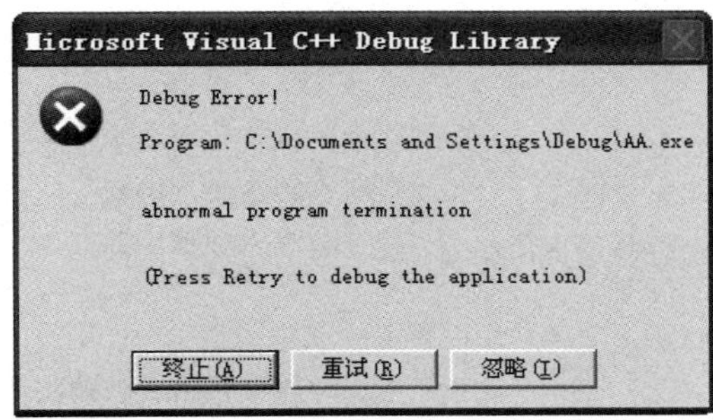

图 9-5　C++编译系统进行处理异常

9.5　本章任务实践

9.5.1　任务需求说明

使用类模板的有关知识测试类 student 包含的各种类型数据的使用，例如使用模板操作类 student 输出学号和平均分，使用模板操作整型数据来输出学生的年龄等。

9.5.2　技能训练要点

读者需要掌握模板的相关概念与使用方法，会使用模板编写和操作各种类型数据的程序。

9.5.3　任务实现

```
#include<iostream>
#include<cstdlib>
```

```
using namespace std;
class student
{
 public:
    int id;
    float gpa;
    student(int i=0,float g=0)
     {
        id=i;
        gpa=g;
     }
};

template <class T>                        //类模板
class store
{
  private:
    T item;
    bool havevalue;                       //havevalue 标记 item 是否已被存入内容
  public:
    store();                              //默认形式(无形参)的构造函数
    T &getelem();                         //提取数据函数
    void putelem(const T&x);              //存入数据函数
};

template<class T>                         //默认构造函数的实现
store<T>::store():havevalue(false){}

template<class T>                         //提取数据函数的实现
T&store<T>::getelem()
{
if(!havevalue)                            //如果试图提取未初始化的数据，则终止程序
{
    cout<<"没有获取到元素!"<<endl;
    exit(1);                              //使程序完全退出，返回到操作系统
}
return item;                              //返回 item 中存放的数据
}
template<class T>                         //存入数据函数的实现
void store<T>::putelem(const T&x)
{
    havevalue=true;                   //将 havevalue 置为 true，表示 item 已存入数据
    item=x;                           //将 x 的值存入 item
}
```

```
void  main()
{
store<int>s1,s2;          //定义两个 store<int>类对象，item 为 int 类型
s1.putelem(20);           //向对象 s1 中存入数据（初始化对象 s1）
s2.putelem(22);           //向对象 s2 中存入数据（初始化对象 s2）
cout<<"学生年龄为："<<endl;
cout<<s1.getelem()<<" "<<s2.getelem()<<endl;   //输出对象 s1 和 s2 的数据成员
student g(1001,90);       //定义 student 类型结构体变量的同时赋予初值
store<student>s3;//定义 store<student>类对象 s3，其中数据成员 item 为 student 类型
s3.putelem(g);            //向对象 s3 中存入数据（初始化对象 s3）
cout<<"学生 ID 号为："<<s3.getelem().id<<endl;    //输出对象 s3 的数据成员
cout<<"学生平均成绩为："<<s3.getelem().gpa<<endl;
store<double>d; //定义 store<double>类对象 d，其中数据成员 item 为 double 类型
cout<<"得到的对象 d:"<<endl;
cout<<d.getelem()<<endl;                        //输出对象 d 的数据成员
return 0;
}
```

运行程序得到输出，如图 9-6 所示。

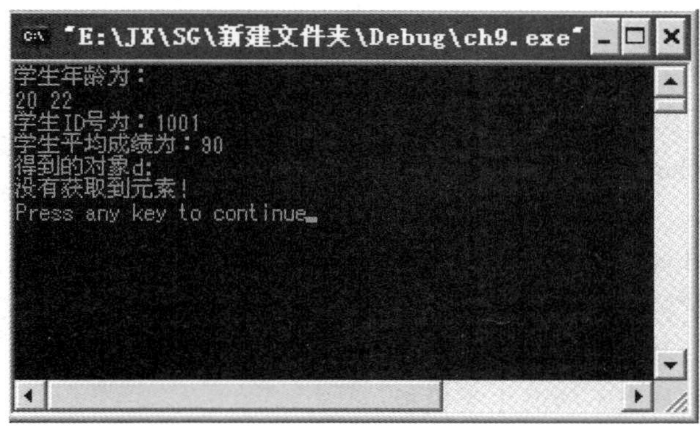

图 9-6　程序运行结果

由输出可以看到使用类模板可以输出任意类型的数据，案例中 double 类型的数据 d 未经初始化，其中没有元素，所以在执行函数 d.getelem()过程中会输出“没有获取到元素!”的提示。

本章小结

本章主要讲解了模板与异常处理的相关知识，详细分析了函数模板和类模板的概念、定义和使用方法，阐述了异常处理在编程中的作用及编写方法，这些内容可以使读者更加方便地使用 C++进行编程，同时也可以提高所写程序的效率及容错性。

课后练习

1. 关于函数模板，描述错误的是________。
   A．函数模板必须由程序员实例化为可执行的函数模板
   B．函数模板的实例化由编译器实现
   C．一个类定义中，只要有一个函数模板，这个类就是类模板
   D．类模板的成员函数都是函数模板，类模板实例化后，成员函数也随之实例化
2. 在下列模板说明中，正确的是________。
   A．template < typename T1, T2 >
   B．template < class T1, T2 >
   C．template < typename T1, typename T2 >
   D．template (typedef T1, typedef T2)
3. 假设有函数模板定义如下：

```
template <typename T>
Max( T a, T b ,T &c)
{ c = a + b; }
```

下列选项正确的是________。

   A．int x, y; char z;
   Max(x, y, z);
   B．double x, y, z;
   Max(x, y, z);
   C．int x, y; float z;
   Max(x, y, z);
   D．float x; double y, z;
   Max(x, y, z);
4. 关于类模板，描述错误的是________。
   A．一个普通基类不能派生类模板
   B．类模板可以从普通类派生，也可以从类模板派生
   C．根据建立对象时的实际数据类型，编译器把类模板实例化为模板类
   D．函数的类模板参数需生成模板类并通过构造函数实例化
5. 建立类模板对象的实例化过程为________。
   A．基类→派生类　　B．构造函数→对象
   C．模板类→对象　　D．模板类→模板函数
6. 在C++中，容器是一种________。
   A．标准类　　B．标准对象　　C．标准函数　　D．标准类模板
7. 阅读下列程序，写出运行结果________。

```
#include <iostream>
using namespace std;
template <typename T>
void fun( T &x, T &y )
{
```

```
T temp;
    temp = x;  x = y;  y = temp;
}
int main()
{
int i , j;
   i = 10; j = 20;
   fun( i, j );
   cout << "i = " << i << '\t' << "j = " << j << endl;
   double a , b;
   a = 1.1; b = 2.2;
   fun( a, b );
   cout << "a = " << a << '\t' << "b = " << b << endl;
}
```

8. 阅读下列程序，写出运行结果________。

```
#include <iostream>
using namespace std;
template <typename T>
class Base
{
public:
    Base( T i , T j ) { x = i;  y = j; }
    T sum() { return x + y; }
  private:
    T x, y;
};
int main()
{
Base<double> obj2(3.3,5.5);
cout << obj2.sum() << endl;
Base<int> obj1(3,5);
cout << obj1.sum() << endl;
}
```

9. 阅读下列程序，写出运行结果________。

```
#include<iostream>
using namespace std;
int a[ 10 ] = { 1, 2, 3, 4, 5, 6, 7, 8, 9, 10 };
int fun( int i );
int main()
{
int i ,s = 0;
    for( i = 0; i <= 10; i++ )
    {
```

```
try
      {
s = s + fun( i );
      }
    catch( int )
      {
cout<<"数组下标越界! "<<endl;
}
    }
    cout<<"s = "<<s<<endl;
}
int fun( int i )
{
 if ( i >= 10 )
      throw i;
   return a[i];
}
```

10. 阅读下列程序，写出运行结果________。

```
#include<iostream>
using namespace std;
void f();
class T
{
public:
T()
{
cout<<"constructor"<<endl;
try
  {
throw  "exception";
}
catch( char  . )
  {
cout<<"exception1"<<endl;
}
throw  "exception";
}
~T()
{
cout<<"destructor";
}
};
int main()
{
```

```
cout<<"main function "<<endl;
    try
{
f();
}
    catch( char . )
{
cout<<"exception2"<<endl;
}
    cout<<"main function "<<endl;
}
void f()
{
T t;
}
```

11．抽象类和类模板都是提供抽象的机制，请分析它们的区别和应用场合。

12．对一个应用是否一定要设计异常处理程序？异常处理的作用是什么？

13. 什么叫抛出异常？catch 可以获取什么异常参数？是根据异常参数的类型还是根据参数的值处理异常？请编写测试程序验证。

14．从键盘上输入 x 和 y 的值，计算 $y = \ln(2x - y)$ 的值，要求用异常处理“负数求对数”的情况。

15．使用函数模板实现对不同类型数组求平均值的功能，并在 main 函数中分别求一个整型数组和一个浮点型数组的平均值。

16．建立节点，包括一个任意类型数据域和一个指针域的单向链表类模板。在 main 函数中使用该类模板建立数据域为整型的单向链表，并把链表中的数据显示出来。

第 10 章

使用 MFC 开发应用系统

10.1 本章简介

本章介绍 MFC（Microsoft Foundation Class，基础类）程序设计的基础知识，程序员可以使用编程向导生成应用程序的基本框架，使用 MFC 提供的工具和控件设计程序界面，建立应用程序的消息处理机制。本章还阐述简单的 Access 数据库的操作过程和使用方法，并使用 MFC 连接 Access 数据库，并进一步将控制台下的系统案例在 MFC 界面窗口中实现，提高了系统实现的交互性和可使用性。

10.2 本章知识目标

（1）了解 MFC 应用程序及类的层次结构。
（2）学会用向导创建 MFC 应用程序框架。
（3）熟练掌握 MFC 对话框和常用控件的使用与编程方法。
（4）掌握 MFC 消息与命令的处理。
（5）学会 Access 数据库的使用，熟练掌握 MFC ODBC 数据库操作。
（6）利用 MFC 和 Access 数据库开发学生信息管理系统。

10.3 MFC 类及应用程序框架

10.3.1 MFC 应用程序概述

VC++编程方法有非 Windows 编程和 Windows 编程两种。前面章节介绍的均为非 Windows 编程。Windows 编程方法又可分为直接调用 Windows 提供的 Win32 API（应用程序接口）函数开发应用程序和使用 VC++提供的 MFC 两种，MFC 提供了大量的类和代码支持，使用编程向导能容易地生成应用程序的基本框架（界面），再用类向导建立应用程序的消息处理机制，在此基础上设计出满足应用需求的应用程序。

10.3.2　MFC 类的层次结构

MFC 类的层次结构如图 10-1 所示。

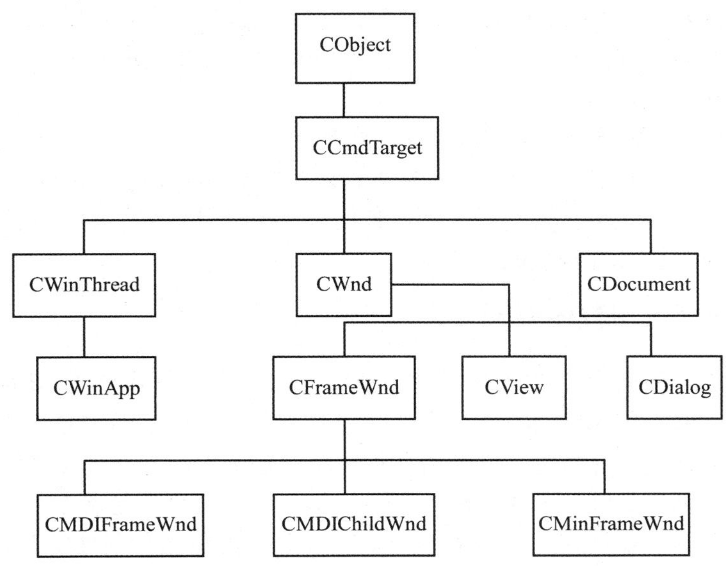

图 10-1　MFC 类的层次结构

CObject 类是 MFC 提供的绝大多数类的基类。该类完成动态空间的分配与回收，支持一般的诊断、出错信息处理和文档串行化等。在头文件 afx.h 中给出了 CObject 类的定义。为了便于理解 MFC 中类的定义，先介绍两种 MFC 中经常用的函数原型说明：

```
void* PASCAL operator new(size_t nSize);
BOOL IsSerializable() const;
```

在函数名前的 PASCAL 表示函数的参数按 PASCAL 语言规定的格式入栈，这种格式可提高传递函数参数的效率。BOOL 型表示函数的返回值只能为 1（表示逻辑真）或 0（表示逻辑假）。

CCmdTarget 类将系统事件和窗口事件发送给响应这些事件的对象，完成消息发送、等待光标、派遣（调度）等工作，并实现应用程序的对象之间协调运行。

CWinThread 类为线程类，它对线程进行控制，包括产生线程、运行线程、终止线程、挂起线程等。

CWinApp 类是应用程序的主线程类，它由 CWinThread 类派生。任何一个 MFC 应用程序只能有一个 CWinApp 类的对象。

CWnd 类是窗口类，该类及其派生类的对象均为窗口。每一个窗口都能接收和处理窗口事件。

CFrameWnd 类由 Cwnd 类派生，它是边框窗口类，它包含标题栏、系统菜单、边框、最小/最大化按钮和一个视图窗口。

CMDIFrameWnd 类是多文档边框窗口类，其对象是多文档界面的图文框窗口。

CMDIChildWnd 类是多文档子窗口类，多个文档窗口的每一个文档窗口是该类对象。

CMinFrameWnd 类是一种简化的、功能单一的、文本框式的图文框窗口类。

CView 类是视图类，它为应用程序与 Windows 之间提供了一个输入输出的接口，负责接收键盘或鼠标的输入，实现数据的图形化输出。一个视图类对象总是与文档对象相关联，一个文档类可关联多个视图对象（对同一个文档做不同的视图处理），而一个视图对象只能与一个文档对象相关联。

CDialog 类为对话框类。该类的对象是一种输入输出的界面。

CDocument 类为文档类。当对文档进行处理时，必须创建文档类或该类的派生类对象。文档类包含了应用程序在运行期间所用到的数据。视图类是数据的图示形式。只有通过文档类的对象才能对数据进行修改或处理。

10.3.3　MFC 应用程序框架

可以利用应用程序向导建立基于单文档/视图结构的简单应用程序，查看框架程序中各类的结构。在 Visual C++ 6.0 开发环境中，选择“文件”菜单下的“新建”菜单项，弹出对话框，选择要创建的文件类型，共分为文件、工程、工作区和其他文档四种类型。每种类型又包含许多具体的类型，这里选择“工程”选项卡。“工程”选项卡下列出的是各种不同的工程类型，例如 dll 类型的动态链接库、exe 类型的可执行程序等，这里选择 MFC AppWizard（exe），表示要创建的是使用 MFC 编程的可执行程序，如图 10-2 所示。在图 10-2 中的“工程名称”文本框中输入工程名字 DrawTest，在“位置”文本框中输入工程文件的存放目录，界面右下角的“平台”下拉列表框中的 Win32 表示新建的工程建立在 32 位 Windows 平台上。

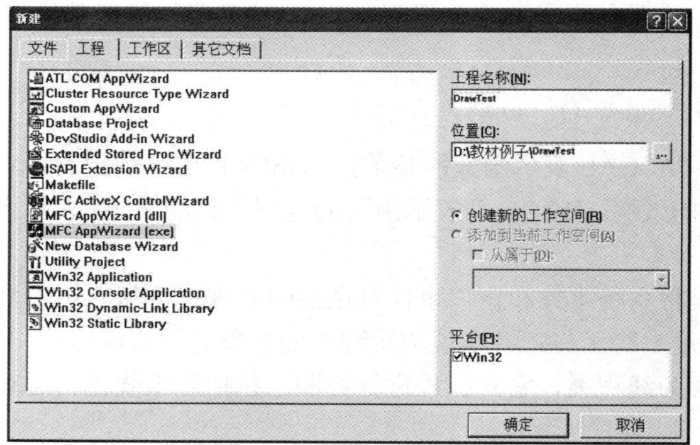

图 10-2　设置工程类型、工程名称和工程存放路径

在如图 10-2 所示的界面中，单击“确定”按钮，设置应用程序类型和程序中的资源使用的语言，这里选择应用程序类型为“单文档”，语言为中文，如图 10-3 所示。

在如图 10-3 所示的界面中，单击“下一步”按钮，设置程序是否支持数据库，如图 10-4 所示。

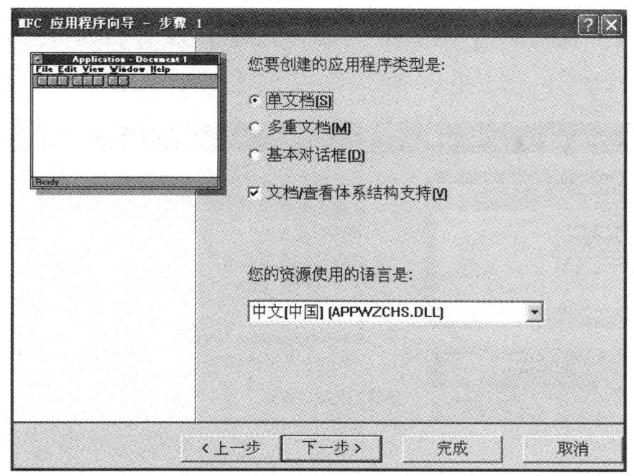

图 10-3　设置应用程序类型和程序中的资源使用的语言

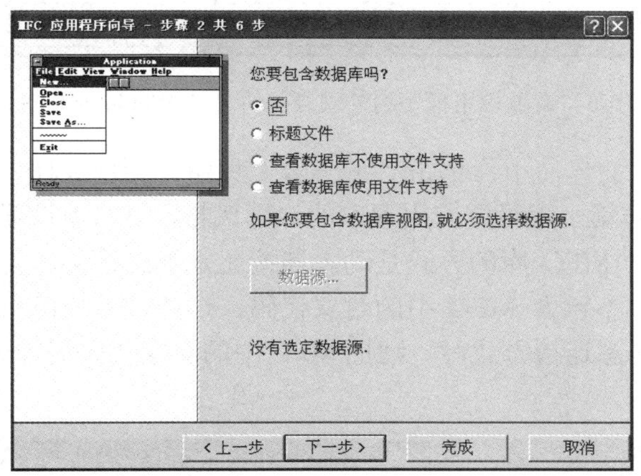

图 10-4　设置应用程序是否支持数据库

在如图 10-4 所示的界面中，单击“下一步”按钮，设置程序对复合文档的支持，这里选择“没有，不需要”，如图 10-5 所示。

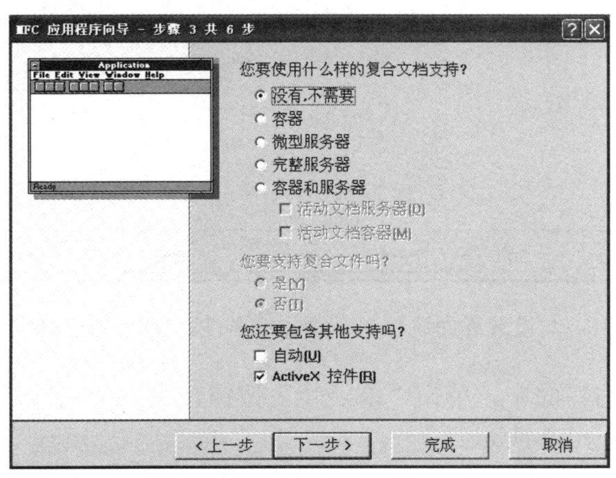

图 10-5　设置应用程序是否支持复合文档

在如图 10-5 所示的界面中，单击“下一步”按钮，设置程序的其他特性，如程序外观、是否支持 Windows Sockets 等。这里保留默认设置不变，如图 10-6 所示。

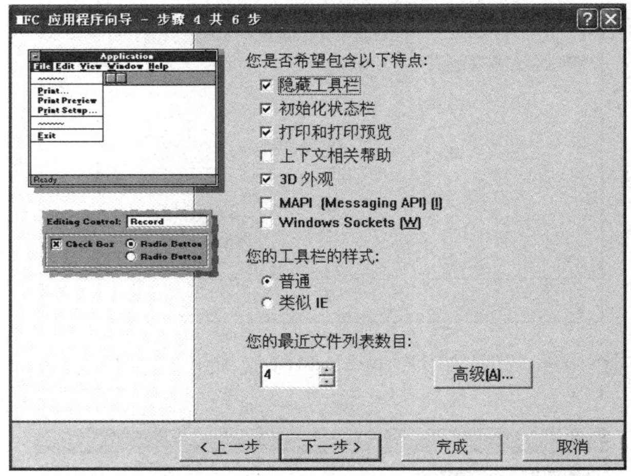

图 10-6 设置应用程序的外观及是否支持 Windows Sockets

在如图 10-6 所示的界面中，单击“下一步”按钮，弹出如图 10-7 所示界面。在如图 10-7 所示的界面中，第一项设置应用程序的界面风格，第二项设置是否为程序自动生成备注，第三项设置使用 MFC 库的方式是动态连接还是静态连接。使用动态连接方式是在以后生成的应用程序中不包含 MFC 中的对象代码，这些对象代码只有在应用程序需要的时候才调用；而使用静态连接方式时，则把 MFC 中的对象代码编译成应用程序的一部分。这里保留默认设置不变。

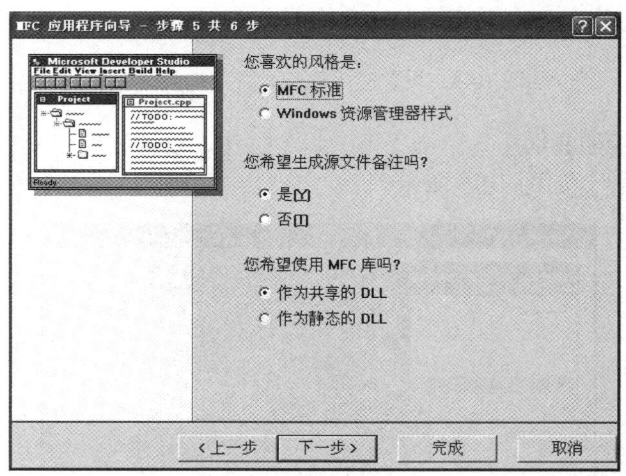

图 10-7 设置界面风格、是否生成备注、DLL 的连接方式

在如图 10-7 所示的界面中，单击“下一步”按钮，设置应用程序向导自动创建的对象及其相关文件名，如图 10-8 所示。

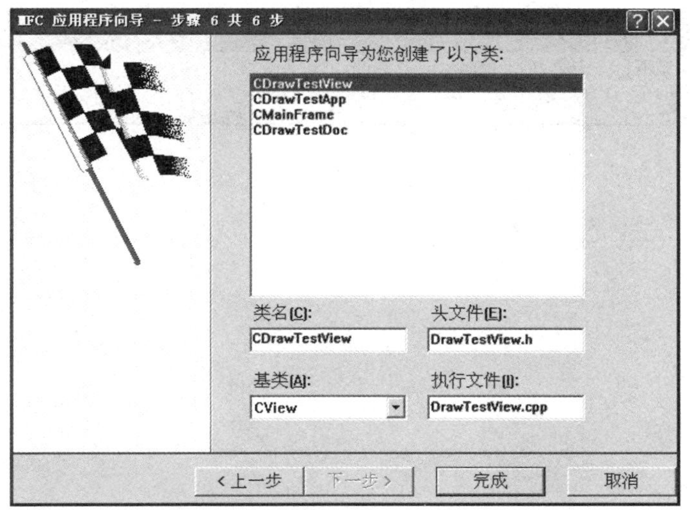

图 10-8　设置应用程序向导自动生成的对象及相关文件名

在如图 10-8 所示的界面中，单击“完成”按钮，可以浏览应用程序向导调用过程中每个步骤的设置情况，如图 10-9 所示。

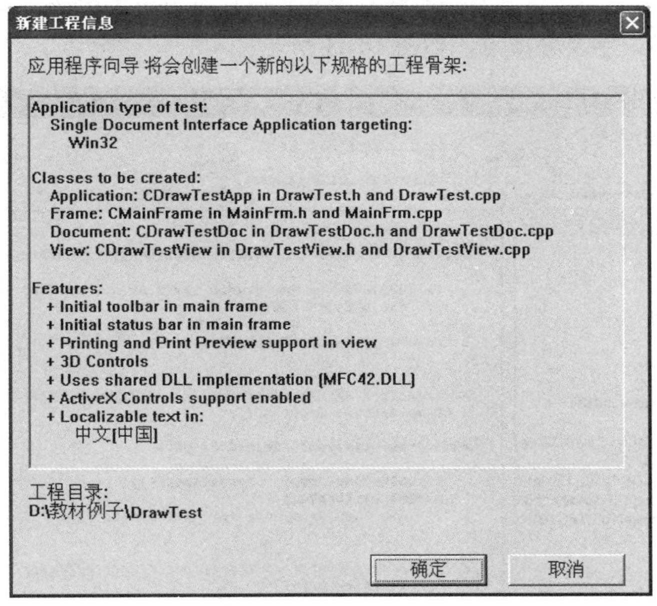

图 10-9　应用程序向导设置情况浏览界面

在如图 10-9 所示的界面中，单击“确定”按钮，应用程序向导会根据以上步骤的设置情况生成一个基于 MFC 的框架程序，对该工程项目文件进行编译和连接，产生一个可执行程序。运行该应用程序时，在显示器上产生一个如图 10-10 所示的应用程序窗口。该窗口包含了标题栏、菜单条、工具条和状态栏。菜单条中的部分菜单已提供了实现菜单功能的程序代码，部分菜单没有提供实现代码。

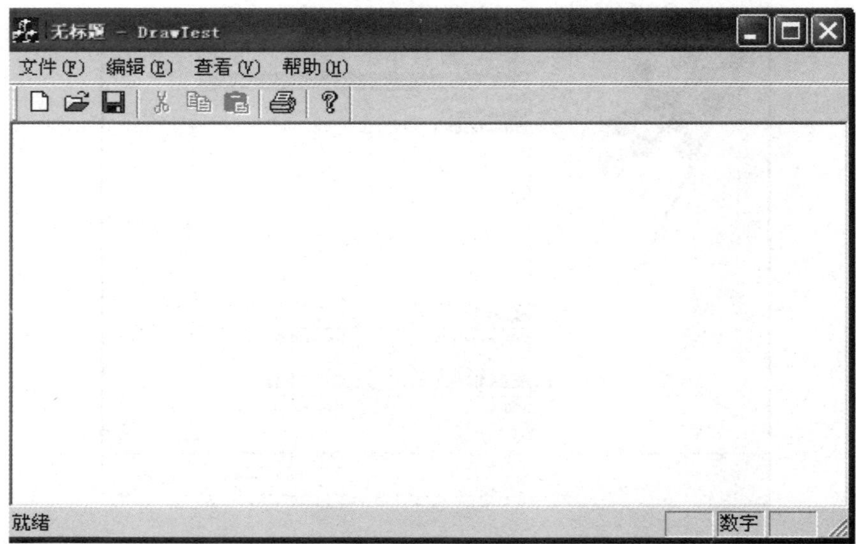

图 10-10 应用程序窗口

在项目工作区窗口中一共有三个分页，分别是 ClassView 面板、ResourceView 面板和 FileView 面板。在每个面板中都有一个树型结构，用户可以单击树形节点左侧的“+”字展开节点或者单击“-”字层叠节点，如图 10-11 所示。

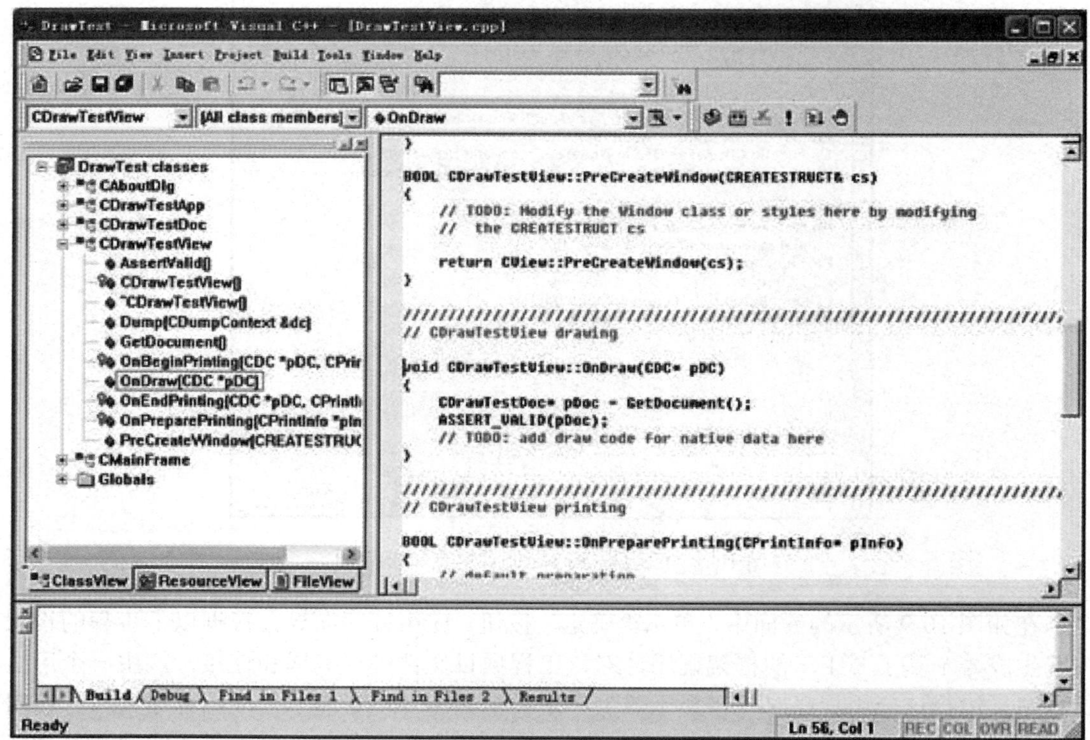

图 10-11 MFC 项目工作区窗口

（1）ClassView 面板（类面板）。

类面板显示了当前项目中所包含的类和类成员的树型结构，如图 10-12 所示。

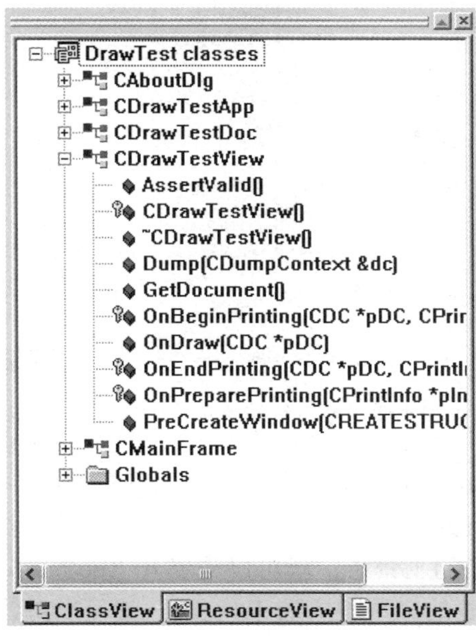

图 10-12　ClassView 面板

展开 DrawTest classes 节点，该节点的下层节点就是当前项目中所包含的所有类，展开每个类节点，所显示的就是该类中的所有类成员，包括成员函数和成员变量。在类的每个成员节点的左边都有一个小图标，该图标给出了成员函数或成员变量的类型以及存取类别：

① 钥匙图标，表示该类成员为保护成员；

② 红色方块，表示该类成员为成员函数；

③ 蓝色方块，表示该类成员为成员变量；

④ 锁，表示该类成员为私有成员变量；

Globals 节点下是项目中的全局成员。

通过使用类面板，用户可以很方便地查看和编辑源代码文件。双击类节点，就会打开对应该类的头文件；双击类成员节点，就会打开相应的源码文件，并定位到相应的位置；双击成员函数，打开类文件（.cpp 文件），并定位到函数方法名最左端；双击成员变量，打开头文件（.h 文件），并定位到变量声明的最左端。用户可以在源代码编辑窗口中进行代码编写。

在类节点或类成员节点上右击，会弹出快捷菜单，如图 10-13 所示。利用快捷菜单，用户可以方便地创建新类；给已有类增减成员函数和成员变量；直接跳转到类、成员函数、成员变量的定义和声明处，等等。

（2）ResourceView 面板（资源面板）。

资源面板用于管理项目资源，应用程序中所使用的对话框、图标、菜单、工具条等都属于项目资源，如图 10-14 所示。

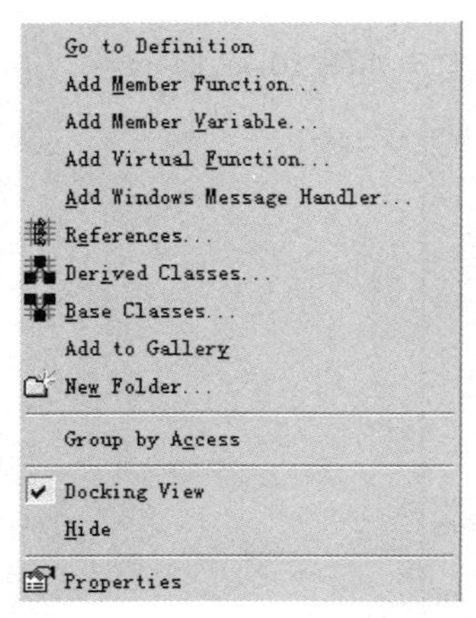

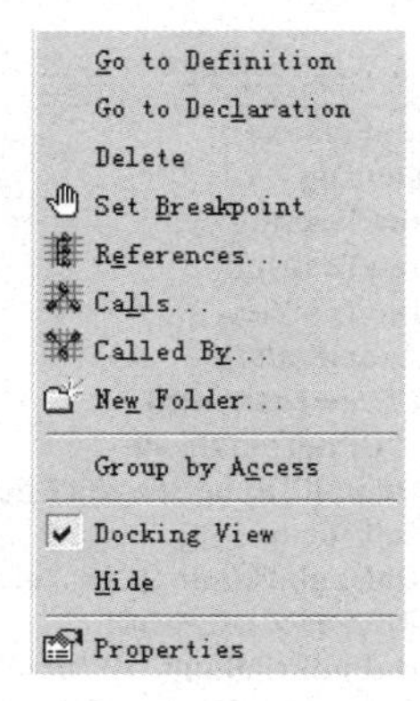

图 10-13　类节点快捷菜单和类成员节点快捷菜单

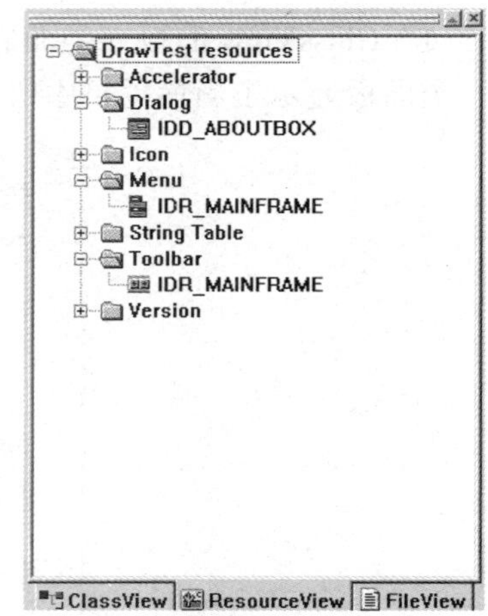

图 10-14　ResourceView 面板

根节点 DrawTest resources 的下层节点是各种项目资源文件夹。展开项目资源文件夹，就可以看到项目中包含的资源。双击资源节点，就可以对该资源进行查看和编辑。例如，用户想要查看当前应用程序的工具条，就可以先展开 Toolbar 项目文件夹节点，然后双击 IDR_MAINFRAME（所创建的应用程序的工具条），就可以对该工具条进行查看和编辑。

（3）FileView 面板（文件面板）。

文件面板显示了项目所包含的各种文件及其之间的关系，如图 10-15 所示。

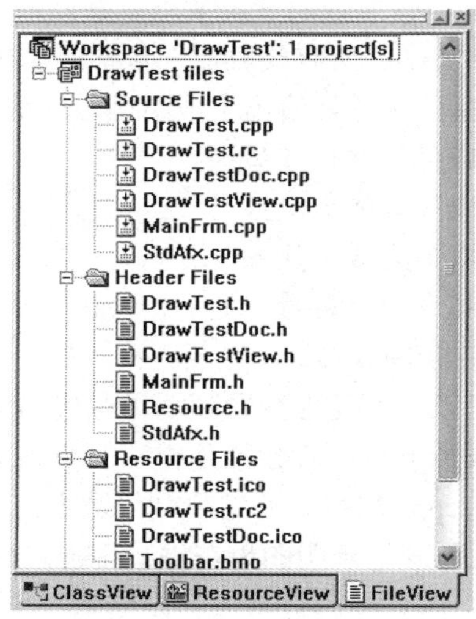

图 10-15　FileView 面板

双击文件面板中的文件名，源代码编辑窗口会自动以合适的编辑器打开相应的文件。在文件面板中看到在 Source Files 中有一个 DrawTest.rc 文件。.rc 文件就是项目的资源文件，双击该文件，将自动打开资源面板。

虽然在文件面板中也可以打开类的源代码文件，对类及其成员进行编辑。但是这里还是强烈建议用户使用类面板对类及其成员进行操作。在面向对象程序设计中，程序员操作的对象是类，代码的设计和编写始终都应该是基于类和对象的。通过类面板，用户可以时刻了解当前应用程序的类组成，而且每个类的成员构成一目了然。尽管 Visual C++ 6.0 中每个类仍由两个源代码文件组成，但是在编程过程中应该将这两个文件当成一个整体来看。利用类面板及其提供的快捷菜单，可以加快程序开发，还减少错误。

10.4　消息与命令的处理

在 Windows 平台下，每当发生一个事件时，系统产生一个消息，并将该消息发送给相应的窗口对象。若该窗口对象中定义了该消息的处理函数，则由系统自动调用该函数来处理消息。每一个消息均有一个消息标识（一个无符号整数，用宏名来表示）。通常，使用类向导建立起消息标识与消息处理函数间的映射关系。系统还用一个数据来表示消息的内容，其内容随消息不同而变化，并将该消息数据作为参数传递给消息处理函数。

MFC 编程的主要任务之一是建立消息映射，并设计相应的消息处理函数。通常消息处理函数是通过 ClassWizard（类向导）来创建的，并由其产生消息处理函数的框架，程序设计者的任务是根据应用程序的需求在消息处理函数的框架内，增加相应的程序代码。

MFC 中将消息分为三类：标准 Windows 消息、控件通知消息和命令消息。

1. 标准 Windows 消息

消息标识除 WM_COMMAND 以外，所有以 WM_开头的消息都是标准的 Windows 消息。这类消息必须由窗口和视图对象来处理，并且均有默认的消息处理函数，在 CWnd 类中预定义了默认的消息处理函数（见头文件 afxwin.h）。

MFC 对消息的处理有统一的格式，消息处理函数名均由 On 和消息名组成。应用程序涉及的标准 Windows 消息有：字符输入、鼠标、重画、滚动等消息。

（1）字符消息 WM_CHAR。

每当按下键盘上的一个键时，产生一个 WM_CHAR 消息，处理该消息的成员函数格式为：

```
afx_msg void OnChar(UINT nChar, UINT nRepCnt, UINT nFlags);
```

其中，nChar 是所按字符的 ASCII 值，nRepCnt 为重复次数（通常为 1），nFlags 表示扫描码、先前键状态、转换状态等，其含义见表 10-1。

表 10-1　nFlags 各字段的含义

位	含　义
0～7	扫描码
8	若同时按下扩展键（功能键或小键盘上的键）为 1，否则为 0
9～10	未用
11～12	Windows 内部使用
13	若同时按下 Alt 键则为 1，否则为 0
14	先前键的状态，若消息发送前键处于按下状态，则为 1，否则为 0
15	指明键转换状态，若键已松开，则为 1，否则为 0

实际上，当按下键盘上某一数字或字符键时，系统产生 WM_KEYDOWN 消息，松开一个键时产生 WM_KEYUP 消息，这两个消息经组合后产生一个 WM_CHAR 消息；当按下 Alt 键时产生 WM_SYSTEMDOWN 消息，松开 Alt 键时产生 WM_SYSTEMUP 消息。可为每一个消息建立一个消息处理函数。

（2）鼠标消息。

鼠标消息有六个：WM_LBUTTONDOWN（按下鼠标左键）、WM_LBUTTONUP（松开鼠标左键）、WM_RBUTTONDOWN（按下鼠标右键）、WM_RBUTTONUP（松开鼠标右键）、WM_MOUSEMOVE（拖动鼠标）、WM_LBUTTONDBLCLK（双击左键）。处理鼠标消息的成员函数的原型类同，以鼠标左键弹起的消息处理函数的原型为例，其原型为：

```
afx_msg void OnLButtonUp(UINT nFlags, CPoint point);
```

其中，类型 CPoint 的定义为：

```
typedef  struct  targCPoint
   {
    short  x,y;
   }CPoint;
```

即鼠标事件发生时，point 给出了鼠标在窗口中的坐标（x,y），坐标原点（0,0）是窗口的左上角。nFlags 中的一位表示一个状态，其值与含义见表 10-2。例如，nFlags & MK_LBUTTON 的值为 1 时，表示按下鼠标左键。根据 point 的值和 nFlags 就能确定鼠标键，并实现与 Ctrl 及 Shift 键的组合。

表 10-2　nFlags 中位屏蔽的含义

位屏蔽	含义
MK_CONTROL	按下 Ctrl 键为 1，否则为 0
MK_SHIFT	按下 Shift 键为 1，否则为 0
MK_LBUTTON	按下鼠标左键为 1，否则为 0
MK_MBUTTON	按下鼠标中键为 1，否则为 0
MK_RBUTTON	按下鼠标右键为 1，否则为 0

（3）重画消息 WM_PAINT。

当窗口的大小、窗口内容及窗口间的层叠关系发生变化时，或调用成员函数 UpdateWindow 或 RedrawWindow 时，系统将产生 WM_PAINT 消息，表示要更新窗口的内容。该消息处理函数的原型为：

```
afx_msg void OnPaint();
```

该函数没有参数。该函数的处理步骤为：首先，调用 BeginPaint 函数，将窗口更新的区域置为 NULL，封锁接着的 WM_PAINT 消息；然后，根据文档类中的数据绘制图形；最后，调用 EndPaint 函数结束绘制过程。

（4）滚动消息 WM_HSCROLL 和 WM_VSCROLL。

当用鼠标移动窗口的滚动条时产生滚动消息。水平滚动的消息为 WM_HSCROLL，垂直滚动消息为 WM_VSCROLL，消息处理函数的原型为：

```
afx_msg void OnHScroll(UINT nSBCode, UINT nPos, CScrollBar* pScrollBar);
afx_msg void OnVScroll(UINT nSBCode, UINT nPos, CScrollBar* pScrollBar);
```

其中 nSBCode 用于区分向左（上）或向右（下）滚动一行、向左（上）或向右（下）滚动一页；仅当要滚动到指定的位置时，nPos 的值才有意义（当前位置）；pScrollBar 指向滚动条控件。

2. 控件通知消息

控件通知消息属于命令消息中的一类，包括控件产生的消息和子窗口传送给父窗口的命令消息 WM_COMMAND。例如，当用户改变编辑控件中的文本时，它向父窗口发送一条已改变文本内容的控件通知消息。用户单击按钮时，是作为命令消息来处理的，而不是作为控件通知消息来处理的。控件通知消息由窗口和视图对象来处理。

3. 命令消息

用户选择菜单项、单击工具栏按钮或命令按钮时所产生的消息称为命令消息。每一个命令消息都要定义一个命令 ID（一个无符号整数，唯一的标识命令），MFC 类库已预定义了一些命令的 ID（见 afxres.h），一般命令的 ID 由编程人员自行定义，定义的方法在后面的例子中给出。

在 MFC 中，消息的发送与接收过程为：每当产生一个消息时，由 CWinApp 的成员函数 Run 检索到该消息，并将该消息发送给相应的窗口对象，经消息映射后自动调用相匹配的消息处理函数。

消息映射是通过宏来实现。为了标识这种特殊的映射，用 BEGIN_MESSAGE_MAP 和 END_MESSAGE_MAP 把消息映射括起来。消息映射的格式为：

```
ON_COMMAND(ID, FunName)
```

其中，第一个参数为消息标识，第二个参数为处理该消息的函数名，即在消息与其处理函数之间建立映射关系。例如，工程文件 Example 中建立的部分消息映射为：

```
BEGIN_MESSAGE_MAP(CExamleApp, CWinApp)
    //{{AFX_MSG_MAP(CExamleApp)
    ON_COMMAND(ID_APP_ABOUT, OnAppAbout)
    //NOTE - the ClassWizard will add and remove mapping macros here.
    //DO NOT EDIT what you see in these blocks of generated code!
    //}}AFX_MSG_MAP
    //Standard file based document commands
    ON_COMMAND(ID_FILE_NEW, CWinApp::OnFileNew)
    ON_COMMAND(ID_FILE_OPEN, CWinApp::OnFileOpen)
    //Standard print setup command
    ON_COMMAND(ID_FILE_PRINT_SETUP, CWinApp::OnFilePrintSetup)
END_MESSAGE_MAP()
```

注意，例如//{{AFX_MSG_MAP(CExamleApp) }}中的“//”是将消息映射条目括起来，并不是注解。绝不能删除这种标记，因 ClassWizard 要用到这种标记。这部分内容由 ClassWizard 产生，不能随便修改。表 10-3 中给出了 MFC 中常用的消息映射宏。表中 ON_WM_XXXX 表示以 ON_WM_开头的所有消息名，ON_XXXX 的含义类同。

表 10-3 消息映射宏

宏 格 式	消 息 类 型
ON_WM_XXXX	预定义的 Windows 消息
ON_COMMAND	命令
ON_UPDATE_COMMAND_UI	更新命令
ON_XXXX	控件通知
ON_MESSAGE	用户自己定义的消息
ON_REGISTERED_MESSAGE	已注册的 Windows 消息
ON_COMMAND_RANGE	命令 ID 范围（处理指定范围内的命令）
ON_ UPDATE_ COMMAND_RANGE	更新命令 ID 范围
ON_CONTROL_RANGE	控件 ID 范围

例 10-1 利用应用程序向导建立基于单文档/视图结构的应用程序，查看框架程序中各类的结构，编程实现如图 10-16 所示界面，要求：

（1）在客户区单击鼠标左键、右键时弹出消息框显示当前鼠标坐标。

（2）在客户区按下字符键时弹出消息框显示当前按下的字符。

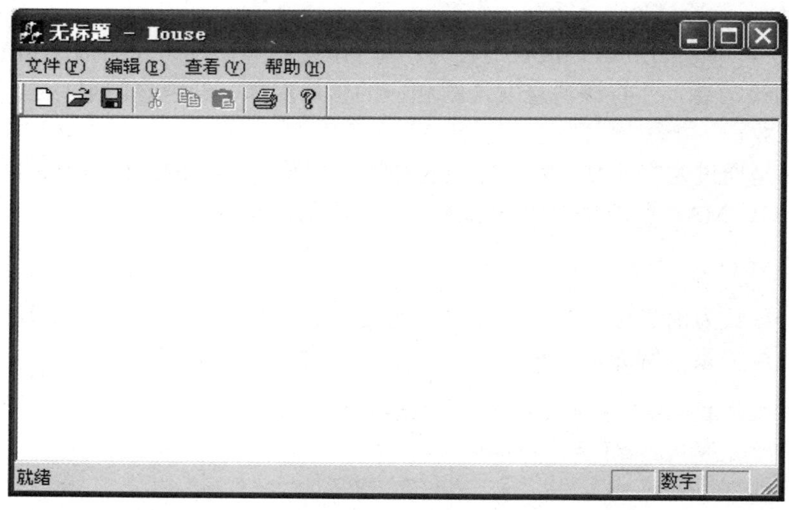

图 10-16 程序运行界面

1. 新建工程

新建一个工程，工程名称为 Mouse，工程类型为 MFC AppWizard（exe），应用程序类型为单文档/视图结构，按本章前面讲过的创建流程，最终会得到一个框架程序。

2. 定义鼠标消息处理函数

选择“查看”菜单下的“建立类向导”菜单项，调出如图 10-17 所示的类向导界面。

由于对鼠标消息的处理封装在视图类中，所以在如图 10-17 所示的界面中，Class name 选择 CMouseView，Object IDs 选择 CMouseView，Messages 选择 WM_LBUTTONDOWN，然后单击 Add Function 按钮，添加消息 WM_LBUTTONDOWN 的处理函数，最后单击 Edit Code 按钮，进入该函数的代码编辑区，如图 10-18 所示。

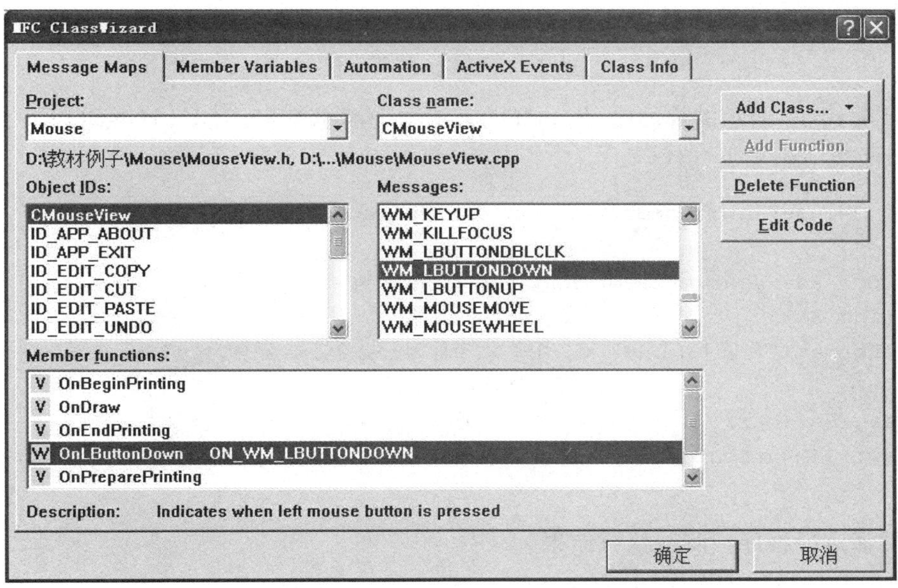

图 10-17　MFC ClassWizard 界面

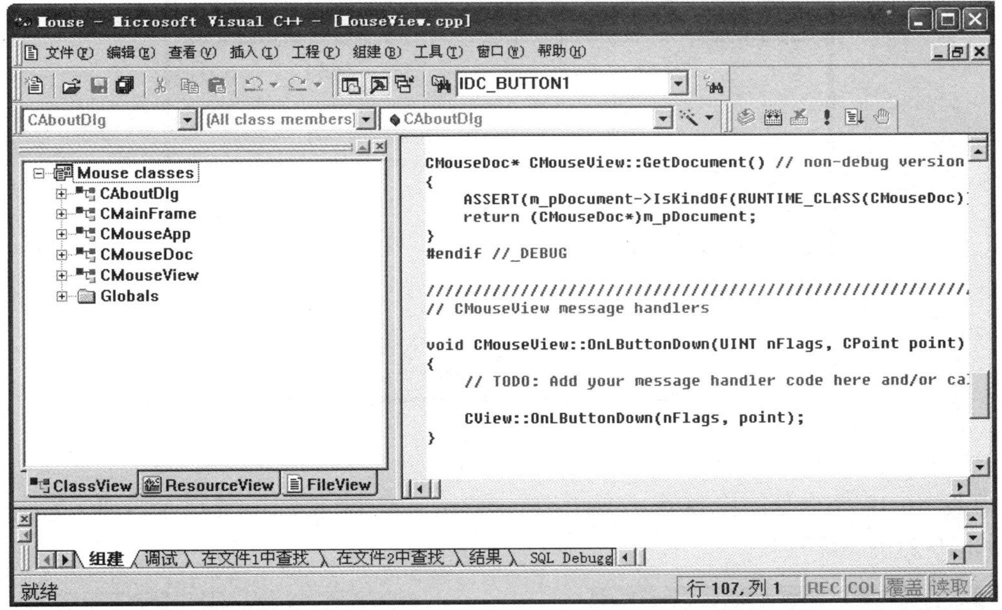

图 10-18　鼠标消息处理函数代码编辑界面

在如图 10-18 所示的鼠标消息处理函数中添加下列代码，捕捉鼠标当前坐标。

```
void CMouseView::OnLButtonDown(UINT nFlags, CPoint point)
{
  //TODO: Add your message handler code here and/or call default
MessageBox("you have pressed the left button","Mouse",MB_YESNOCANCEL|MB_
ICONWARNING);
```

```
    CView::OnLButtonDown(nFlags, point);
}
```

在如图 10-17 所示的界面中，用同样的方法添加消息 WM_RBUTTONDOWN 的处理函数，在该函数中添加下列代码。

```
void CMouseView::OnRButtonDown(UINT nFlags, CPoint point)
{
//TODO: Add your message handler code here and/or call default
CString str;              //定义字符串变量
str.Format("你按下了鼠标右键,当前 x 坐标为%d,当前 y 坐标为%d",point.x,point.y);
                          //格式化字符串
MessageBox(str);          //显示字符串
CView::OnRButtonDown(nFlags, point);
}
```

3. 编译运行程序，测试执行结果

程序运行主界面如图 10-19 所示。

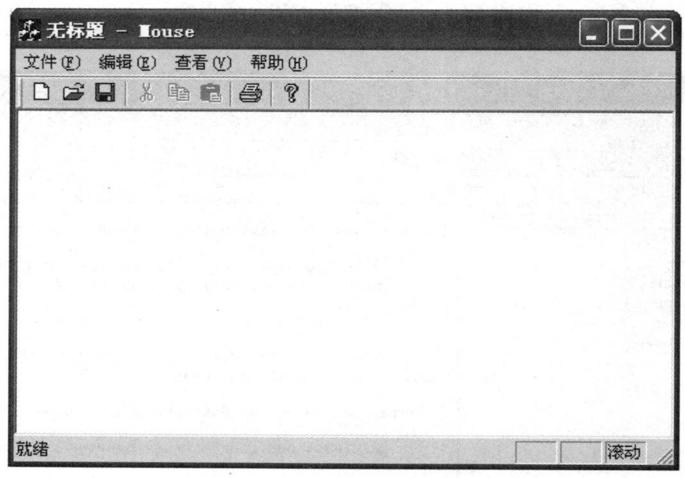

图 10-19 Mouse 工程执行主界面

在图 10-19 空白处即视图类对应的区域内单击，弹出如图 10-20 所示界面，右击，弹出如图 10-21 所示界面。

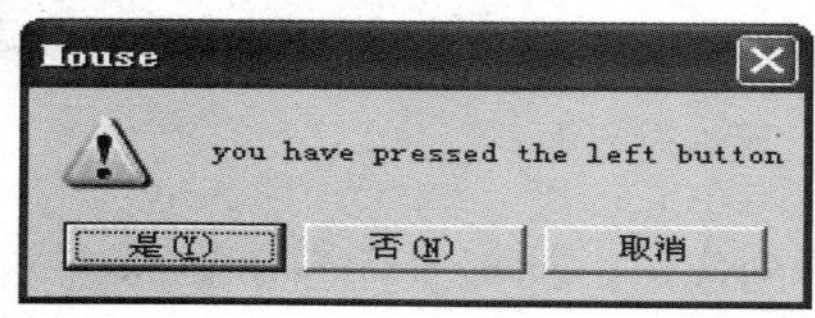

图 10-20 单击左键弹出的消息框

图 10-21 右击弹出的消息框

4. 定义键盘消息处理函数

选择“查看”菜单下的“建立类向导”菜单项，调出如图 10-22 所示类向导界面。

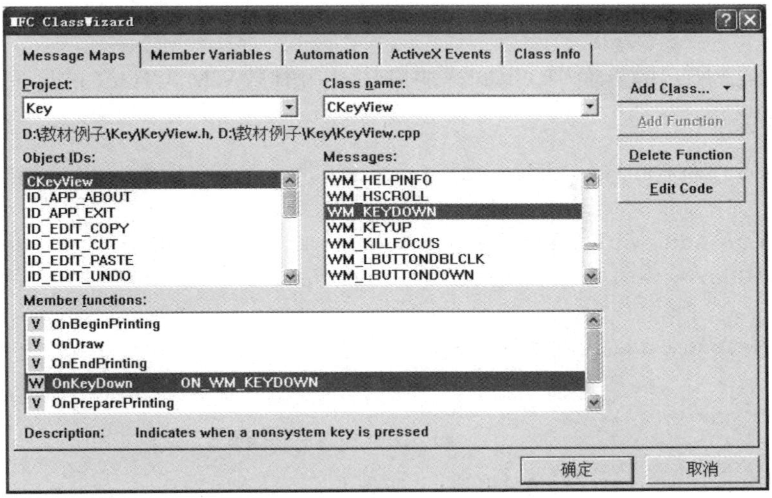

图 10-22　MFC ClassWizard 界面

由于对键盘消息的处理封装在视图类中，所以在如图 10-22 所示的界面中，Class name 选择 CKeyView，Object IDs 选择 CKeyView，Messages 选择 WM_KEYDOWN，然后单击 Add Function 按钮，添加消息 WM_KEYDOWN 的处理函数，如图 10-23 所示。

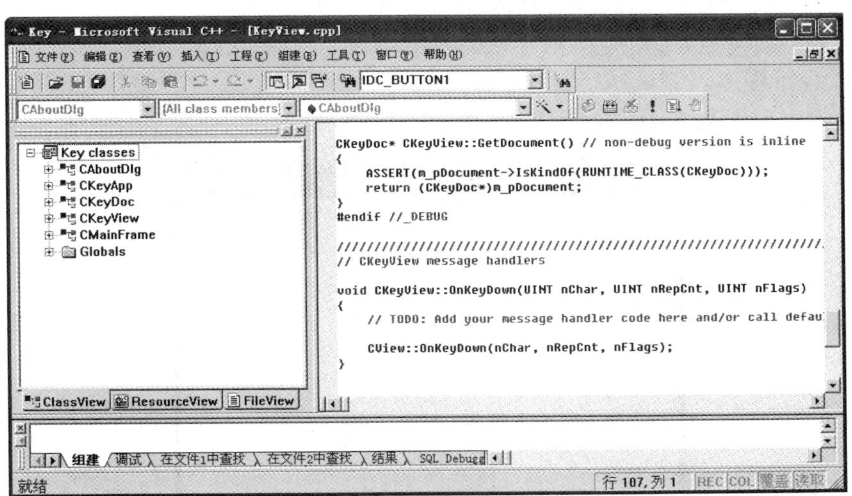

图 10-23　键盘消息处理函数代码编辑界面

在如图 10-23 所示的键盘消息处理函数中添加下列代码。

```
void CKeyView::OnKeyDown(UINT nChar, UINT nRepCnt, UINT nFlags)
{
  //TODO: Add your message handler code here and/or call default
  CString str;
  str.Format("键盘消息被触发，你按下了%c 键",nChar);
  MessageBox(str);
  CView::OnKeyDown(nChar, nRepCnt, nFlags);
```

```
}
```

在如图 10-22 所示的界面中，用同样的方法添加消息 WM_CHAR 的处理函数，在该函数中添加下列代码。

```
void CKeyView::OnChar(UINT nChar, UINT nRepCnt, UINT nFlags)
{
    //TODO: Add your message handler code here and/or call default
    if (nChar=='a')
    {
        MessageBox("字符消息被触发，你按下了字符 a");
    }
    if (nChar=='s')
    {
        MessageBox("字符消息被触发，你按下了字符 s");
    }
    if (nChar=='d')
    {
        MessageBox("字符消息被触发，你按下了字符 d");
    }
        CView::OnChar(nChar, nRepCnt, nFlags);
}
```

5. 编译运行程序，测试执行结果

程序运行主界面如图 10-24 所示。

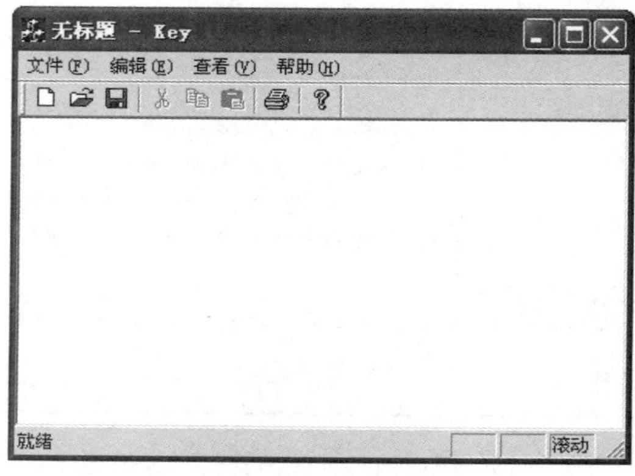

图 10-24 工程 Key 运行主界面

在如图 10-24 所示的界面中，按下字符 a，会出现如图 10-25 和图 10-26 所示的消息框。

图 10-25 字符消息处理函数执行界面

图 10-26 键盘消息处理函数执行界面

10.5　MFC 对话框和常用控件

10.5.1　对话框分类

对话框分为模式对话框和无模式对话框。模式对话框指当对话框被弹出后，用户必须在对话框中作出相应的操作，在退出对话框之前，对话框所在的应用程序不能继续执行。无模式对话框指当对话框被弹出后，一直保留在屏幕上，可继续在对话框所在的应用程序中进行其他操作。当需要使用对话框时，单击对话框所在的区域即可激活。两者有以下不同：

（1）创建时，模式对话框由系统自动分配内存空间，对话框退出时，对话框对象自动删除。无模式对话框需要来指定内存，退出时还需删除对话框对象。

（2）退出时，两种对话框所使用的终止函数不一样。模式对话框通过调用 CDialog::EndDialog 来终止，无模式对话框则是调用 CWnd::DestroyWindow 来终止。

（3）函数 CDiaolog::OnOK 和 CDiaolog::OnCancel 是调用 EndDialog 的，因此无模式对话框必须用 DestroyWindow 来重载 OnOK 和 OnCancel 两个函数。

（4）需要正确删除表示对话框的对象。对模式对话框，在创建函数返回后即可删除对象。无模式对话框不是同步的，在创建函数调用后立即返回，因而不知道何时删除对象，但可以通过重载 CWnd::PostNcDestroy 函数并执行清除操作。

10.5.2　对话框编辑器和控件

将项目工作区窗口切换到 ResourceView 页面，双击 Dialog 目录下任意一个对话框 ID。或者选择 Insert→Resource 菜单命令（或按快捷键 Ctrl+R），选择 Dialog 项，单击 New 按钮，即可打开对话框编辑器，如图 10-27 所示。

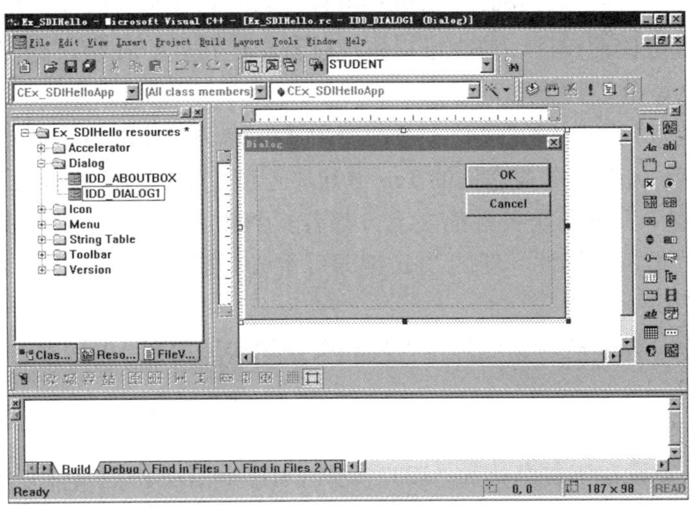

图 10-27　对话框编辑器

在对话框中添加一个控件的方法有以下几种：

（1）在控件工具栏中单击某控件，鼠标箭头在对话框内变成“十”字形状；在对话框指定位置单击，再拖动选择框可改变控件的大小和位置。

（2）在控件工具栏中单击某控件，鼠标箭头在对话框内变成“十”字形状；在指定位置处按住鼠标左键不放，拖动鼠标至满意位置，释放鼠标。

（3）选中控件工具栏中的某控件，并按住鼠标键不放；在移动鼠标到对话框的指定位置的过程中，会看到一个虚线框，下面带有该控件的标记，释放鼠标。

控件工具栏各按钮含义如图 10-28 所示。

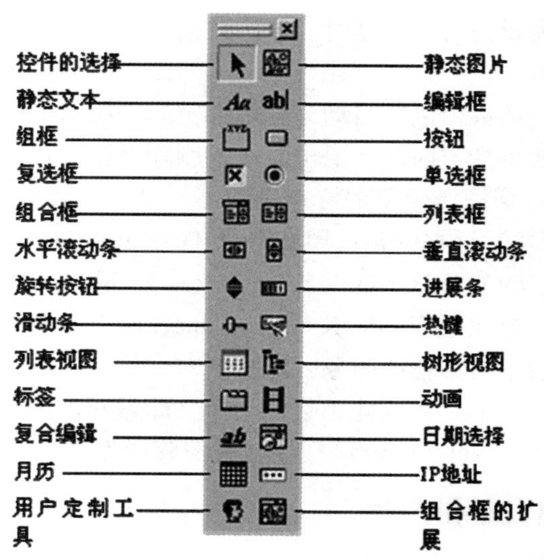

图 10-28　控件工具栏各按钮含义

控件可以被移动、复制和删除，当单个控件或多个控件被选取后，按方向键或用鼠标拖动控件的选择框可移动控件。若在鼠标拖动过程中还按住 Ctrl 键，则可以复制控件；若按 Del 键，可将选取的控件删除。

还可以设定控件的 Tab 键次序，一是改变用 Tab 键选择控件的次序，二是当两个或两个以上的控件构成一组时，需要它们的 Tab 键次序连续。首先选择 Layout、Tab Order 命令，或按 Ctrl+D 组合键，此时每个控件的左上方都有一个数字，表明了当前 Tab 键次序，然后按新的次序依次单击各个控件，新的 Tab 键即可生成。最后单击对话框或按 Enter 键结束 Tab Order 方式。

例 10-2　使用 MFC 的对话框和控件的相关知识实现如图 10-29 所示的学生成绩管理界面程序。

1．新建框架程序

新建一个工程，设定工程名称为“123”，双击对话框 ID，得到具体程序的个性化界面，如图 10-30 所示。

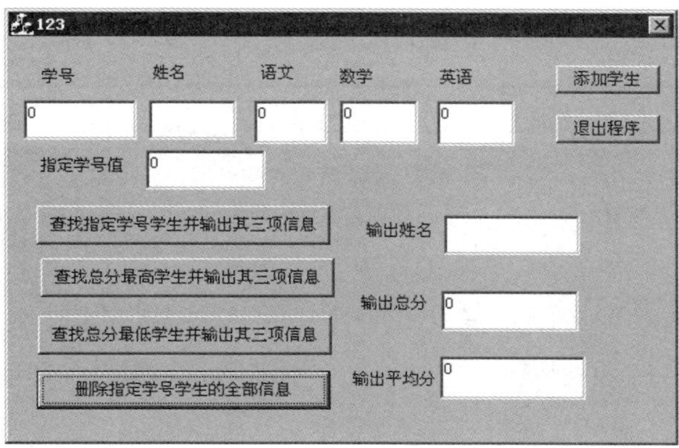

图 10-29　学生成绩管理界面程序

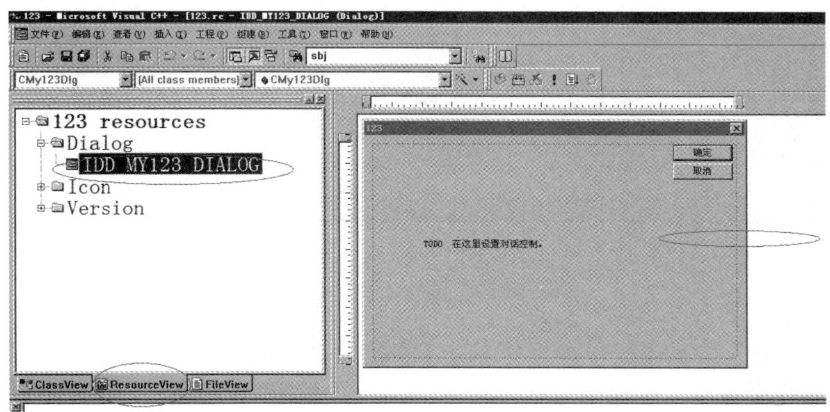

图 10-30　程序开发界面

2．设计程序的界面

按下列操作步骤和方法设计程序的界面。

（1）在开发环境下调出“控件”工具箱，如图 10-31 所示。

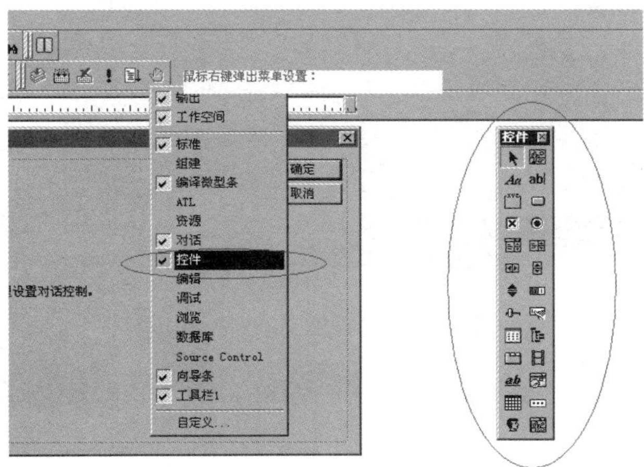

图 10-31　在开发环境下调出“控件”工具箱

（2）在程序的“界面”中删除不要的控件，如图 10-32 所示。

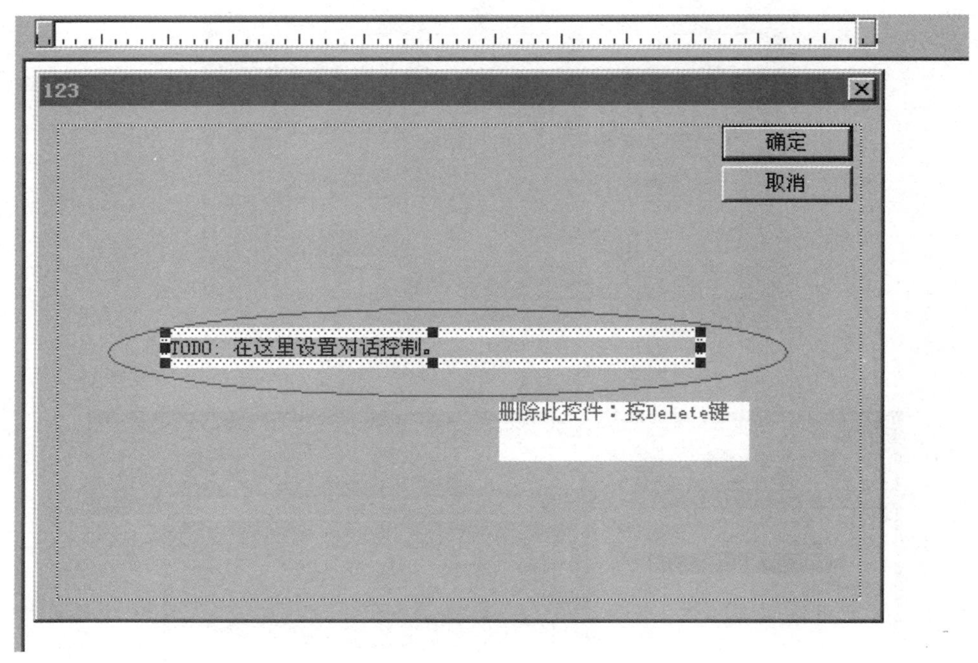

图 10-32 删除不要的控件

（3）在“控件”工具箱里单击“静态文本”控件，然后在界面上画出一个“静态文本”控件(Static)，然后右击该控件并选择“属性”菜单，如图 10-33 所示。

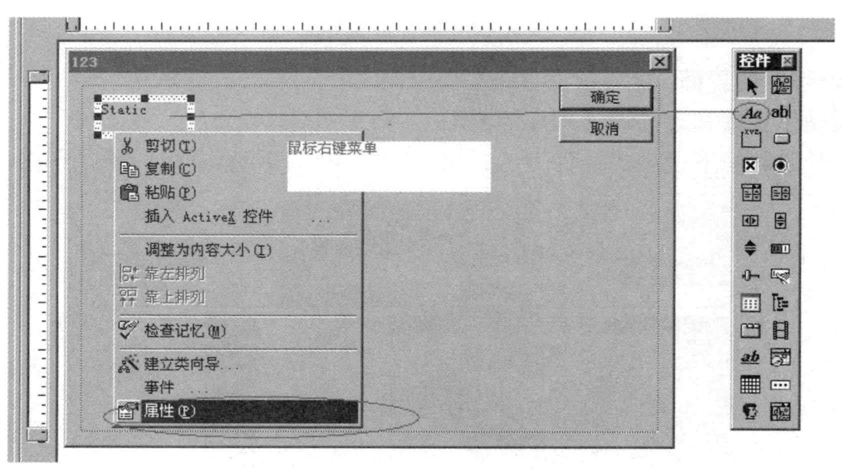

图 10-33 “静态文本”控件

（4）在弹出的“属性”对话框中指定该控件的 ID（名称）、标题（可见内容），如图 10-34 所示。

（5）按照（1）～（4）的方法创建一个编辑框（EDIT），并在它的“属性”对话框中暂时只指定该控件的 ID（名称），如图 10-35 所示。

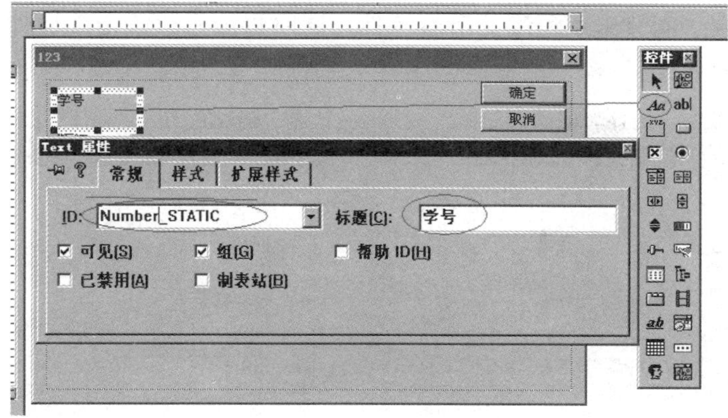

图 10-34　属性设置

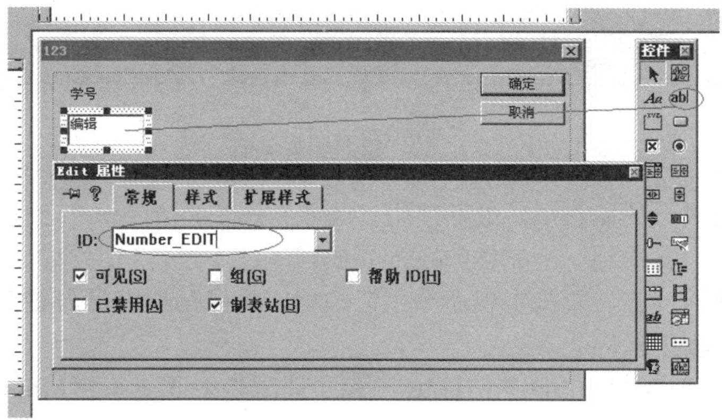

图 10-35　创建编辑框

（6）按照（1）～（4）的方法创建一个命令按钮（BUTTON），并在它的“属性”对话框中指定该命令按钮控件的 ID（名称）、标题（可见内容），如图 10-36 所示。

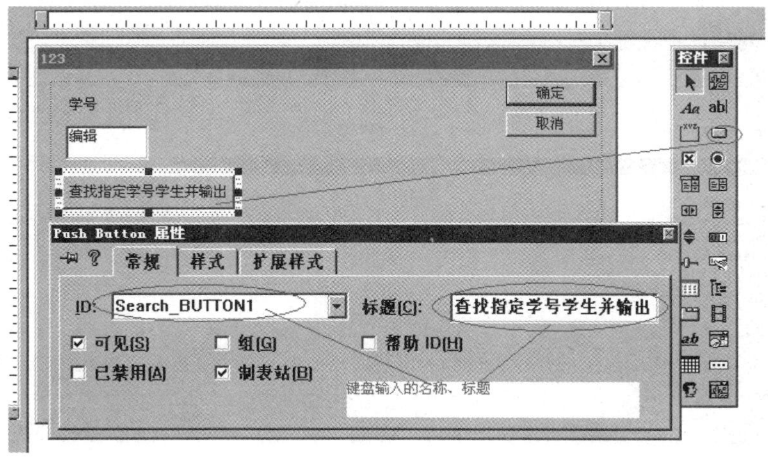

图 10-36　创建命令按钮

（7）按上述方法创建出本程序的所有控件，同时将原有“确定”控件的标题改为“添加学生”，将原有“取消”控件的标题改为“退出程序”，如图 10-37 所示。

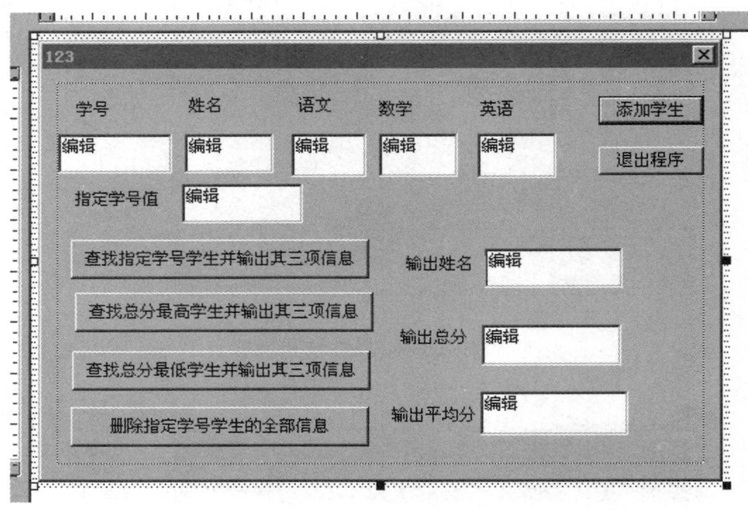

图 10-37 程序完整界面

完成程序界面设计的操作后，最好使用“编译”→“链接”→“运行”命令测试一下，如果上述操作无误，将得到一个完整的图形界面程序。不过，当用户单击界面上的命令按钮时程序不会有任何反应，要想实现命令按钮的相应功能，程序员需要在相应“消息映射函数”中编写一些程序代码。

3. 设置“成员变量 Member Variables”和“消息映射 Message Maps”

（1）为每个编辑框（Edit）设置成员变量（Member Variables）。

从“查看”菜单/“建立类向导”引出 MFC ClassWizard 对话框，如图 10-38 所示。

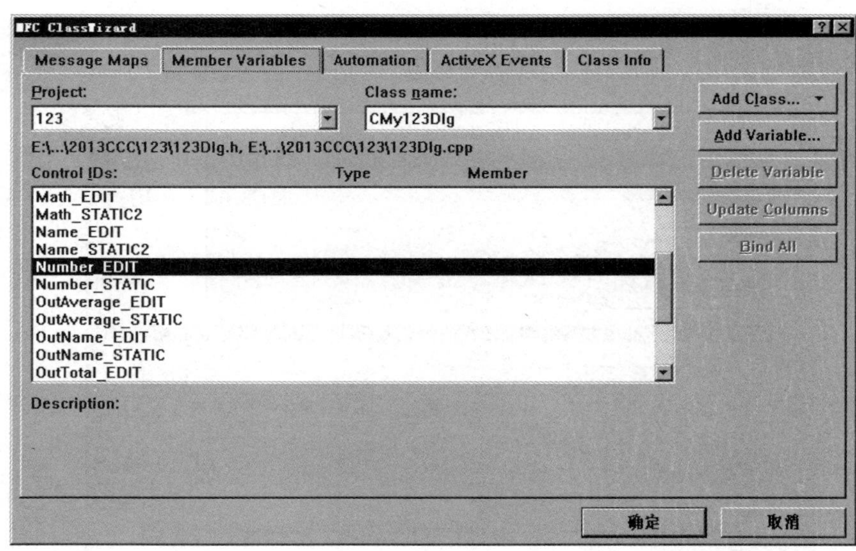

图 10-38 MFC ClassWizard 对话框

以“学号”框设置成员变量为例，在图 10-38 中，选择 Member Variables 标签，然后在控件列表框中选定 Number_EDIT，并单击“Add Variable…”按钮，在弹出的“Add Member Variable”对话框中，指定其关联变量的名字为 m_1（也可以是其他名字），关联变量的数据类型为 int，如图 10-39 所示。

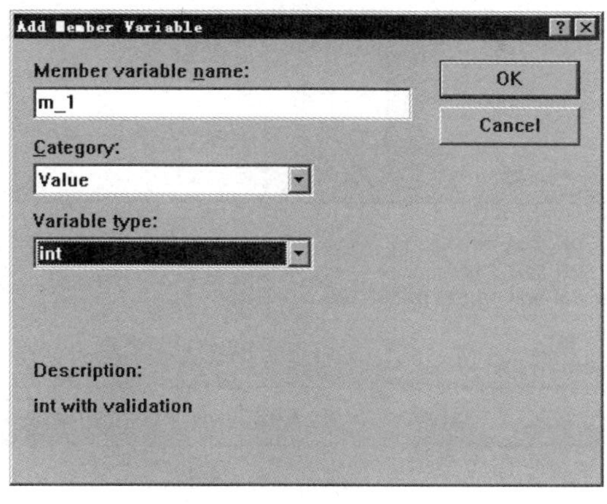

图 10-39　设置编辑框的关联变量

按上述方法为每个编辑框指定一个关联变量（含名字、数据类型）；本示例中，给每个编辑框指定的关联变量（含名字、数据类型）如表 10-4 所示。

表 10-4　编辑框对应关联表

编辑框描述的内容	编辑框的名称	编辑框的关联变量名	关联变量的数据类型
学号	Number_EDIT	m_1	int
姓名	Name_EDIT	m_2	Cstring
语文	Chinese_EDIT	m_3	int
数学	Math_EDIT	m_4	int
英语	English_EDIT	m_5	int
输出姓名	OutName_EDIT	m_6	Cstring
输出总分	OutTotal_EDIT	m_7	int
输出平均分	OutAverage_EDIT	m_8	Int
指定学号值	Specify_EDIT	m_9	int

说明：Cstring 类型是字符串类型，而 char 类型是字符类型，属于基本数据类型，Cstring 类型不是基本数据类型，实际上是 C++的<string>文件中预定义的一种类，所以 Cstring 类型的变量实际上是对象变量。用 Cstring 类型的变量处理字符串，比用 char 类型的数组处理字符串更加简单、方便。

（2）为每个命令按钮（Button）设置消息映射（Message Maps）。

以“添加学生”按钮设置鼠标单击的消息映射为例，在图 10-38 中，选择 Message Maps 标签，然后在控件列表框中选定 Add_BUTTON，在 Message 列表框中选定 BN_CLICKED，并单击 Add Function 按钮，如图 10-40 所示。

在弹出的“Add Member Function”对话框中（见图 10-41）指定函数名字（如 OnAddButton），单击 OK 按钮。

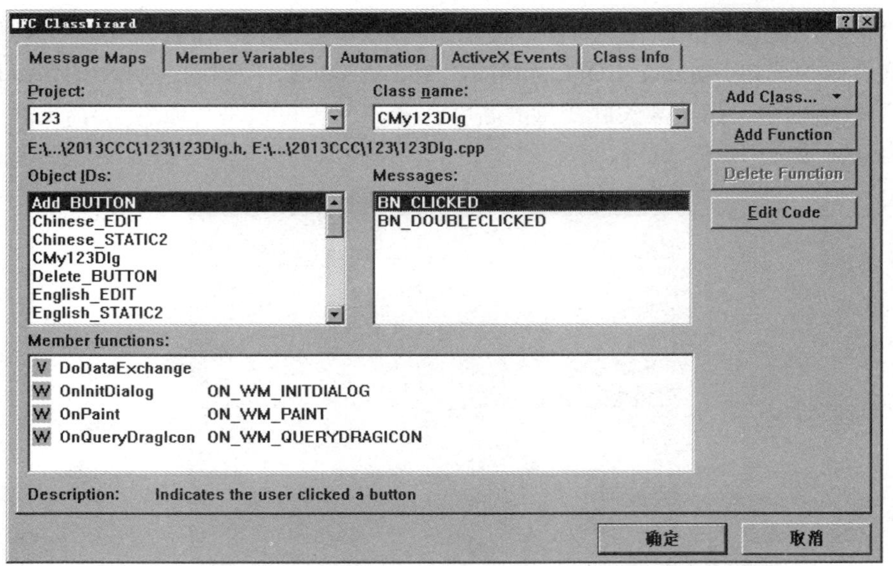

图 10-40 按钮设置消息映射

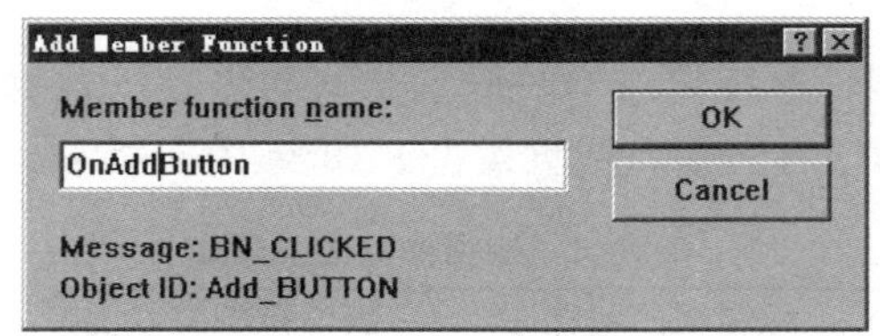

图 10-41 为 Add_BUTTON 按钮设置的成员函数名

按此方法为其余的每个命令按钮分别指定一个成员函数，本例中给每个按钮的鼠标单击消息指定的关联成员函数名如表 10-5 所示。

表 10-5 命令按钮的鼠标单击消息关联的成员函数名

按钮的功能描述	按钮的名称	按钮鼠标单击消息关联的成员函数名
添加学生	Add_BUTTON	OnAddButton
退出程序	Exit_BUTTON	OnExitButton
查找指定学号学生并输出	Search_BUTTON1	OnSchearButton1
查找总分最高学生输出	Search_BUTTON2	OnSchearButton2
查找总分最低学生输出	Search_BUTTON3	OnSchearButton3
删除指定学号学生全部信息	Delete_BUTTON	OnDeleteButton

至此，控件基本上已经设置好，为了下一步编写程序的方便，程序员需要记住界面上控件的一些关键信息。为清楚起见，此前已将这些关键信息列于表 10-4 和表 10-5 中：表 10-4 是每个编辑框的名字、对应关联变量名、关联变量的数据类型；表 10-5 是每个命令按钮的名字、鼠标单击消息所关联的成员函数名。

4. 编写程序代码

单击开发环境界面左半边窗口下面的 FileView 标签，再双击 Source Files 下面的文件名 123Dlg.cpp（对话框的源文件，Dlg 是"对话框"的英文单词缩写），即可看到系统自动生成了每个消息的关联成员函数的框架代码（见图 10-42）。程序员要做的工作就是在相应函数体内填写所需要的程序代码；当然，还得事先为整个程序的 123.h 头文件以及 123.cpp 源文件写一些代码。下面给出一些主要代码，供参考，读者要通过关键代码的注释内容理解关键语句的功能。

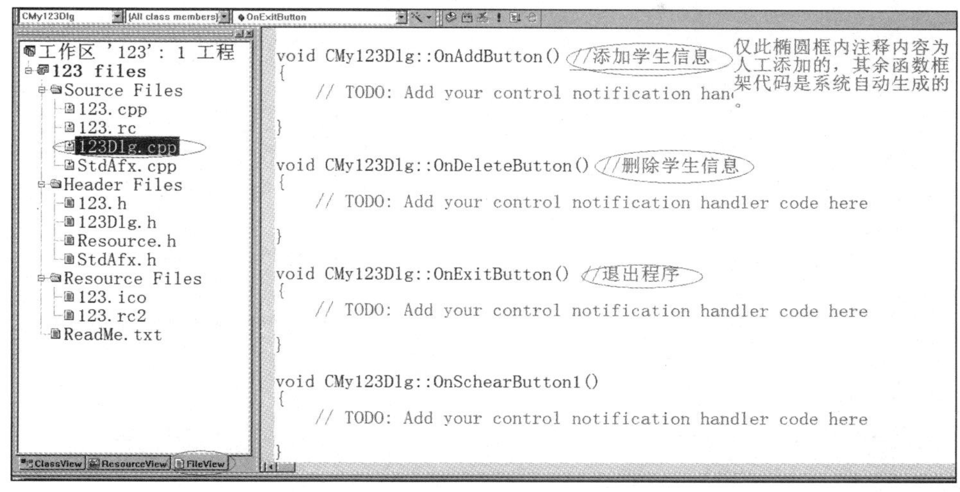

图 10-42　对话框源文件 123Dlg.cpp 的初始内容

（1）头文件 123.h。

头文件 123.h 的内容是定义一个描述学生信息的类，以下只给出该文件需要程序员撰写的部分代码，系统自动生成的代码在此省略。

```
#include <string>          //添加包含字符处理库函数的头文件——此句加在文件最前面
 ………                      //这里略去的是系统自动生成的代码
//以下类定义添加在文件原有内容的末尾
class c123
{
protected:
    int Number;                     //学生学号
    int Chinese, Math, English;     //语文、数学、英语三科成绩
    float Total, Average;           //三科的总分、平均分
    char Name[20];                  //学生姓名
public:
    c123(int Num, char *pc, int Eng, int Chi, int Mat);    //构造函数的声明
    c123( );                        //默认构造函数的声明
    //本程序将构造函数的实现代码写到了类外（参见另一个源文件 123.cpp）
    //以下为设置成员变量值的函数，均以 setXXX 形式命名
    void setNum(int x)              //设置"学号"变量的值
    { Number=x; }
    void setName(char *pc)          //设置"姓名"变量的值
    { strcpy(Name, pc); }
```

```
    void setChi(int x)                            //设置"语文成绩"变量的值
    { Chinese=x; }
    void setMat(int x)                            //设置"数学成绩"变量的值
    { Math=x; }
     void setEng(int x)                           //设置"英语成绩"变量的值
    { English=x; }
        //以下为读取成员变量值的函数，均以 getXXX 形式命名
    int getNum( )                                 //读取"学号"变量的值
    {return Number; }
    char *getName( )                              //读取"姓名"变量的值
    { return Name; }
    int  getChi( )                                //读取"语文成绩"变量的值
    {return Chinese; }
    int  getMat( )                                //读取"数学成绩"变量的值
    { return Math; }
    int  getEng( )                                //读取"英语成绩"变量的值
    {return English; }
    int getTotal( )                               //读取"总分"变量的值
    { return (English+Chinese+Math); }            //"总分"靠计算得出
    int getAverage( )                             //读取"平均分"变量的值
    { return (English+Chinese+Math)/3; }          //"平均分"靠计算得出
};
```

（2）源文件 123.cpp。

```
#include "stdafx.h"          //MFC 程序要包含这个文件，而且要先包含
#include "123.h"             //"123.h"头文件放在(#include "stdafx.h")的后面
#include "string"            //添加包含字符处理库函数的头文件
c123::c123(int Num, char *pc, int Eng, int Chi, int Mat)
                             //类 c123 的构造函数实现
    {
       Number=Num;
       strcpy(Name, pc);
       English=Eng;
       Chinese=Chi;
       Math=Mat;
       Total=Eng+Chi+Mat;
       Average=(Eng+Chi+Mat)/3;
    }
c123::c123( )                //类 c123 的默认构造函数
{  }
```

（3）源文件 123Dlg.cpp 中按钮单击消息对应的成员函数实现。

```
#include "stdafx.h"
#include "123.h"
#include "123Dlg.h"
```

```
    //以下为程序员添加的预处理语句
#include <fstream>                    //文件输入输出流类对象的使用
#include <string>                     //字符处理库函数的使用
using namespace std;
    //以下为程序员添加的全局变量定义语句
int i = -1;                           //用 i 存储对象数组中实际元素的个数
ifstream fin("a.txt");                //用 ifstream 定义一个输入文件对象 fin
ofstream fout("b.txt");               //用 ofstream 定义一个输出文件对象 fout
c123 MyObj[100];                      //定义类 c123 的 100 个对象，即对象数组 MyObj[]
    //此处省略的是系统自动生成的其他代码（不要改动）
    //以下为程序员添加的消息映射函数代码
void CMy123Dlg::OnAddButton( ) //添加学生信息
{
    //TODO: Add your control notification handler code here
    char c[50];
    i ++;
    UpdateData(TRUE);
        //将控件中的数据传递给相应的关联变量：m_1、m_2 等
    MyObj[i].setNum(m_1);
    strcpy(c, m_2);
    MyObj[i].setName(c);
    MyObj[i].setChi(m_3);
    MyObj[i].setMat(m_4);
    MyObj[i].setEng(m_5);
}

void CMy123Dlg::OnDeleteButton( )  //删除学生信息
{
      //TODO: Add your control notification handler code here
    UpdateData(TRUE);
                //将控件中的数据传递给相应的关联变量
    int n, k;   //n 作循环变量，k 记录的学号是待查学号的对象数组元素的下标
    k=-1;       //给 k 初始化一个负数
    for (n=0;n<=i;n++)
      if (MyObj[n].getNum( )==m_9)  k=n;
    if (k==-1)
      m_6="无此学号可删除";
    else
      for (n=k;n<=i-1;n++)
      {
        MyObj[n].setName(MyObj[n+1].getName());
        MyObj[n].setNum(MyObj[n+1].getNum( ));
        MyObj[n].setChi(MyObj[n+1].getChi( ));
        MyObj[n].setMat(MyObj[n+1].getMat( ));
        MyObj[n].setEng(MyObj[n+1].getEng( ));
```

```
        }
       i--; //对象数组实际元素个数减 1
}

void CMy123Dlg::OnExitButton( )          //退出程序
{
    //TODO: Add your control notification handler code here
    CDialog::OnOK( );
}

void CMy123Dlg::OnSchearButton1( )      //查找指定学号的学生
{
    //TODO: Add your control notification handler code here
    UpdateData(TRUE);
    int n, k;         //n 作循环变量，k 记录找到的对象数组元素的下标
    k=-1;             //给 k 初始化一个负数
    for (n=0;n<=i;n++)
       if (MyObj[n].getNum( )==m_9) k=n;
    if (k==-1)
       m_6="查无此学号";
    else
    { m_6=MyObj[k].getName();
      m_7=MyObj[k].getTotal( );
      m_8=MyObj[k].getAverage( );
    }
    UpdateData(FALSE);                       //将关联变量值传递给相应的 Edit 框
}

void CMy123Dlg::OnSchearButton2( )      //查找最高分
{
    //TODO: Add your control notification handler code here
    int n, k;                     //n 作循环变量, k 记录最高分对应的数组元素的下标
    double max;                   //max 记录最高分
    max=-1.0;                     //max 应该初始化一个尽量小的数(小于最低分)
    for (n=0;n<=i;n++)
    if (MyObj[n].getTotal()>max)
       {  max=MyObj[n].getTotal( ); k=n;  }
    m_6=MyObj[k].getName();
    m_7=MyObj[k].getTotal( );
    m_8=MyObj[k].getAverage( );
    UpdateData(FALSE);                       //将关联变量值传递给相应的 Edit 框
}

void CMy123Dlg::OnSchearButton3( )      //查找最低分
{
```

```
    //TODO: Add your control notification handler code here
    int n, k;          //n 作循环变量, k 记录最低分对应的数组元素的下标
    double min;        //min 记录最低分
    min=301;           //min 应该初始化一个尽量大的数（比全部满分的和还要大的数）
    for (n=0;n<=i;n++)
    if (MyObj[n].getTotal( )<min)
       {  min=MyObj[n].getTotal( ); k=n;  }
    m_6=MyObj[k].getName();
    m_7=MyObj[k].getTotal( );
    m_8=MyObj[k].getAverage( );
    UpdateData(FALSE);              //将关联变量值传递给相应的 Edit 框
}

void CMy123Dlg::OnButton1( )    //从文件读取数据
{
    //TODO: Add your control notification handler code here
    char c[40];
    int n=0;
    while(1)
    {
        fin>>m_1;
        fin>>c;  //fin 不能直接对字符串型对象变量 m_2 输入
        m_2=c;   //可以将字符串直接赋给字符串型对象变量 m_2
        fin>>m_3;
        fin>>m_4;
        fin>>m_5;
        if (strlen(c)>0)
            { MyObj[n].setNum(m_1);
              MyObj[n].setName(c);
              MyObj[n].setChi(m_3);
              MyObj[n].setMat(m_4);
              MyObj[n].setEng(m_5);
              UpdateData(FALSE);     //将关联变量值传递给相应的 Edit 框
              n++;
            }
        else
            break;
    };
    i=n-1;                                 //最后一个对象元素的下标记录到 i 变量中
}

void CMy123Dlg::OnButton2( )        //将对象数组全部元素的数据输出到文件
{
    //TODO: Add your control notification handler code here
    int n;
```

```
    char *p;
    for (n=0;n<=i;n++)          //全局变量 i 值记录了对象数组最后一个元素的下标
    { m_1=MyObj[n].getNum();
      p=MyObj[n].getName();
      m_3=MyObj[n].getChi();
      m_4=MyObj[n].getMat();
      m_5=MyObj[n].getEng();
fout<<m_1<<'\t'<<p<<'\t'<<m_3<<'\t'<<m_4<<'\t'<<m_5<<endl;//输出数据到文件
    }
}
```

10.6 Access 数据库

10.5 节 MFC 应用程序将数据放在文件中进行操作，随着系统的逐步复杂，数据量也变得越来越庞大且操作复杂，这时需要使用专业的数据管理工具（数据库）存储和操作数据，本节介绍一个较为简单的 Access 数据库。

数据、数据库、数据库管理系统、数据库系统是与数据库技术密切相关的四个基本概念。

1．数据（Data）

它描述事物的符号记录，是数据库中存储的基本对象。也可以是数字、文字、图形、图像、声音等。数据有多种形式，它们都可以数字化后存入计算机。

2．数据库（Data Base，DB）

它指长期存储在计算机内的、有组织的、可共享的数据集合。数据库中的数据按一定的数据模型组织、描述和存储，具有较小的冗余度、较高的数据独立性和易扩展性，并可为各种用户共享。

3．数据库管理系统（DataBase Management System，DBMS）

它是完成科学地组织数据和存储数据，并高效地获取和维护数据的系统软件。其主要功能有：

（1）数据定义功能：DBMS 提供数据定义语言 DDL（Data Definition Language），用户通过它可以方便地对数据库中的数据对象进行定义。

（2）数据操纵功能：DBMS 提供数据操纵语言 DML（Data Manipulation Language），用户可以使用 DML 操纵数据实现对数据库的基本操作，如查询、插入、删除、修改等。

（3）数据库的运行管理：DBMS 统一管理和控制数据库的建立、运用和维护，以保证数据的安全性、完整性、多用户对数据的并发使用及发生故障后的系统恢复。

（4）数据库的建立和维护：包括数据库初始数据的输入、转换功能，数据库的转存、恢复功能，数据库的重新组织和性能监视、分析功能等。这些功能通常由一些实用程序完成。

目前，常用的小型数据库管理系统有 Access、Visual FoxPro、FoxBase、Approach、dBase 等。常用的大型数据库管理系统有 Oracle、DB 2、INFORMIX、SQL Server、Sybase 等。

4. 数据库系统（DataBase System，DBS）

它指在计算机系统中引入数据库后的系统，一般由数据库、数据库管理系统（及其开发工具）、应用系统、数据库管理员和用户构成。在数据库系统中，DBMS 是一个重要的、核心的组成部分，但数据库的建立、使用和维护等工作仅靠 DBMS 远远不够，还要有专门的人来完成，这些人被称为数据库管理员（DataBase Administrator，DBA）。在一般不引起混淆的情况下常常把数据库系统简称为数据库。

10.6.1 Access 简介

Access 是 Office 办公套件中一个极为重要的组成部分，是一种关系数据库管理系统，它通过各种数据库对象管理信息。Access 适用于小型系统的开发，用于存储和管理商务活动所需要的数据。Access 不仅是一个数据库，而且具有强大的数据管理功能，它可以方便地利用各种数据源生成窗体（表单）、查询、报表和应用程序等。

Access 数据库有七种对象：表、查询、窗体、报表、数据访问页对象、宏、模块。

（1）表（Table）：表是数据库的最基本对象，是创建其他六种对象的基础。表由记录组成，记录由字段组成。表用来存储数据库的数据，故又称为数据表，也是整个数据库系统的数据来源。用户的数据输出、数据查询从根本上来说都是以表对象作为数据源，用户数据输入的最终目的地也是表对象。

（2）查询（Query）：查询可按索引快速查找到需要的记录，按要求筛选记录并能连接若干个表的字段组成新表。

（3）窗体（Form）：窗体也称表单，它提供了一种方便的浏览、输入及更改数据的窗口，还可以创建子窗体显示相关联的表的内容。

（4）报表（Report）：报表的功能是将数据库中的数据分类汇总，然后打印出来，以便分析。

（5）页（Web Page）：又称 Web 页、访问页。访问页是一种特殊的 Web 页，用户可以在此 Web 页中查看、修改 Access 数据库中的数据。数据访问页在一定程度上集成了 Internet Explorer 浏览器和 FrontPage 编辑器的功能。它提供了两种可视化的操作窗口：设计视图和页视图。

（6）宏（Macro）：宏相当于 DOS 中的批处理，用来自动执行一系列操作。Access 列出了一些常用的操作供用户选择，使用起来十分方便。宏对象是一个或多个宏操作的集合，其中的每一个宏操作都能实现特定的功能。

（7）模块（Module）：模块的功能与宏相似，但定义的操作比宏更加精细和复杂，用户可根据自己的需要编写程序。模块对象有两个基本类型：类模块和标准模块。

10.6.2 Access 数据库的基本操作

下面通过一个学生基本信息数据库的创建演示 Access 数据库的基本操作，本示例是在 Access 关系数据库环境下，把有关“学生”的信息输入计算机中的“学生管理数据库”中并保存起来，步骤如下。

1. 启动 Access

单击“开始”按钮，打开开始菜单，将鼠标移动到“程序”项，这时出现级联菜单，在此菜单中单击 Microsoft Access，启动 Access，如图 10-43 所示。

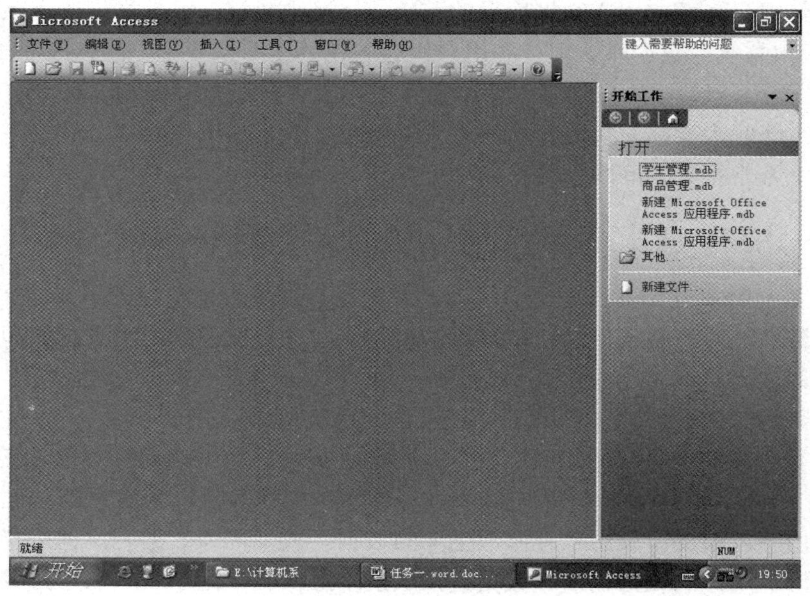

图 10-43　开始界面

2．创建数据库

单击“新建文件”按钮，选择“空数据库”打开新建数据库对话框，在对话框中输入数据库文件的路径、名字，系统会创建一个新文档，文档名是“学生管理.mdb”，如图 10-44 所示。

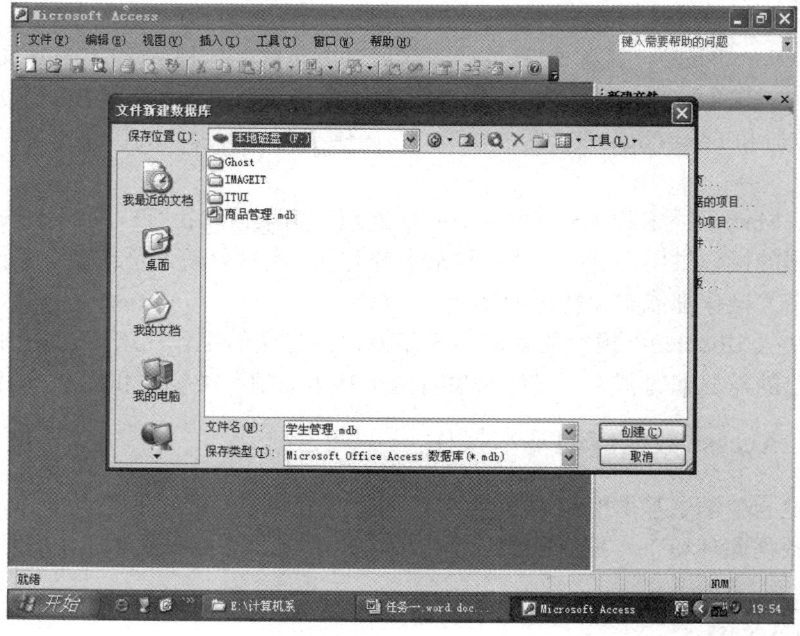

图 10-44　创建数据库

3．新建“学生”和“学生成绩”两张数据表

数据表是 Access 数据库的基础，是存储数据的地方，其他数据库对象，如查询、窗体、报表等都是在表的基础上建立并使用的，因此，它在数据库中占有很重要的位置。Access 数据表由表结构和表内容两部分构成，先建立表结构，之后才能向表中输入数据。创建如图 10-45 所示的“学生”和“学生成绩”两张数据表。

图 10-45　创建数据表

在设计表时，必须定义表中字段使用的数据类型。Access 常用的数据类型有：文本、备注、数字、日期/时间、货币、自动编号、是/否、OLE 对象、超级链接、查阅向导等。Access 数据类型见表 10-6。

表 10-6　Access 数据类型

数据类型	用　　法	大　　小
文本	文本或文本与数字的组合，例如地址；也可以是不需要计算的数字，例如电话号码、零件编号或邮编	最多 255 个字符，Microsoft Access 只保存输入到字段中的字符，而不保存文本字段中未用位置上的空字符。设置“字段大小”属性可控制可以输入字段的最大字符数
备注	长文本及数字，例如备注或说明	最多 64000 个字符
数字	可用来进行算术计算的数字数据，涉及货币的计算除外（使用货币类型）。设置“字段大小”属性定义一个特定的数字类型	1、2、4 或 8 个字节
日期/时间	日期和时间	8 个字节
货币	货币值。使用货币数据类型可以避免计算时四舍五入。精确到小数点左方 15 位数及右方 4 位数	8 个字节

续表

数据类型	用　法	大　小
自动编号	在添加记录时自动插入的唯一顺序（每次递增 1）或随机编号	4 个字节
是/否	字段只包含两个值中的一个，例如“是/否”“真/假”“开/关”	1 位
OLE 对象	在其他程序中使用 OLE 协议创建的对象（例如 Microsoft Word 文档、Microsoft Excel 电子表格、图像、声音或其他二进制数据），可以将这些对象链接或嵌入到 Microsoft Access 表中。必须在窗体或报表中使用绑定对象框来显示 OLE 对象	最大可为 1GB（受磁盘空间限制）
超级链接	存储超级链接的字段。超级链接可以是 UNC 路径或 URL	最多 64 000 个字符
查阅向导	创建允许用户使用组合框选择来自其他表或来自值列表中的值的字段。在数据类型列表中选择此选项，将启动向导进行定义	与主键字段的长度相同，且该字段也是“查阅”字段；通常为 4 个字节

注意：“数字”“日期/时间”“货币”以及“是/否”，这些数据类型提供预先定义好的显示格式。可以从每一个数据类型可用的格式中选择所需的格式来设置“格式”属性，也可以为所有的数据类型创建自定义显示格式，但“OLE 对象”数据类型除外。

建立表结构有 3 种方法：一是在“数据表”视图中直接在字段名处输入字段名；二是使用“设计”视图；三是通过“表向导”创建表结构。

（1）使用“数据表”视图。

① 如果还没有切换到“数据库”窗口，可以按 F11 键从其他窗口切换到数据库窗口。

② 单击“对象”下的 表，然后单击“数据库”窗口工具栏上的“新建”按钮。

③ 双击“数据表视图”选项，将显示一个空数据表。

④ 重新命名要使用的每一列：双击列名，输入列的名称，命名方式必须符合 Access 的对象命名规则，然后再按 Enter 键。

⑤ 插入新的列：单击要在其右边插入新列的列，然后选择“插入”菜单中的“列”命令。按步骤④中的说明重新命名列的名称。

⑥ 在数据表中输入数据。

将每种数据输入相应的列中（在 Access 中，每一列称作一个字段）。如果输入的是日期、时间或数字，请输入一致的格式，这样 Access 能为字段创建适当的数据类型及显示格式。在保存数据表时，将删除空字段。

⑦ 将数据输入所有要使用的列后，单击工具栏上的“保存”按钮来保存数据表。

⑧ 在保存表时，Access 将询问是否要创建一个主键。如果已经输入能唯一标识每一行的数据（如学生的学号），则可以指定此字段为主键。

注意：除了重新命名及插入列外，在保存新建数据表之前或之后，也可以随时删除列或重新排序列的顺序。

在“学生管理”数据库中，使用“数据表”视图建立“学生”表和“学生成绩”表，如表 10-7 和表 10-8 所示。

表 10-7　“学生”表结构

字　段　名	类　　型
学号	文本
姓名	文本
性别	文本
出生日期	日期/时间
专业	文本
入学成绩	数字
团员	是/否
简历	备注

表 10-8　“学生成绩”表结构

字　　段	类　　型
学号	文本
姓名	文本
语文	数字
数学	数字
英语	数字
网络	数字
总分	数字
平均分	数字

（2）使用“设计”视图。

① 双击“使用设计器创建表”，打开表“设计”视图，如图 10-46 所示。

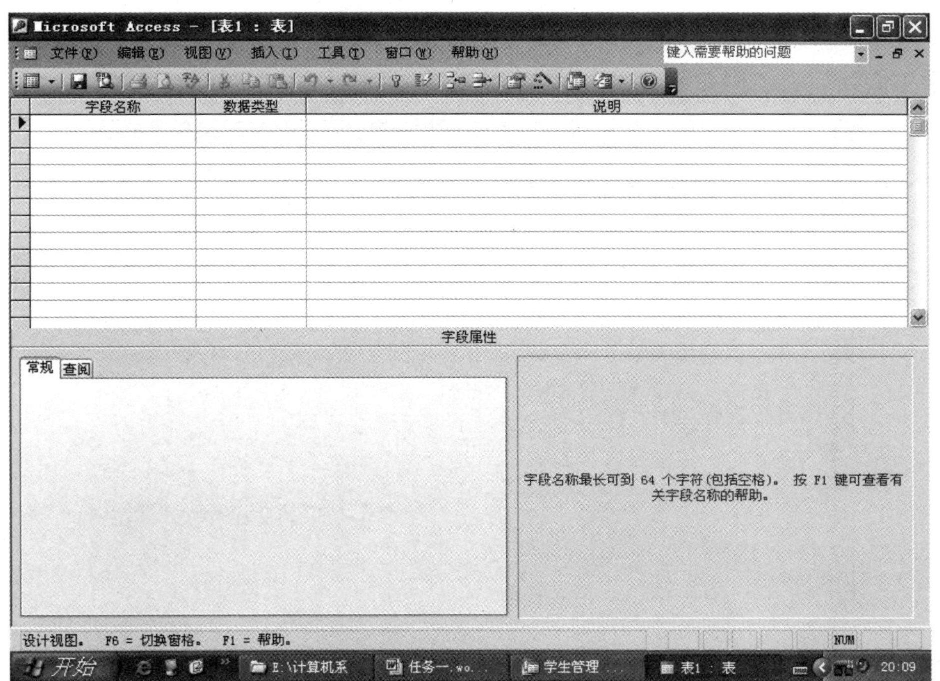

图 10-46　“设计”视图

② 在“字段名称”中输入需要的字段名，在“字段类型”中选择适当的数据类型。

③ 定义完全部字段后，设置一个字段为主键。

④ 单击工具栏上的“保存”按钮，这时出现“另存为”对话框。

⑤ 在“另存为”对话框中的“表名称”中输入表的名称——“学生”。

⑥ 单击“确定”按钮。

“学生”表结构如图 10-47 所示。

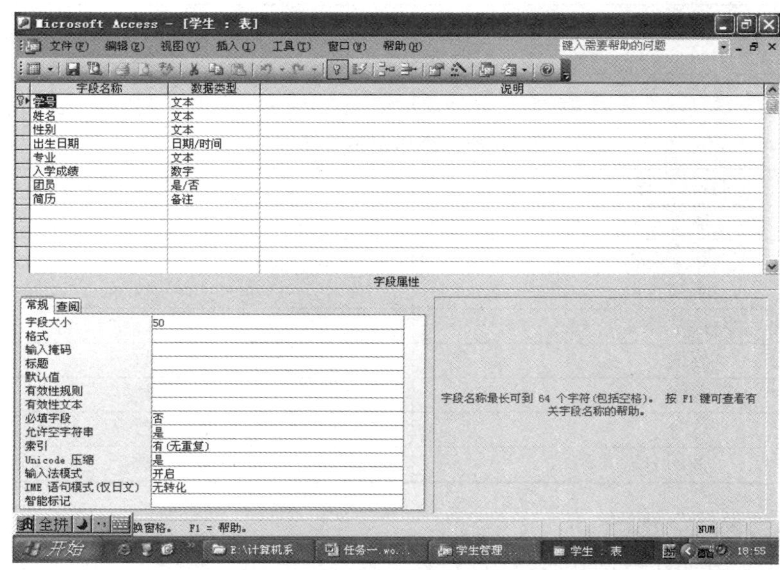

图 10-47 “学生”表结构

“学生成绩”表结构如图 10-48 所示。

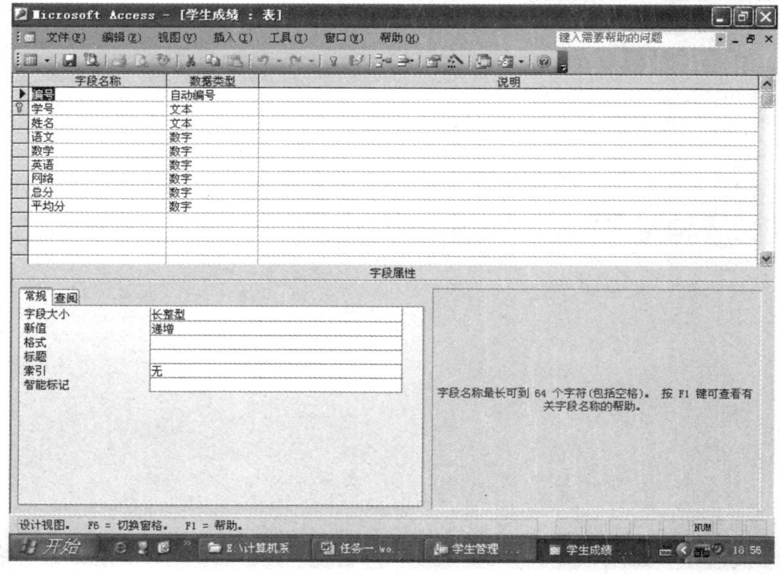

图 10-48 “学生成绩”表结构

（3）使用“表向导”。

① 如果还没有切换到“数据库”窗口，则可以按 F11 键从其他窗口切换到数据库窗口。

② 选择“对象”下的 表，然后单击“数据库”窗口工具栏上的“新建”按钮 新建(N)。

③ 双击“表向导”选项。

④ 按照“表向导”对话框中的提示进行操作。

如果要修改或扩展结果表，在使用完表向导后，可以在“设计”视图中进行修改或扩展操作。

4．向表中输入数据

在建立了表结构之后，就可以向表中输入数据了。向表中输入数据就好像在一张空白表格内填写内容一样简单。在 Access 中，可以利用“数据表”视图直接输入数据，也可以利用已有的表。

在“学生管理”数据库中，向“学生”和“学生成绩”表中输入记录，输入内容如表 10-9 和表 10-10 所示。

表 10-9　“学生”表内容

学号	姓名	性别	出生日期	专业	入学成绩	团员	简历
000101	Jerry	男	10—06—26	计算机	580.0	是	山东
000102	Flora	女	09—09—02	电子商务	535.5	否	江苏
000103	paul	男	09—12—22	计算机	578.0	是	江苏
000104	candy	女	10—07—26	软件工程	520.0	是	北京

表 10-10　“学生成绩”表内容

学号	姓名	语文	数学	英语	网络	总分	平均分
000101	Jerry	94.0	99.0	83.0	85.0	361.0	90.3
000102	Flora	67.0	78.0	82.0	80.0	307.0	76.8
000103	paul	88.0	56.0	86.0	71.0	301.0	75.3
000104	candy	77.0	81.0	82.0	68.0	308.0	77.0

也可以获取外部数据，如果在创建数据库表时，所需建立的表已经存在，那么只需将其导入 Access 数据库中即可。可以导入的表类型包括 Access 数据库中的表、Excel、Louts 和 DBASE 或 FoxPro 等数据库应用程序所创建的表以及 HTML 文档等。

5．字段属性的设置

表中每个字段都有一系列的属性描述。字段的属性表示字段所具有的特性，不同的字段类型有不同的属性，当选择某一字段时，“设计”视图下部的“字段属性”区就会依次显示出该字段的相应属性。

（1）字段大小。

通过“字段大小”属性，可以控制字段使用的空间大小。该属性只适用于数据类型为“文本”或“数字”的字段。对于一个“文本”类型的字段，其字段大小的取值范围是 0～255，默认为 50，可以在该属性框中输入取值范围内的整数；对于一个“数字”型的字段，可以单击“字段大小”属性框，然后单击其右侧的下拉按钮，并从下拉列表中选择一种类型。例如，将“学生”表中“性别”字段的“字段大小”设置为 1，如图 10-49 所示。

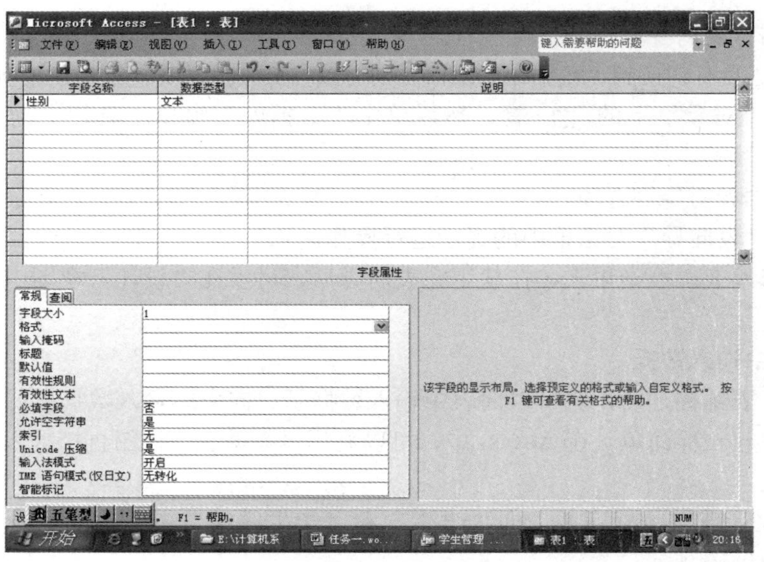

图 10-49 更改字段属性

注意：如果文本字段中已经有数据，那么增减字段大小可能会丢失数据，Access 将截去超出新限制的字符。如果在数字字段中包含小数，那么将字段大小设置为整数时，Access 自动将小数取整。因此，在改变字段大小时要非常小心。

（2）格式。

“格式”属性用来决定数据的打印方式和屏幕显示方式。不同数据类型的字段，其格式选择有所不同。例如，将“学生”表中“入学成绩”字段的“格式”设置为“整型”，如图 10-50 所示。

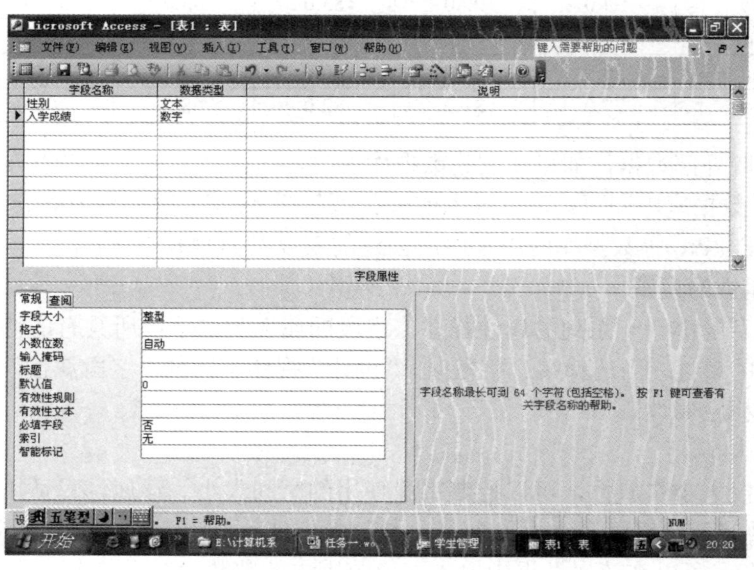

图 10-50 设置字段格式

（3）默认值。

“默认值”是一个十分有用的属性。在一个数据库中，往往会有一些字段的数据内容相同或含有相同的部分。比如，性别字段只有“男”和“女”两种，这种情况就可以设置一个默认值。又如，可以将“学生”表中“性别”字段的“默认值”设置为“男”；“入校日期”字段的“默认值”设置为系统当前日期。注意：设置默认值属性时，必须与字段中所设的数据类型相匹配，否则会出现错误。

（4）有效性规则。

“有效性规则”是 Access 中另一个非常有用的属性，利用该属性可以防止非法数据输入到表中。有效性规则的形式及设置目的随字段的数据类型不同而不同。对“文本”类型字段，可以设置输入的字符个数不能超过某一个值；对“数字”类型字段，可以让 Access 只接收一定范围内的数据；对“日期/时间”类型的字段，可以将数值限制在一定的月份或年份以内。

（5）输入掩码。

在输入数据时，如果希望输入的格式标准保持一致，或希望检查输入时的错误，可以使用 Access 提供的“输入掩码向导”来设置一个输入掩码。对于大多数数据类型，都可以定义一个输入掩码。定义输入掩码属性所使用的字符如表 10-11 所示。

表 10-11　输入掩码属性所使用的字符

字　符	说　　明
0	数字（0～9，必选项；不允许使用加号（+）和减号（-））
9	数字或空格（非必选项；不允许使用加号和减号）
#	数字或空格（非必选项；空白将转换为空格，允许使用加号和减号）
L	字母（A～Z，必选项）
?	字母（A～Z，可选项）
A	字母或数字（必选项）
a	字母或数字（可选项）
&	任一字符或空格（必选项）
C	任一字符或空格（可选项）
. : ; - /	十进制占位符和千位、日期和时间分隔符（实际使用的字符取决于 Windows“控制面板”的“区域设置”中指定的区域设置）
<	使其后所有的字符转换为小写
>	使其后所有的字符转换为大写
!	输入掩码从右到左显示，输入至掩码的字符一般都是从左向右的，可以在输入掩码的任意位置包含叹号
\	使其后的字符显示为原义字符，可用于将该表中的任何字符显示为原义字符（例如，\A 显示为 A）
密码	将“输入掩码”属性设置为“密码”，以创建密码输入项文本框。文本框中键入的任何字符都按原字符保存，但显示为星号（*）

6．表之间的关系

在 Access 中，每个表都是数据库中一个独立的部分，它们本身具有很多的功能，但是每个表又不是完全孤立的部分，表与表之间可能存在着相互的联系。表之间有三种关系，分别为：一对多关系、多对多关系和一对一关系。一对多关系是最普通的一种关系。在这种关系中，A 表中的一行可以匹配 B 表中的多行，但是 B 表中的一行只能匹配 A 表中的一行。在多对多关系中，A 表中的一行可以匹配 B 表中的多行，反之亦然。若要创建这种关系，则需要定义第三个表，称为结合表，它的主键由 A 表和 B 表的外部键组成。在一对一关系中，A 表中的一行最多只能匹配于 B 表中的一行，反之亦然。如果相关列都是主键或都具有唯一约束，则可以创建一对一关系。

（1）参照完整性。

参照完整性是一个规则系统，能确保相关表行之间关系的有效性，并且确保不会在无意之中删除或更改相关数据。实施参照完整性时，必须遵守以下规则：

① 如果在相关表的主键中没有某个值，则不能在相关表的外部键列中输入该值，但可以在外部键列中输入一个 Null 值。

② 如果某行在相关表中存在相匹配的行，则不能从一个主键表中删除该行。

③ 如果主键表的行具有相关性，则不能更改主键表中的某个键的值。

当符合下列所有条件时，才可以设置参照完整性：

① 主表中的匹配列是一个主键或者具有唯一约束。

② 相关列具有相同的数据类型和大小。

③ 两个表属于相同的数据库。

（2）建立表间的关系。

当想让两个表共享数据时，可以创建两个表之间的关系。可以在一个表中存储数据，让两个表都能使用这些数据，也可以创建关系，在相关表之间实施参照完整性。在创建关系之前，必须先在至少一个表中定义一个主键或唯一约束，然后使主键列与另一个表中的匹配列相关。创建了关系之后，那些匹配列变为相关表的外部键。创建表之间的关系步骤如下：

① 在数据库窗口中，单击工具栏上的“关系”按钮，再单击“显示表”按钮，打开“显示表”对话框，从中选择加入要建立关系的表。

② 然后关闭“显示表”对话框。

③ 从某个表中将所要的相关字段拖动到其他相关表中的相关字段。这时屏幕会显示“编辑关系”对话框。检查显示两个列中的字段名称以确保正确性。

④ 若需要，可选中“实施参照完整性”复选框，然后单击“创建”按钮。

⑤ 所有的关系建好后，单击关系窗口的“关闭”按钮，这时 Access 询问是否保存布局的更改，单击“是”按钮。

关系的主键一方表示为钥匙符号。在一对一关系中，初始化关系的表确定了主键一方。对于一对一关系，关系的外部键一方表示为钥匙符号；对于一对多关系，关系的外部键一方表示为无限符号。本例表与表之间的关系如图 10-51 所示。

7．表的维护

为了使数据库中的表在结构上更合理、内容更新、使用更有效，就需要经常对表进行维护。

（1）打开和关闭表。

需要打开表时可以在“数据库”窗口中，选择“对象”下的 表，单击要打开的表的名称。如果要在“设计”视图打开表，则选择“数据库”窗口工具栏上的设计(D)。如果要在“数据表”视图打开表，则单击“数据库”窗口工具栏上的打开(O)。注意，打开表后，只需单击工具栏上的“视图”按钮，即可轻易地在两种视图之间进行切换。

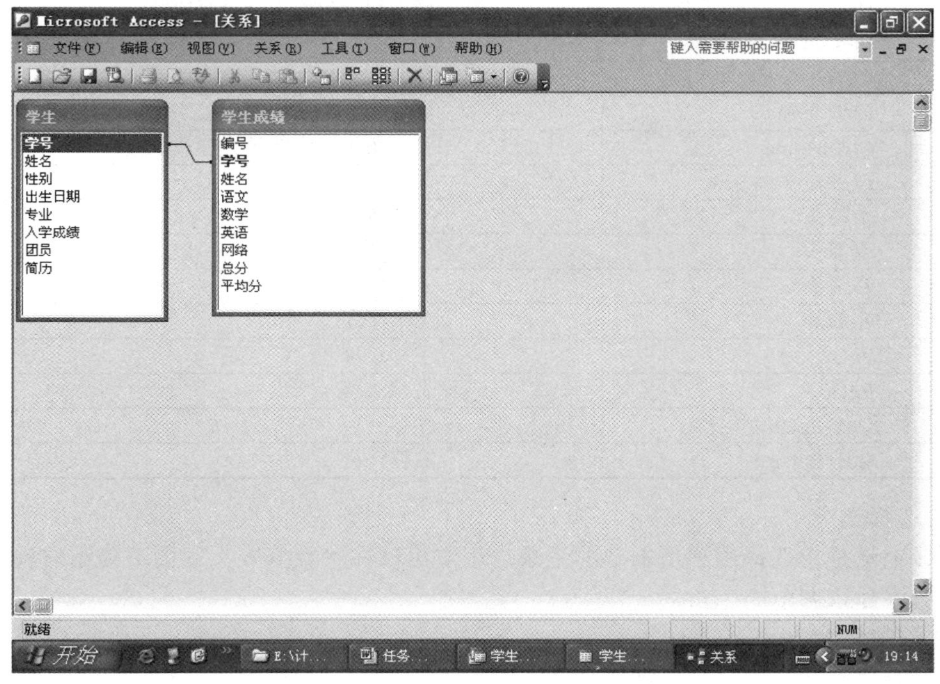

图 10-51　表的关系

表的操作结束后，应该将其关闭。不管表是处于“设计”视图状态，还是处于“数据表”视图状态，选择“文件”菜单中的“关闭”命令或单击窗口的“关闭窗口”按钮都可以将打开的表关闭。在关闭表时，如果曾对表的结构或布局进行过修改，Access 会显示一个提示框，询问用户是否保存所做的修改。

（2）修改表结构。

修改表结构的操作主要包括增加字段、删除字段、修改字段、重新设置字段等。修改表结构只能在“设计”视图中完成。

在表中添加一个新字段不会影响其他字段和现有的数据。但利用该表建立的查询、窗体或报表，新字段是不会自动加入的，需要手工添加上去。修改字段包括修改字段的名称、数据类型、说明等。如果所删除字段的表为空，就会出现删除提示框；如果表中含有数据，不仅会出现提示框需要用户确认，而且还会将该表所建立的查询、窗体或报表中的该字段删除。如果原定义的主关键字不合适，可以重新定义。重新定义主关键字需要先删除原主关键字，然后再定义新的主关键字。

（3）编辑表内容。

① 定位记录。

数据表中有了数据后，修改是经常要做的操作，其中定位和选择记录是首要的任务。常用的记录定位方法有两种：一是用记录号定位，二是用快捷键定位。快捷键及其定位功能如表 10-12 所示。

表 10-12　快捷键及其定位功能

快　捷　键	定 位 功 能
Home	当前记录中的第一个字段
End	当前记录中的最后一个字段
Ctrl+上箭头	第一条记录中的当前字段
Ctrl+下箭头	最后一条记录中的当前字段
Ctrl+Home	第一条记录中的第一字段
Ctrl+End	最后一条记录中的最后一个字段
上箭头	上一条记录中的当前字段
下箭头	下一条记录中的当前字段
右箭头	下一字段
左箭头	上一字段
PgDn	下移一屏
PgUp	上移一屏
Ctrl+PgDn	左移一屏
Ctrl+PgUp	右移一屏

② 选择记录。

选择记录是指选择用户所需要的记录。用户可以在“数据表”视图下使用鼠标或键盘两种方法选择数据范围。

③ 添加记录。

在已经建立的表中，添加新的记录。

④ 删除记录。

删除表中出现的不需要的记录。

⑤ 修改数据。

在已建立的表中，修改出现错误的数据。

⑥ 复制数据。

在输入或编辑数据时，有些数据可能相同或相似，这时可以使用复制和粘贴操作将某些字段中的部分或全部数据复制到另一个字段中。

（4）调整表外观。

调整表的外观是为了使表看上去更清楚、美观。调整表格外观的操作包括：改变字段次序、调整字段显示宽度和高度、隐藏列和显示列、冻结列、设置数据表格式、改变字体显示等。

在默认设置下，通常 Access 显示数据表中的字段次序与它们在表或查询中出现的次序相同。但是，在使用“数据表”视图时，往往需要移动某些列来满足查看数据的要求。此时，可以改变字段的显示次序。

例如，将“教师”表中“姓名”字段和“教师编号”字段位置互换。具体操作步骤如下：

① 在“数据库”窗口的“表”对象中双击“教师”表。

② 将鼠标指针定位在“姓名”字段列的字段名上，鼠标指针会变成一个粗体黑色下箭头⬇，单击。

③ 将鼠标放在“姓名”字段列的字段名上，然后按下鼠标左键并拖动鼠标到“教师编号”字段前，释放鼠标左键。

使用这种方法，可以移动任何单独的字段或所选的字段组。移动“数据表”视图中的字段，不会改变表“设计”视图中字段的排列顺序，而只是改变字段在“数据表”视图下字段的显示顺序。

在所建立的表中，有时由于数据过长，数据显示被遮住；有时由于数据设置的字号过大，数据显示在一行中被切断。为了能够完整地显示字段中的全部数据，可以调整字段显示的高度或宽度。

调整字段显示的高度有两种方法：鼠标和菜单命令。

使用鼠标如下：

① 在“数据库”窗口的“表”对象下，双击所需的表。

② 将鼠标指针放在表中任意两行选定器之间，这时鼠标指针变为双箭头。

③ 按住鼠标左键，拖动鼠标上、下移动，当调整到所需高度时，松开鼠标左键。

使用菜单命令调整字段显示高度的操作步骤如下：

① 在“数据库”窗口的“表”对象下，双击所需的表。

② 单击“数据表”中的任意单元格。

③ 选择“格式”菜单中的“行高”命令，这时屏幕上出现“行高”对话框。

④ 在该对话框的“行高”文本框内输入所需的行高值。

⑤ 单击“确定”按钮。

改变行高后，整个表的行高都得到了调整。

与调整字段显示高度的操作一样，调整宽度也有两种方法，即鼠标和菜单命令。使用鼠标调整时，首先将鼠标指针放在要改变宽度的两列字段名中间，当鼠标指针变为双箭头时，按住鼠标左键，并拖动鼠标左右移动，当调整到所需宽度时，松开鼠标左键。在拖动字段列中间的分隔线时，如果将分隔线拖动超过下一个字段列的右边界时，将会隐藏该列。

使用菜单命令调整时，先选择要改变宽度的字段列，然后执行“格式”菜单中的“列宽”命令，并在打开的“列宽”对话框中输入所需的高度，单击“确定”按钮。如果在“列宽”对话框中输入值为“0”，则会将该字段列隐藏。注意，重新设定列宽不会改变表中字段的“字段大小”属性所允许的字符数，它只是简单地改变字段列所包含数据的显示宽度。

在“数据表”视图中，为了便于查看表中的主要数据，可以将某些字段列暂时隐藏起来，需要时再将其显示出来。

例如，将“学生”表中的“性别”字段列隐藏起来，具体的操作步骤如下：

① 在“数据库”窗口的“表”对象下，双击“学生”表。

② 选择“性别”字段选定器⬇。如果要一次隐藏多列，单击要隐藏的第一列字段选定器，然后按住鼠标左键，拖动鼠标到达最后一个需要选择的列。

③ 选择“格式”菜单中的“隐藏列”命令。这时，Access 就将选定的列隐藏起来。

如果希望将隐藏的列重新显示出来，操作步骤如下：

① 在“数据库”窗口的“表”对象下，双击“学生”表。

② 选择“格式”菜单中的“取消隐藏列”命令，在“列”列表中选中要显示列的复选框。

③ 单击“关闭”按钮。

这样，就可以将被隐藏的列重新显示在数据表中。

在通常的操作中，常常需要建立比较大的数据库表，由于表过宽，在“数据表”视图中，有些关键的字段值因为水平滚动后无法看到，影响了数据的查看。如果表的字段数比较多，例如当查看表中的“联系电话”字段值时，“姓名”字段已经移出了屏幕，因而不能知道是谁的联系电话。解决这一问题的最好方法是利用 Access 提供的冻结列功能。

在“数据表”视图中，冻结某字段列或某几个字段列后，无论用户怎样水平滚动窗口，这些字段总是可见的，并且总是显示在窗口的最左边。

例如，冻结“教师”表中的“姓名”列，具体的操作步骤如下：

① 在“数据库”窗口的“表”对象下，双击“教师”表。

② 选定要冻结的字段，单击“姓名”字段选定器。

③ 选择“格式”菜单中的“冻结列”命令。

此时水平滚动窗口时，可以看到“姓名”字段列始终显示在窗口的最左边。

当不再需要冻结列时，可以取消。取消的方法是选择“格式”菜单中的“取消对所有列的冻结”命令。

在“数据表”视图中，一般在水平方向和垂直方向都显示网格线，网格线采用银色，背景采用白色。但是，用户可以改变单元格的显示效果，也可以选择网格线的显示方式和颜色，表格的背景颜色等。设置数据表格式的操作步骤如下：

① 在“数据库”窗口的“表”对象下，双击要打开的表。

② 选择“格式”菜单中的“数据表”命令，在该对话框中，用户可以根据需要选择所需的项目。最后单击“确定”按钮。

例如，如果要去掉水平方向的网格线，可以取消选中“网格线显示方式”框中的“水平方向”复选框。如果要将背景颜色变为“蓝色”，单击“背景颜色”下拉列表框中的下拉按钮，并从弹出的列表中选择蓝色。如果要使单元格在显示时具有“凸起”效果，可以在“单元格效果”框中选中“凸起”单选项，当选择了“凸起”或“凹陷”单选项后，不能再对其他选项进行设置。

8．操作表

一般情况下，在用户创建了数据库和表以后，都需要对它们进行必要的操作。例如，查找或替换指定的文本、排列表中的数据、筛选符合指定条件的记录等。实际上，这些操作在 Access 的“数据表”视图中非常容易完成。在数据库操作表中数据的方法主要有查找数据、替换指定的文本、改变记录的显示顺序以及筛选指定条件的记录等。

（1）查找数据。

在操作数据库表时，如果表中存放的数据非常多，那么当用户想查找某一数据时就比较困难。在 Access 中，查找或替换所需数据的方法有很多，不论是查找特定的数值、一条记录，还是一组记录，都可以通过滚动数据表或窗体，也可以在记录编号框中键入记录编号来查找记录。使用“查找”对话框，可以寻找特定记录或查找字段中的某些值。在 Access 找到要查找的项目时，可以在找到的各条记录间浏览。在“查找和替换”对话框中，可以使用通配符，如表 10-13 所示。

表 10-13　通配符的用法

字　符	用　法	示　例
*	与任何个数的字符匹配，它可以在字符串中当作第一个或最后一个字符使用	wh*可以找到 what、white 和 why
?	与任何单个字母的字符匹配	b?ll 可以找到 ball、bell 和 bill
[]	与方括号内任何单个字符匹配	b[ae]ll 可以找到 ball 和 bell，但找不到 bill
!	匹配任何不在括号之内的字符	b[!ae]ll 可以找到 bill 和 bull，但找不到 bell
-	与范围内的任何一个字符匹配。必须以递增排序次序来指定区域(A 到 Z，而不是 Z 到 A)	b[a-c]d 可以找到 bad、bbd 和 bcd
#	与任何单个数字字符匹配	1#3 可以找到 103、113、123

注意：

① 通配符是专门用在文本数据类型中的，有时候也可以成功地使用在其他数据类型中。

② 在使用通配符搜索星号（*）、问号（?）、数字号码（#）、左方括号（[）或减号（-）时，必须将搜索的项目放在方括号内。例如：搜索问号，请在“查找”对话框中输入[?]符号。如果同时搜索减号和其他单词时，请在方括号内将减号放置在所有字符之前或之后（但是，如果有感叹号（!），请在方括号内将减号放置在感叹号之后）。如果在搜索感叹号（!）或右方括号（]）时，不需要将其放在方括号内。

③ 必须将左、右方括号放在下一层方括号中（[[]]），才能同时搜索一对左、右方括号（[]），否则 Access 会将这种组合作为一个空字符串处理。

（2）替换数据。

可以将出现的全部指定内容一起查找出来，或一次查找一个。如果要查找 Null 值或空字符串，必须使用“查找”对话框来查找这些内容，并一一替换它们。替换数据需要注意的问题和步骤如下：

① 在“窗体”视图或“数据表”视图中，选择要搜索的字段（搜索单一字段比搜索整个数据表或窗体要快）。

② 在“编辑”菜单中单击“替换”命令。

③ 请在“查找内容”框中输入要查找的内容，然后在“替换为”框中输入要替换成的内容。

④ 如果不完全知道要查找的内容，可以在“查找内容”框中使用通配符来指定要查找的内容。

⑤ 在“替换”对话框中，设置想用的任何其他的选项。若要得到更多的选项，可单击“其他”按钮。

⑥ 如果要一次替换出现的全部指定内容，请单击“全部替换”按钮。

⑦ 如果要一次替换一个，请单击“查找下一个”按钮，然后再单击“替换”按钮；如果要跳过下一个并继续查找出现的内容，请单击“查找下一个”按钮。

（3）排序记录。

排序记录时，不同的字段类型，排序规则有所不同，具体规则如下：

① 英文按字母顺序排序，大小写视为相同，升序时按 A 到 Z 排列，降序时按 Z 到 A

排列。

② 中文按拼音的顺序排序，升序时按 A 到 Z 排列，降序时按 Z 到 A 排列。

③ 数字按数字的大小排序，升序时从小到大排列，降序时按从大到小排列。

④ 使用升序排序日期和时间，是指由较前的时间到较后的时间；使用降序排序时，则是指由较后的时间到较前的时间。

排序时，要注意在"文本"字段中保存的数字将作为字符串而不是数值来排序。因此，如果要以数值的顺序排序，必须在较短的数字前面加上零，使得全部文本字符串具有相同的长度。例如：要以升序排序以下的文本字符串"1""2""11"和"22"，其结果将是"1""11""2""22"。必须在仅有一位数的字符串前面加上零，才能正确地排序："01""02""11""22"。对于不包含 Null 值的字段，另一个解决方案是使用 Val 函数来排序字符串的数值。例如，如果"年龄"列是包含数值的"文本"字段，在"字段"单元格指定 Val([年龄])，并且在"排序"单元格指定排序次序后，才会以正确的顺序放置记录。如果只在"文本"字段中保存数字或日期，可以考虑将表的数据类型更改为数字、货币或日期/时间。这样在对此字段排序时，数字或日期将会以数值或日期的顺序排序，而不需要加入前面的零。在以升序排序字段时，任何含有空字段（包含 Null 值）的记录将出现在列表中的第一条。如果字段中同时包含 Null 值和空字符串，包含 Null 值的字段将在第一条显示，紧接着是空字符串。

（4）筛选记录。

Access 中，可以使用 4 种方法筛选记录："按选定内容筛选""按窗体筛选""输入筛选目标"以及"高级筛选/排序"。表、查询或窗体筛选方法的比较如表 10-14 所示。

表 10-14 筛选方法的比较

筛选目的	"按选定内容筛选"	"按窗体筛选"和"输入筛选目标"	"高级筛选/排序"
搜索符合多个准则的记录	是（但是必须一次指定一个准则）	是（并且可以一次指定所有准则）	是（并且可以一次指定所有准则）
搜索符合一个准则或另一准则的记录	否	是	是
允许输入表达式作为准则	否	是	是
按升序或降序排序记录	否（但是，在应用筛选后，可以单击工具栏中的"升序"按钮或"降序"按钮排序所筛选的记录）	否（但是，在应用筛选后，可以单击工具栏中的"升序"按钮或"降序"按钮排序所筛选的记录）	是（并且可以对某些字段按升序排序，而对其他字段按降序排序）

10.7 MFC ODBC 数据库连接

10.7.1 MFC ODBC 的构成

ODBC 是微软公司支持开放数据库服务体系的重要组成部分，它定义了一组规范，提供了一组对数据库访问的标准 API，这些 API 是建立在标准化版本 SQL（Structed Query Language，结构化查询语言）基础上的。ODBC 位于应用程序和具体的 DBMS 之间，目的是能够使应用程序端不依赖于任何 DBMS，不同数据库的操作由对应的 DBMS 的 ODBC 驱动程序完成。

ODBC 的结构如图 10-52 所示。

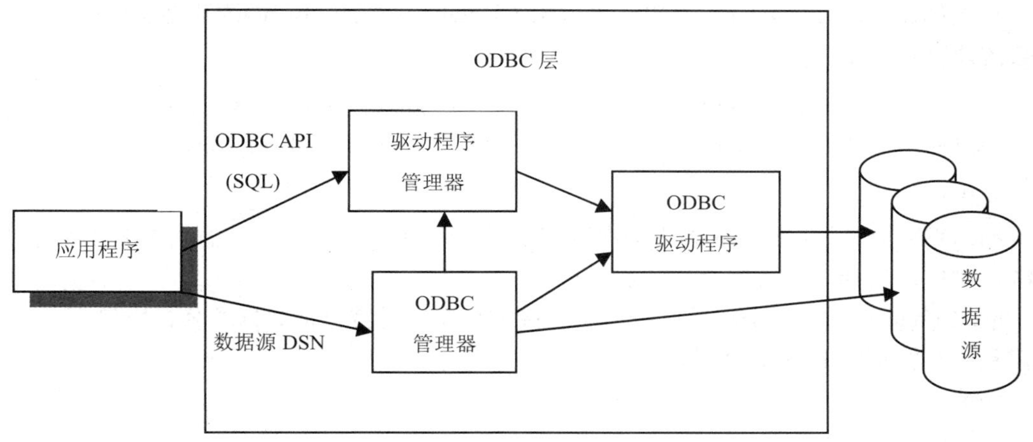

图 10-52　ODBC 结构图

ODBC 层由三个部件构成：

（1）ODBC 管理器。

ODBC 管理器的主要任务是管理 ODBC 驱动程序，管理数据源。应用程序要访问数据库，首先必须在 ODBC 管理器中创建一个数据源。ODBC 管理器根据数据源提供的数据库存储位置、类型及 ODBC 驱动程序信息，建立起 ODBC 与特定数据库之间的联系，后续程序中只需提供数据源名，ODBC 就能连接相关的数据库。ODBC 管理器位于系统控制面板中。

（2）驱动程序管理器。

驱动程序管理器是 ODBC 中最重要的部件，应用程序是通过 ODBC API 执行数据库操作的，其实 ODBC API 不能直接操作数据库，需要通过驱动管理器调用特定的数据库驱动程序，驱动程序在执行完相应操作后，再将结果通过驱动程序管理器返回。驱动程序管理器支持一个应用程序同时访问多个 DBMS 中的数据。

（3）ODBC 驱动程序。

ODBC 驱动程序以 DLL 文件形式出现，提供 ODBC 与数据库之间的接口。

10.7.2　MFC ODBC 类

进行 ODBC 编程，有三个非常重要的元素：环境（Enviroment）、连接（Connection）和语句（Statement），它们都是通过句柄来访问的。在 MFC 的类库中，CDatabase 类封装了 ODBC 编程的连接句柄，CRecordset 类封装了对 ODBC 编程的语句句柄，而环境句柄被保存在一个全局变量中，可以调用一个全局函数 AfxGetHENV 来获得当前被 MFC 使用的环境句柄。此外 CRecordView 类负责显示记录，CFieldExchange 负责 CRedordset 类与数据源的数据交换。使用 AppWizard 生成应用程序框架过程中，只要选择了相应的数据库支持选项，就能够很方便地获得一个数据库应用程序的框架。

1．CDatabase 类

CDatabase 类的主要功能是建立与 ODBC 数据源的连接，连接句柄放在其数据成员 m_hdbc 中，并提供一个成员函数 GetConnect()用于获取连接字符串。要建立与数据源的连接，首先创建一个 CDatabase 对象，再调用 CDatabase 类的 Open()函数创建连接。Open()函数的原型定义如下：

```
virtul BOOL Open(LPCTSTR lpszDSN,BOOL bExclusive=FALSE, BOOL bReadOnly=
FALSE,LPCTSTR lpszConnect="ODBC;",BOOL bUseCursorLib=TRUE);
```

其中：

lpszDSN 指定数据源名，若 lpszDSN 的值为 NULL 时，在程序执行时会弹出数据源对话框，供用户选择一个数据源。

lpszConnect 指定一个连接字符串，连接字符串中通常包括数据源名、用户 ID、口令等信息，与特定的 DBMS 相关。

例如：

```
CDatabase db;
db.Open(NULL,FALSE,FALSE,"ODBC;DSN=StuInfo;UID=SYSTEM;PWD=123456");
```

断开一个数据源的连接可以调用 CDatabase 类的成员函数 Close()。

2．CRecordset 类

CRecordset 类表示从数据源中抽取出来的一组记录集。CRecordset 类封装了大量操作数据库的函数，支持查询、存取、更新数据库操作。记录集主要分为以下两种类型：

（1）快照（Snapshot）记录集。

快照记录集相当于数据库的一张静态视图，一旦从数据库抽取出来，别的用户更新记录的操作不会改变记录集，只有调用 Requry()函数重新查询数据，才能反映数据的变化。快照集能反应自身用户的删除和修改操作。

（2）动态（Dynaset）记录集。

动态记录集与快照记录集恰恰相反，是数据库的动态视图。当别的用户更新记录时，动态记录集能即时反映所作的修改。在一些实时系统中必须采用动态记录集，如火车票联网购票系统。

CRecordset 有六个重要的数据成员，如表 10-15 所示。

表 10-15 CRecordset 类的数据成员

数 据 成 员	类　型	说　明
m_strFilter	CString	筛选条件字符串
m_strSort	CString	排序关键字字符串
m_pDatabase	CDatabase 类指针	指向 CDatabasec 对象的指针
m_hstmt	HSTMT	ODBC 语句句柄
m_nField	UINT	记录集中字段数据成员总数
m_nParams	UINT	记录集中参数数据成员总数

CRecordset 的主要成员函数如表 10-16 所示。

表 10-16　CRecordset 类的成员函数

成 员 函 数	类　　型
Move	当前记录指针移动若干个位置
MoveFirst	当前记录指针移动到记录集第一条记录
MoveLast	当前记录指针移动到记录集最后一条记录
MoveNext	当前记录指针移动到记录集下一条记录
MovePrev	当前记录指针移动到记录集前一条记录
SetAbsolutePosition	当前记录指针移动到记录集特定一条记录
AddNew	添加一条新记录
Delete	删除一条记录
Edit	编辑一条记录
Update	更新记录
CancelUpdate	取消一条记录的更新操作
Requry	重新查询数据源
GetDefaultConnect	获得默认连接字符串
GetDefaultSQL	获得默认 SQL 语句
DoFieldExchange	记录集中字段数据成员与数据源中交换数据
GetRecordCount	获得记录集记录个数
IsEOF	判断当前记录指针是否在最后一个记录之后
IsBOF	判断当前记录指针是否在第一个记录之前
CanUpdate	判断记录集是否允许更新

3．CRecordView 类

CRecordView 类是 CFormView 的派生类，支持以控件视图来显示当前记录，并提供移动记录的默认菜单和工具栏，用户可以通过记录视图方便地浏览、修改、删除和添加记录。记录视图与对话框一样使用 DDX 数据交换机制在视图中控件的记录集成员之间交换数据，只需使用 ClassWizard 将控件与记录集的字段数据成员一一绑定。

CRecordView 的主要函数如表 10-17 所示。

表 10-17　CRecordView 类的主要成员函数

成 员 函 数	类　　型
OnGetRecordset	获得指向记录集的指针
OnMove	当前记录指针移动时，OnMove()函数更新对当前记录所作的修改，这是将更新记录保存的方式
IsOnFirstRecord	判断当前记录是否为记录集的第一条记录
IsOnLastRecord	判断当前记录是否为记录集的最后一条记录

4．CFieldExchange 类

CFieldExchange 类支持记录字段数据的自动交换，实现记录集中各字段与相应的数据源中字段之间的数据交换，类似于对话框数据自动交换机制。

10.7.3 MFC ODBC 数据库操作

1．查询记录

使用 CRecordSet 的 Open()和 Requery()成员函数可以实现查询记录。需要注意的是，在使用 CRecordSet 的类对象之前，必须使用 CRecordSet 的成员函数 Open()来获得有效的记录集。一旦使用过 Open()函数，再次查询时直接使用 Requery()函数即可。在调用 Open()函数时，如果已经将一个打开的 CDatabase 对象指针传递给 CRecordSet 类对象的 m_pDatabase 成员变量，那么 CRecordSet 类对象将使用该数据库对象建立 ODBC 连接；否则，如果 m_pDatabase 为空指针，对象就需要新建一个 CDatabase 类对象并使其与默认的数据源相连，然后进行 CRecordSet 类对象的初始化。默认数据源由 GetDefaultConnect()函数获得，也可以通过特定的 SQL 语句为 CRecordSet 类对象指定数据源，并以它来调用 CRecordSet 类的 Open()函数。例如：

```
myRS.Open(AFX_DATABASE_USE_DEFAULT,strSQL);
```

如果没有指定参数，程序则使用默认的 SQL 语句，即对在 GetDefaultSQL()函数中指定的 SQL 语句进行操作，代码如下：

```
CString CMyRS::GetDefaultSQL()
{return _T("[Name],[Age]");}
```

对于 GetDefaultSQL()函数返回的表名，对应的默认操作是 SELECT 语句，例如：

```
SELECT * FROM BasicData
```

在查询过程中，也可以利用 CRecordSet 类的成员变量 m_strFilter 和 m_strSort 来执行条件查询和结果排序。m_strFilter 用于指定过滤字符串，存放着 SQL 语句中关键字 WHERE 后的条件语句；m_strSort 用于指定排序的字符串，存放着 SQL 语句中关键字 ORDER BY 后的字符串。例如：

```
myRS.m_strFilter="Name='Jerry'";
myRS.m_strSort="Age";
myRS.Requery();
```

数据库查询中对应的 SQL 语句为：

```
SELECT * FROM BasicData WHERE Name='Jerry' ORDER BY Age
```

除了直接赋值给成员变量 m_strFilter 以外，还可以通过参数化实现条件查询。利用参数化可以更直观、更方便地完成条件查询任务。参数化方法的步骤如下：

（1）声明参变量，代码如下：

```
CString strName;
int nAge;
```

（2）在构造函数中初始化参变量如下：

```
strName =_T("");
```

```
nAge =0;
m_nParams=2;
```

（3）将参变量与对应列绑定，代码如下：

```
pFX->SetFieldType(CFieldExchange::param);
RFX_Text(pFX,_T("Name"), strName);
RFX_Single(pFX,_T("Age"), nAge);
```

完成以上步骤之后就可以利用参变量进行条件查询了，代码如下：

```
m_pmyRS->m_strFilter="Name=? AND age=?";
m_ pmyRS -> strName =" Jerry";
m_ pmyRS ->nAge=26;
m_ pmyRS ->Requery();
```

参变量的值按绑定的顺序替换查询字串中的“?”通配符。

如果查询的结果是多条记录，可以利用 CRecordSet 类的成员函数 Move()、MoveNext()、MovePrev()、MoveFirst()和 MoveLast()来移动记录光标。

2．添加记录

使用 AddNew()成员函数能够实现记录添加，需要注意的是，在记录添加之前必须保证数据库是以允许添加的方式打开的，代码如下：

```
m_ pmyRS ->AddNew();                  //在表的末尾添加新记录
m_ pmyRS ->SetFieldNull(&(m_pSet->m_type), FALSE);
m_ pmyRS ->m_strName=" Jerry";        //输入新的字段值
m_ pmyRS ->m_nAge=26;                 //输入新的字段值
m_ pmyRS -> Update();                 //将新记录存入数据库
m_ pmyRS ->Requery();                 //重新建立记录集
```

3．删除记录

调用 Delete()成员函数能够实现记录删除，在调用 Delete()函数后不需调用 Update()函数，代码如下：

```
m_ pmyRS ->Delete();
if (!m_ pmyRS ->IsEOF())
    m_ pmyRS ->MoveNext();
else
    m_ pmyRS ->MoveLast();
```

4．修改记录

调用 Edit()成员函数可以实现记录修改，在修改完成后需要调用 Update()将修改结果存入数据库，代码如下：

```
m_ pmyRS ->Edit();                    //修改当前记录
m_ pmyRS ->m_strName=" Jerry";        //修改当前记录字段值
    ...
m_ pmyRS ->Update();                  //将修改结果存入数据库
m_ pmyRS ->Requery();
```

5．撤销数据库更新操作

如果用户增加或者修改记录后希望放弃当前操作，可以在调用 Update()函数之前调用 Move()函数，就可以使数据库更新撤销了，代码如下：

```
CRecordSet::Move(AFX_MOVE_REFRESH);
```

该函数用于撤销增加或修改模式，并恢复在增加或修改模式之前的记录。其中参数 AFX_MOVE_REFRESH 的值为零。

6．直接执行 SQL 语句

虽然通过 CRecordSet 类可以完成大多数的数据库查询操作，而且在 CRecordSet 类的 Open()成员函数中也可以提供 SQL 语句，但有的时候程序员还会进行一些其他操作，例如建立表、删除表、建立新的字段等，这时就需要用到 CDatabase 类的直接执行 SQL 语句的机制。通过调用 CDatabase 类的 ExecuteSQL()成员函数就能够完成 SQL 语句的直接执行，代码如下：

```
BOOL CMyDB::ExecuteSQLWithReport (const CString& strSQL)
{
        try
        {
            m_pMyDB->ExecuteSQL(strSQL);    //直接执行 SQL 语句
        }
        catch(CDBException,e)
        {
            CString strMsg;
            strMsg.LoadString(IDS_EXECUTE_SQL_FAILED);
            strMsg+=strSQL;
            return FALSE;
        }
        end_catch
        return true;
}
```

需要注意的是，由于不同的 DBMS 提供的数据操作语句不尽相同，直接执行 SQL 语句可能会破坏软件的 DBMS 无关性，因此在应用中应当慎用此类操作。

7．MFC ODBC 的数据库操作过程

MFC 的 ODBC 编程要先建立与 ODBC 数据源的连接，这个过程由一个 CDatabase 对象的 Open()函数实现。然后 CDatabase 对象的指针将被传递到 CRecordSet 对象的构造函数里，使 CRecordSet 对象与当前建立起来的数据源连接起来。

完成数据源连接之后，大量的数据库编程操作将集中在记录集的操作上。CRecordSet 类的丰富的成员函数可以让开发人员轻松地完成基本的数据库应用程序开发任务。

当然，完成了所有的操作之后，在应用程序退出运行状态时，需要将所有的记录集关闭，并关闭所有同数据源的连接。

例 10-3 使用 MFC 和 ODBC 数据库连接等内容实现一个学生信息管理系统，通过

Access 创建数据库并通过 ODBC 方式访问数据库，编辑界面上的不同按钮，创建消息映射，以实现简单的查看、增加、删除、排序、筛选等功能。

设计步骤如下。

1．创建数据库及表

打开 Access，创建一个新表 student，输入相关内容，选择类型，在创建主键后保存，如图 10-53 所示。

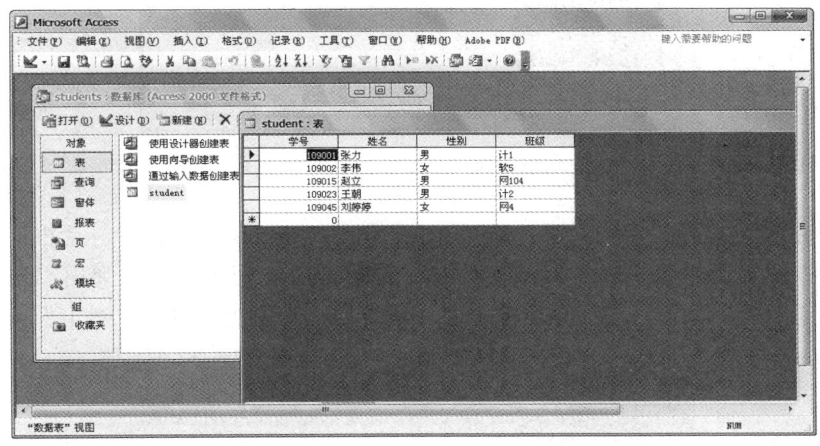

图 10-53　创建 student 表

2．添加 ODBC 数据源

选择“开始”→“控制面板”→“管理工具”，双击数据源（ODBC）图标，打开“ODBC 数据源管理器”对话框，如图 10-54 所示。

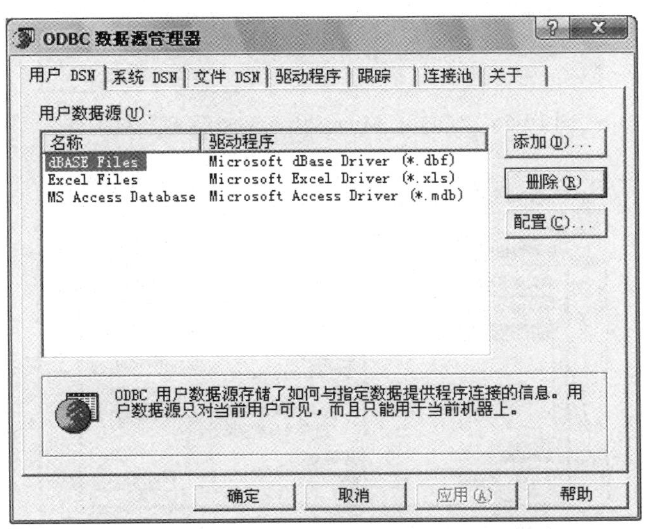

图 10-54　ODBC 数据源管理器

单击“添加”按钮，添加一个数据源，弹出“创建新数据源”对话框，如图 10-55 所示，在 ODBC 驱动程序列表中选择“Microsoft　Access　Driver(*.mdb)”。

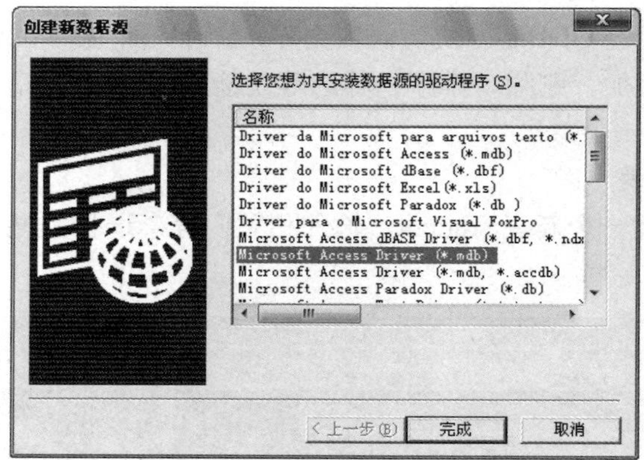

图 10-55 “创建新数据源”对话框

单击“完成”按钮，弹出“ODBC Microsoft Access 安装”对话框，如图 10-56 所示。在数据源名文本框中输入“学生信息”，单击“选择”按钮，弹出“选择数据库”对话框，如图 10-57 所示，选择数据库文件 students.mdb，连续单击“确定”按钮回到前一对话框。

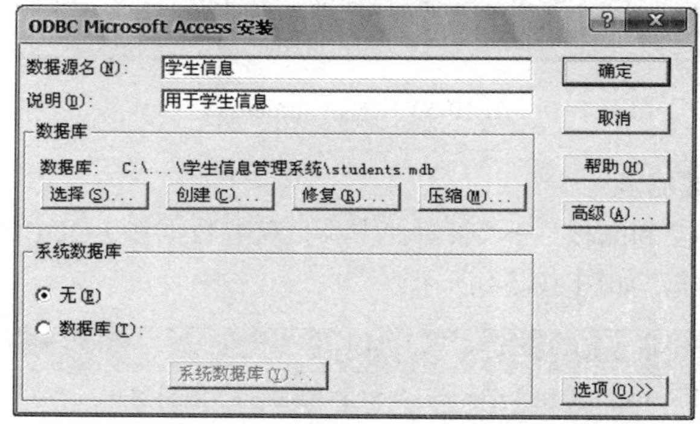

图 10-56 “ODBC Microsoft Access 安装”对话框

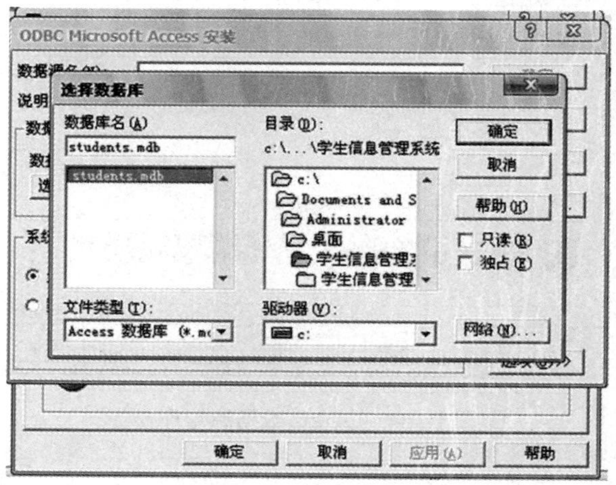

图 10-57 “选择数据库”对话框

最后在用户 DSN 标签中可以看到创建的数据源“学生信息”出现在数据源列表中，如图 10-58 所示。

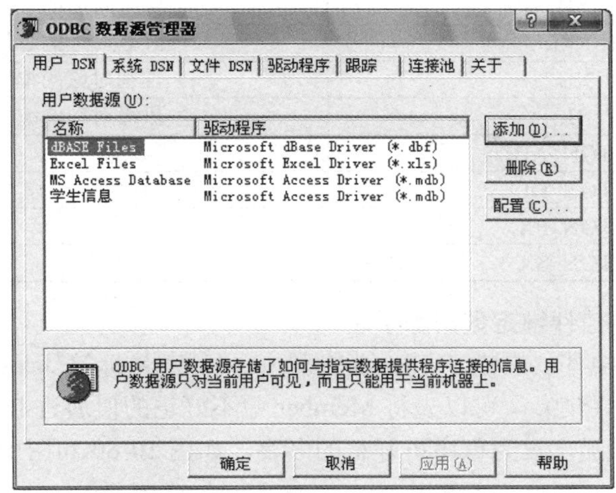

图 10-58　创建好的用户数据源

3．创建界面及按键

在 MFC 中创建相关界面及按键，如图 10-59 所示，并设置好属性及 ID，如表 10-18 所示。

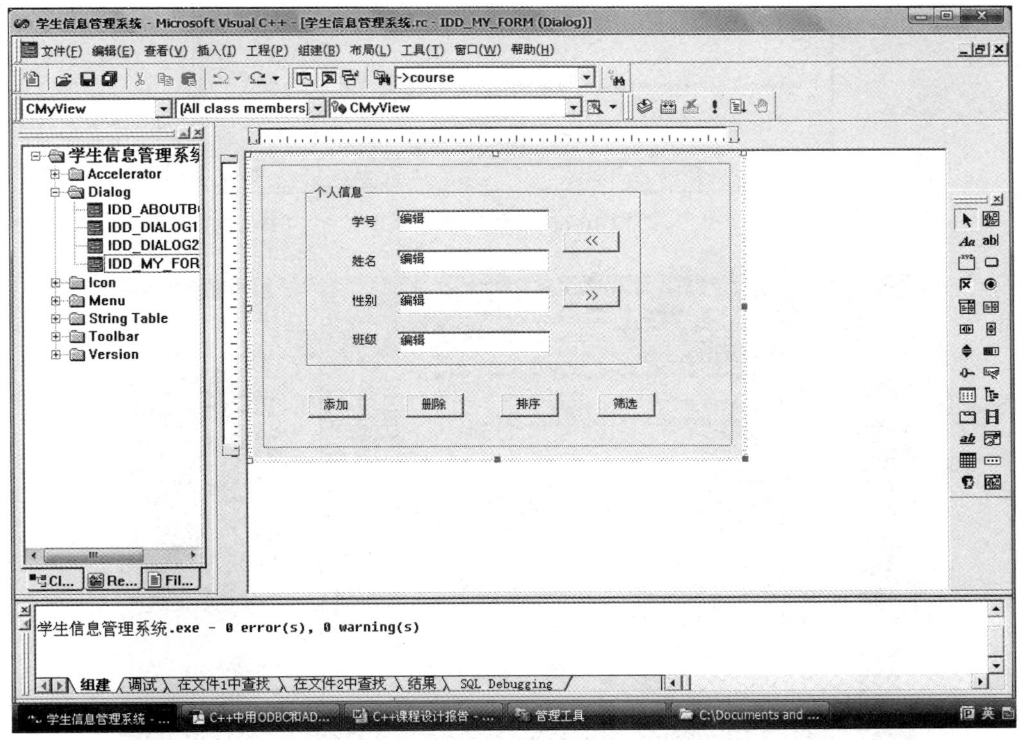

图 10-59　界面设计

表 10-18　ID 设置

ID	标　题
IDC_EDIT_XH	学号对应的编辑框
IDC_EDIT_XM	姓名对应的编辑框
IDC_EDIT_XB	性别对应的编辑框
IDC_EDIT_BJ	班级对应的编辑框
IDC_BUTTON_ADD	“添加”
IDC_BUTTON_DEL	“删除”
IDC_BUTTON_PX	“排序”
IDC_BUTTON_SX	“筛选”

4．为每个编辑框控件绑定数据源字段

选定一个编辑框控件，右键｜建立类向导｜成员变量标签|class name 列表，选择 CmySet（数据库的结果集）。可以先将 Member 中不好记的值通过 Delete Variable 删除，再用 Add Vairiables 添加，设为程序员好记的名字，如图 10-60 和图 10-61 所示。

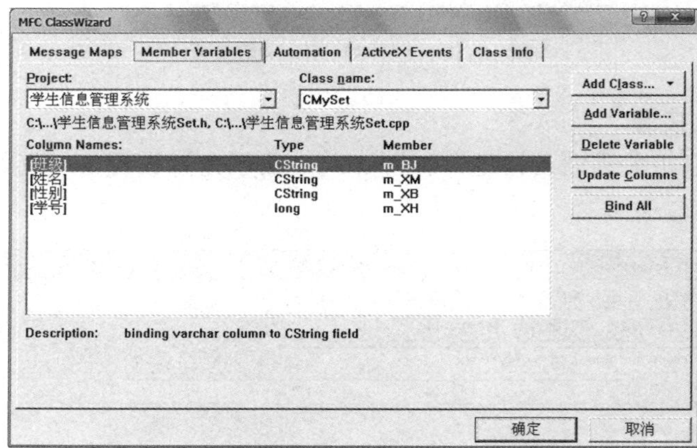

图 10-60　MFC 类向导

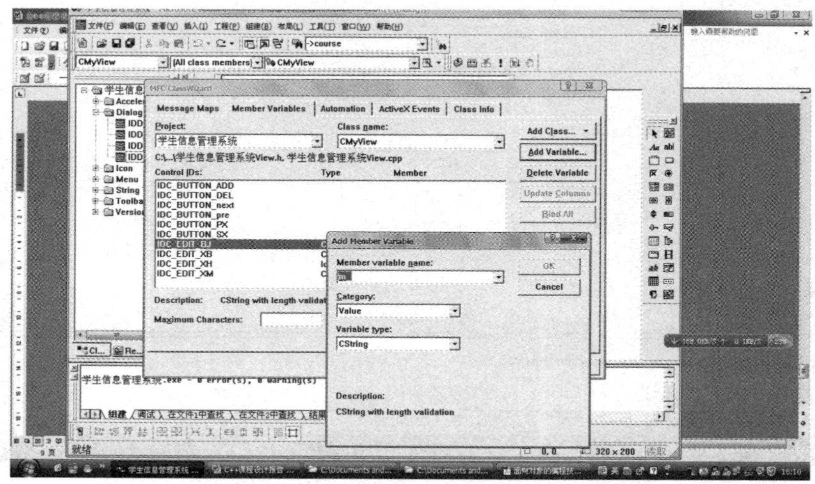

图 10-61　Add Vairiables

完成以上的操作后，编译、运行，得到如图 10-62 所示的界面。

图 10-62　系统运行界面

5．功能操作的实现

可以增加新的对话框（窗体）及创建类成员，实现相应的功能。在查询或过滤记录时，需要一个对话框，用于添加信息，增加对话框的方法是在“插入”→“资源”→“对话框(Dialog)类型”中放一个“分组框控件”，标题为“添加信息”并在分组框内按图设置好编辑框和按钮，如图 10-63 所示。

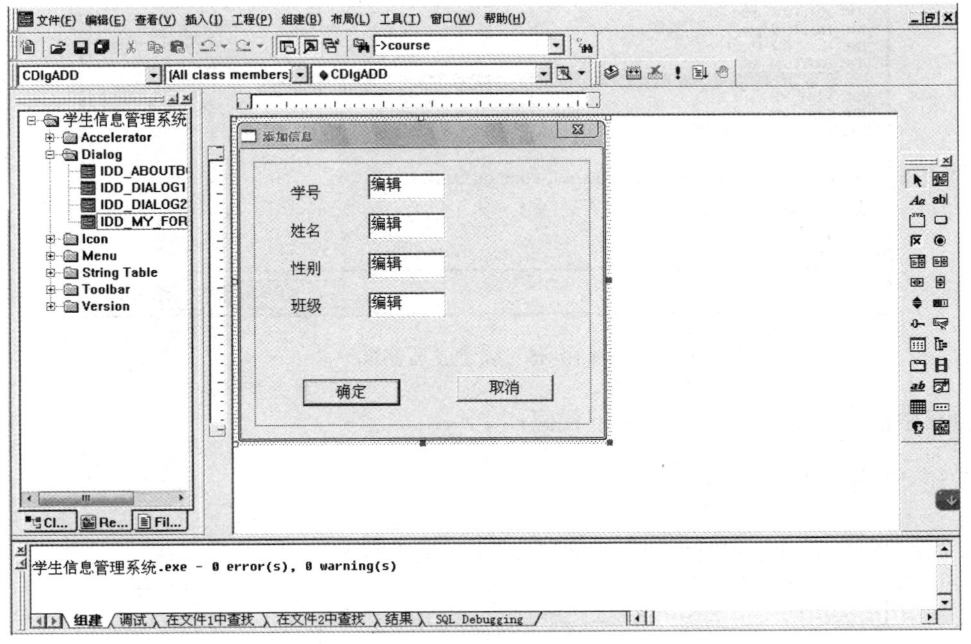

图 10-63　添加信息

建立类向导，分配并绑定好成员变量，如图 10-64 和图 10-65 所示。

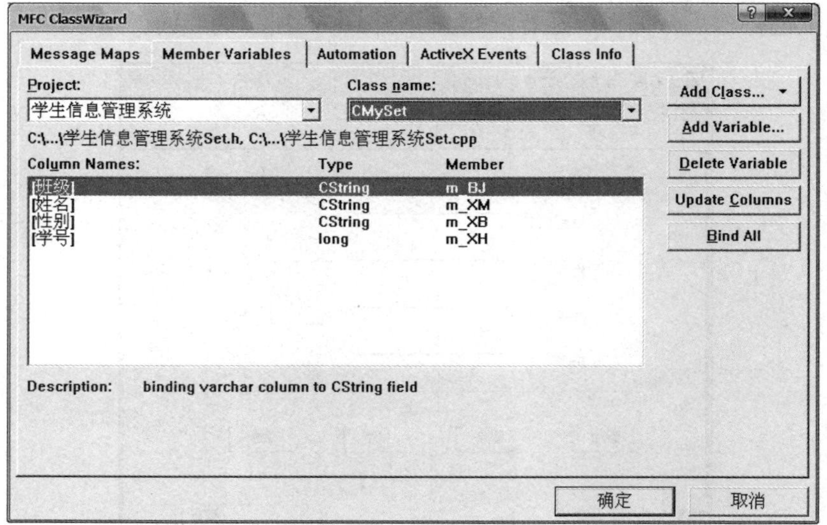

图 10-64　分配成员变量

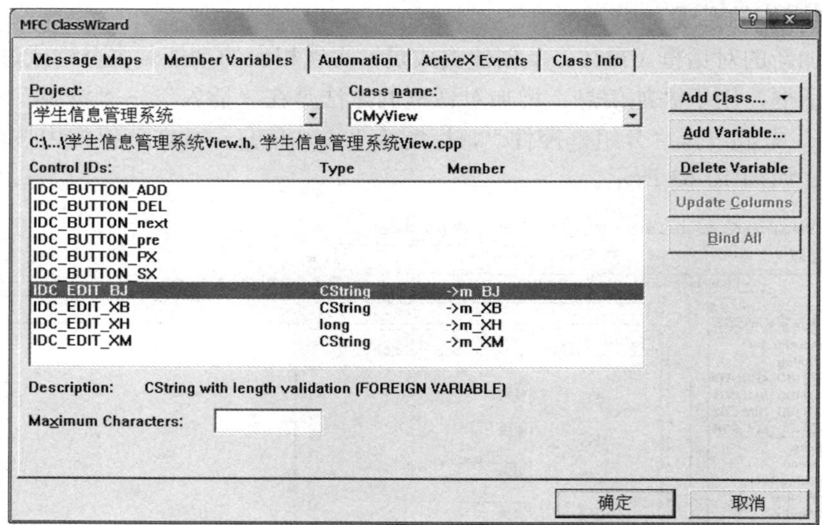

图 10-65　绑定成员变量

为其中的“确定”按钮添加如下代码：

```
void CDlgADD::OnOK()
{
    //TODO: Add extra validation here
    UpdateData();
    if(m_XH==0||m_XM==""||m_XB==""||m_BJ=="")
    {
        MessageBox("请完整输入数据");
        return;
```

```
    }

    CDialog::OnOK();
}
```

同理，添加查询条件的对话框，如图 10-66 所示。

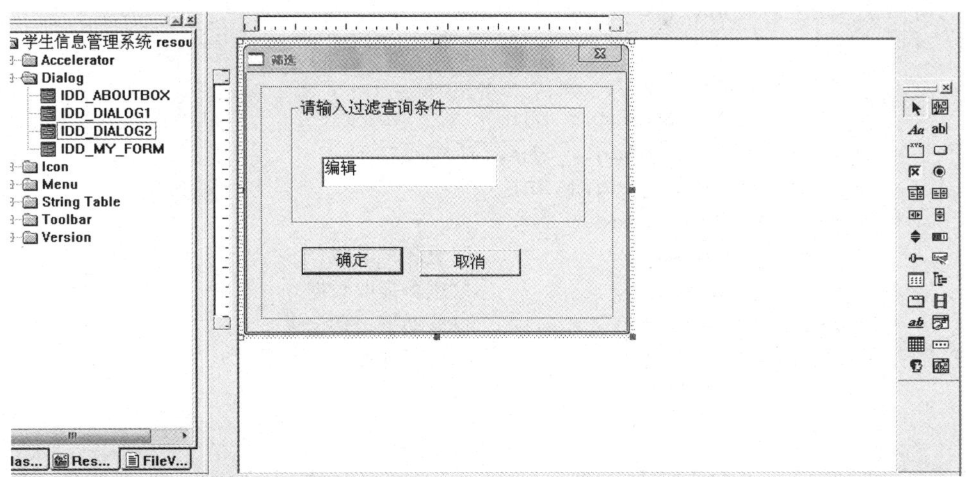

图 10-66　查询条件对话框

双击向导中的 IDD_MY_FORM，调出“个人信息”页面，添加功能键的代码，如图 10-67 所示。

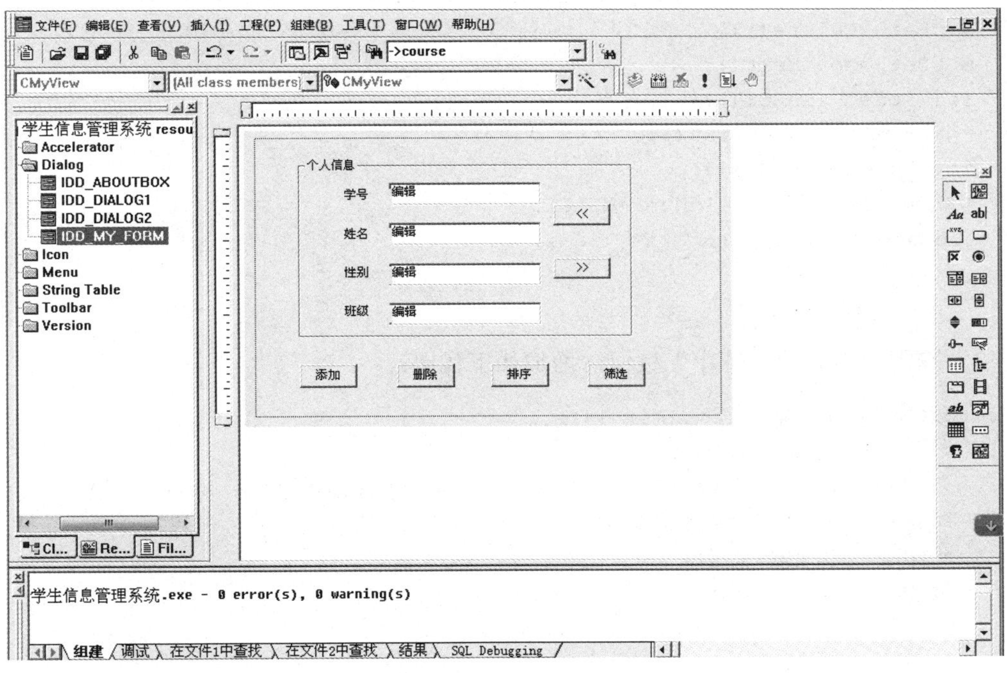

图 10-67　“个人信息”页面

（1）双击主界面的“添加”按钮，增加如下代码：

```
void CMyView::OnButtonAdd() //增加
{
    //TODO: Add your control notification handler code here
    CDlgADD DlgAdd;
    if(DlgAdd.DoModal()==IDOK)
    {
        m_pSet->AddNew();
        m_pSet->m_XH=DlgAdd.m_XH;
        m_pSet->m_XM=DlgAdd.m_XM;
        m_pSet->m_XB=DlgAdd.m_XB;
        m_pSet->m_BJ=DlgAdd.m_BJ;
        m_pSet->Update();              //更新记录集
        m_pSet->Requery();             //重新提取数据
        m_pSet->MoveLast();            //移动下一条记录
        UpdateData(FALSE);             //更新视图
    }
}
```

注意，此时需要在“学生信息管理系统 View.cpp”中添加头文件#include "DlgADD.h"。

（2）双击主界面的“删除”按钮，增加如下代码：

```
void CMyView::OnButtonDel()
  {
  //TODO: Add your control notification handler code here
  m_pSet->Delete();
  m_pSet->MoveNext();
  if(m_pSet->IsEOF())
      m_pSet->MoveLast();
  if(m_pSet->IsBOF())
      m_pSet->SetFieldNull(NULL);
   UpdateData(FALSE);

}
```

（3）双击主界面的“排序”按钮，增加如下代码：

```
void CMyView::OnButtonPx()
{
    //TODO: Add your control notification handler code here
    m_pSet->m_strSort="学号";
    m_pSet->Requery ();
    UpdateData(FALSE);

}
```

“<<”向前查询键代码：

```
void CMyView::OnBUTTONpre()
{
    //TODO: Add your control notification handler code here

        UpdateData(FALSE);
        m_pSet->MovePrev();
}
```

“>>”向后查询键代码：

```
void CMyView::OnBUTTONnext()
{
    //TODO: Add your control notification handler code here

        m_pSet->MoveNext();
        UpdateData(FALSE);
}
```

（4）双击主界面的“筛选”按钮，增加如下代码：

```
void CMyView::OnButtonSx()
{
    //TODO: Add your control notification handler code here
    CDlgQuery Dlgquery;
    CString value;
    if(Dlgquery.DoModal()==IDOK)
    {
      value="学号="+Dlgquery.m_query +"";
      m_pSet->m_strFilter =value;
      m_pSet->Requery ();
      UpdateData(FALSE);
    }
}
```

同样，在这个代码文件头包含头文件#include "DlgQuery.h"。至此，一个简单的学生管理系统就完成了，其主界面如图 10-68 所示，读者可以自行测试其中的功能。

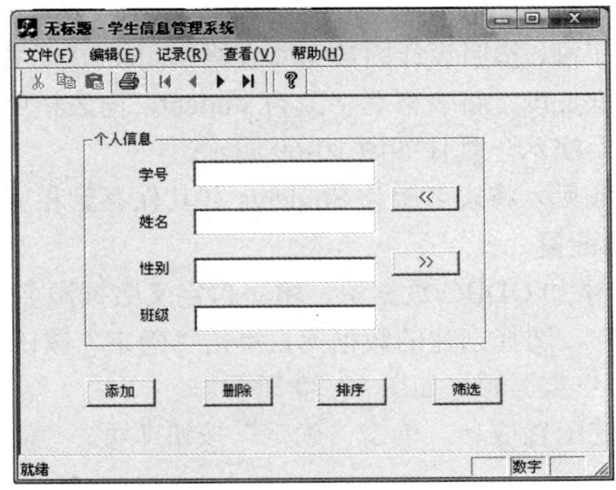

图 10-68　学生管理系统主界面

10.8 本章实践任务

10.8.1 任务需求说明

学生信息管理系统在管理学生过程中占有重要的地位，它主要对学生的基本信息（学号、班级、姓名、性别等）进行操作，对学校学生的变动和统计有着重要的管理作用。本实践任务结合学生信息管理流程需要，实现了以下功能：能够对学生有关资料信息进行添加、查询、修改、删除和筛选；能够为学校提供强大的查询功能，以便管理人员了解和掌握学生的具体情况；能够对数据库和登录记录进行清理；新增用户；修改学生信息等。

10.8.2 技能训练要点

要完成本实践案例的编写，需要读者掌握 MFC 开发应用程序及系统的方法；熟悉应用程序界面设计的方法；掌握对话框、按钮等常用控件的使用；掌握 MFC 编写 ODBC 数据库应用程序的方法和技巧。

10.8.3 任务实现

1．创建数据库及数据表

打开 Microsoft Office Access，新建一个数据库并创建一个如表 10-19 所示的“学生基本信息表”，学生基本信息表格用于存储学生的基本信息，其中字段包括学号、姓名、性别、班级。

表 10-19 学生基本信息数据库表

字段内容	字段名称	数据类型	长度	主键或外键	索引	备注
学号	学号	Number	默认	主键	有	自增
姓名	姓名	Text	50			
性别	性别	Text	50			
班级	班级	Text	50			

然后添加相应数据字段，按照设计的数据库表格 student 的数据格式，设置各个字段的数据类型、格式以及数据长度，将表格名字改为 student，向表格中插入一些用于测试的数据，方便调试和运行以及演示，具体如图 10-69 所示。

数据库表格创建完成后，将表名改为 Students 并其保存到相应的目录下。

2．数据库环境变量配置

按例题 10-2 的方法添加 ODBC 数据源，填写自定义数据源名为 student 和说明（可填写“学生信息管理系统”），选择创建的数据库，单击“确定”按钮就可以看到 ODBC 数据库管理器中的 student 用户数据源，如图 10-70 所示。

数据库环境变量搭建配置成功，单击“确定”按钮即可。

3．系统主窗体设计

主程序界面是应用程序与其他功能模块的连接平台，根据实际使用的需要，本系统仅仅实现对学生信息管理中的增加、删除、排序与查询操作，其中增加与查询操作需要新的对话框图形界面。在创建系统工程项目之前，要设置数据库连接的路径与文件。先启动 Visual C++。

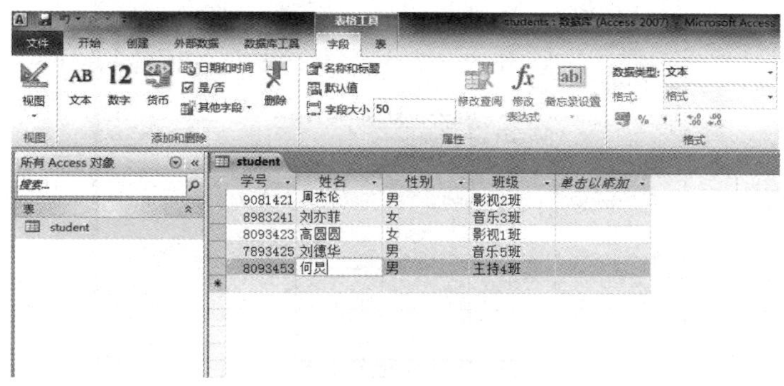

图 10-69　插入数据

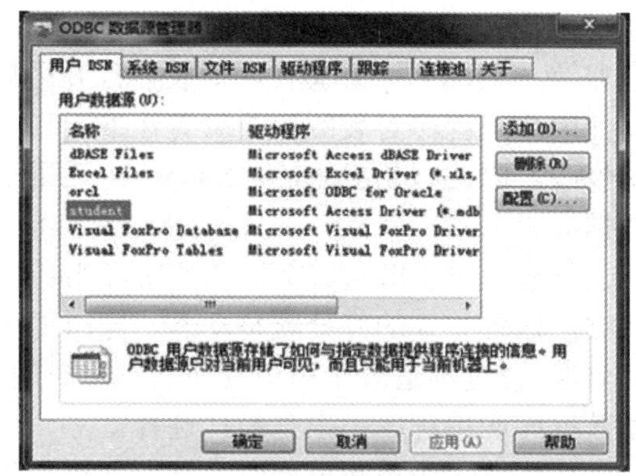

图 10-70　完成数据库设置

（1）单击菜单栏中的“文件”，选择“新建”命令，打开“新建”窗口，选择窗口上部的“工程”选项卡，选择选项卡下的 MFC AppWizard（EXE），填入工程名称，单击“确定”按钮，启动向导。第二步时会出现选择数据源，如图 10-71 所示。

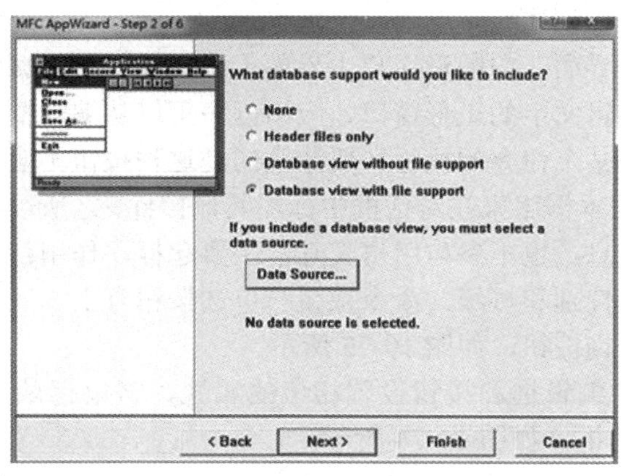

图 10-71　添加数据源

（2）单击 Data Source 进入数据源设置，选择数据库表格名称 student。Snapshot、Dynaset、Table 三个选项将在后面作详细介绍，如图 10-72 所示。

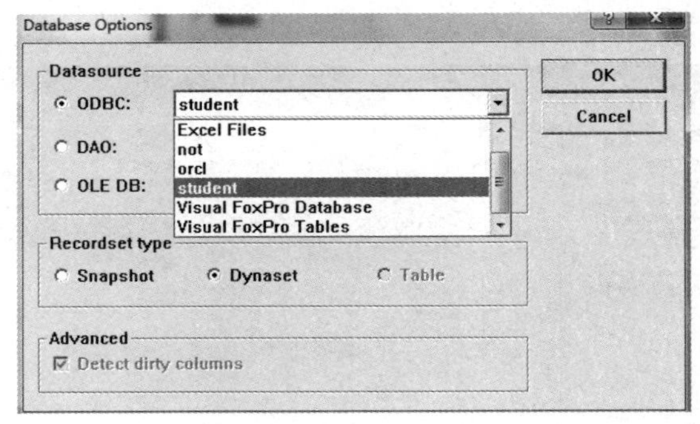

图 10-72 选择数据源

在 ODBC 下拉列表框里选择前面创建好的数据库 student。在 Recordset type 中有以下三个选项。

Snapshot（快照）：它是当前表的一个静态视图。表被打开之后，表中的所有数据马上被载入到应用程序中。其他用户或程序对表的修改只有在下次打开表时才会体现出来，看不到其他用户对表的即时修改，因此它是静态的。Snapshot 适用于用户查询信息（例如生成报表等）而不适用于数据编辑。

Dynaset（动态集）：这个选项创建指向每个记录的实际指针。只有屏幕需要显示记录时，才从数据库中提取数据。这种方式的好处就是动态、即时地浏览到当前记录，而其他用户也会即时看到记录的修改。该选项适合于用户要花费很多时间来编辑数据的应用程序，并且，如果正在编写大型数据库应用程序，也是最佳选择。

Table（表）：表方法仅适用 Dao 访问数据库时，把所做查询的内容放进一个临时表。这样做不但减少了从服务器下载的信息量，还意味着程序员有了更大的灵活性，因为可以直接操作临时表字段和记录。但缺点是看不到别人的修改。适用于用户执行同等数量的数据查询和数据编辑。

在图 10-72 中选择 Dynaset 选项，单击 OK 按钮完成数据库搭建。回到主界面之后，单击 Finish 按钮完成工程创建。

（3）进入图形设计界面，向图形用户主界面上添加编辑框，编辑框也叫文本框，是一个用户从键盘输入和编辑文字的矩形窗口，应用程序可以从编辑框中获得用户所输入的内容；命令按钮可以触发某个命令的执行（要注意的是这种按钮不会被锁定，单击后会自动弹起恢复原状）；静态文本框用来在对话框中标注其他控件，之所以称其为“静态”文本框，是因为它一般不发出消息，也不参与用户交互，主要起标注作用；本例的静态文本框和编辑框包括学号、姓名、性别和班级。命令按钮与单选按钮有上一条记录和下一条记录以及增加、删除、排序和查询按钮，如图 10-73 所示。

（4）对主界面上的编辑框和按钮设置相应的属性，将鼠标放在静态编辑框处，右击 Properties 打开属性对话框，如图 10-74 所示。

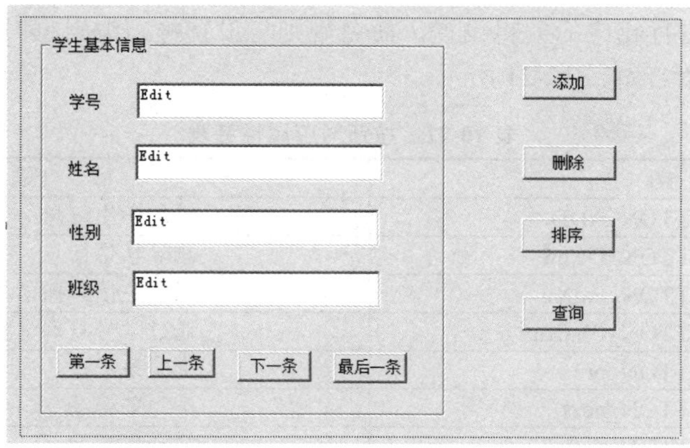

图 10-73　主界面

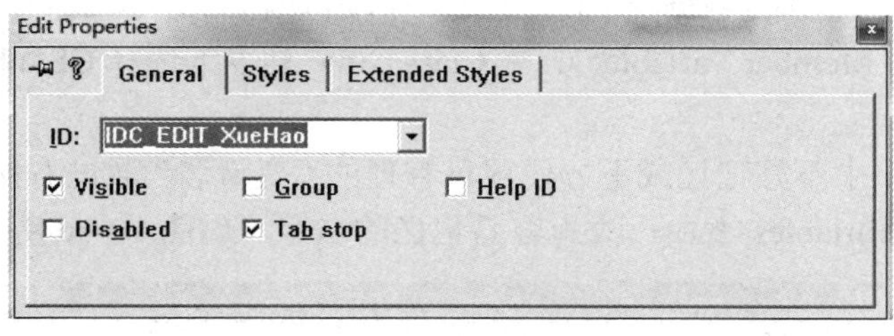

图 10-74　修改属性

（5）将 ID 修改为容易记忆的或者方便系统管理的名字，这样在之后建立类变量也可以用同样的命名方式，不易出错，而且易于调试和修改错误。四个静态编辑框命名如表 10-20 所示。

表 10-20　静态对话框对应属性名表

ID	标　　题
IDC_EDIT_XueHao	学号对应的编辑框
IDC_EDIT_XingMing	姓名对应的编辑框
IDC_EDIT_XingBie	性别对应的编辑框
IDC_EDIT_BanJi	专业班级对应的编辑框

（6）设置按钮属性时，ID 和 Caption 都要设置，其中 Caption 一般设置的是功能名字，可以任意设置，为了人性化和简单化，在此设置为中文，如添加、删除等，如图 10-75 所示。

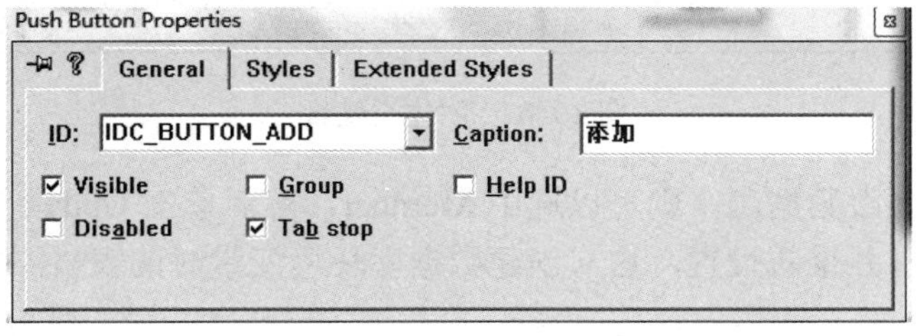

图 10-75　设置属性

（7）按钮也要进行相应的编辑设置，命名规则与设置静态编辑框时类似，最好能体现按钮实现的功能，命名如表 10-21 所示。

表 10-21　按钮对应属性名表

ID	标　题
IDC_BUTTON_ADD	添加学生信息
IDC_BUTTON_Delete	删除学生信息
IDC_BUTTON_PaiXu	对学生信息按学号排序
IDC_BUTTON_ChaXun	通过学号查询学生信息
IDC_BUTTON_pre	上一条记录
IDC_BUTTON_next	下一条记录
IDC_BUTTON_first	第一条记录
IDC_BUTTON_last	最后一条记录

（8）为每一个编辑框绑定数据源字段：选定一个编辑框，右击，建立类向导（ClassWizard），选择成员变量标签（Member Variables），在 Class name 列表下选择 CStudentSystem3Set（数据库的结果集）。

首先将 Member 中不好记忆或不方便项目管理的"变量名"通过右侧的 Delete Variable 删除，再单击 Add Variables 添加，改为容易记忆的名字，如图 10-76 所示。

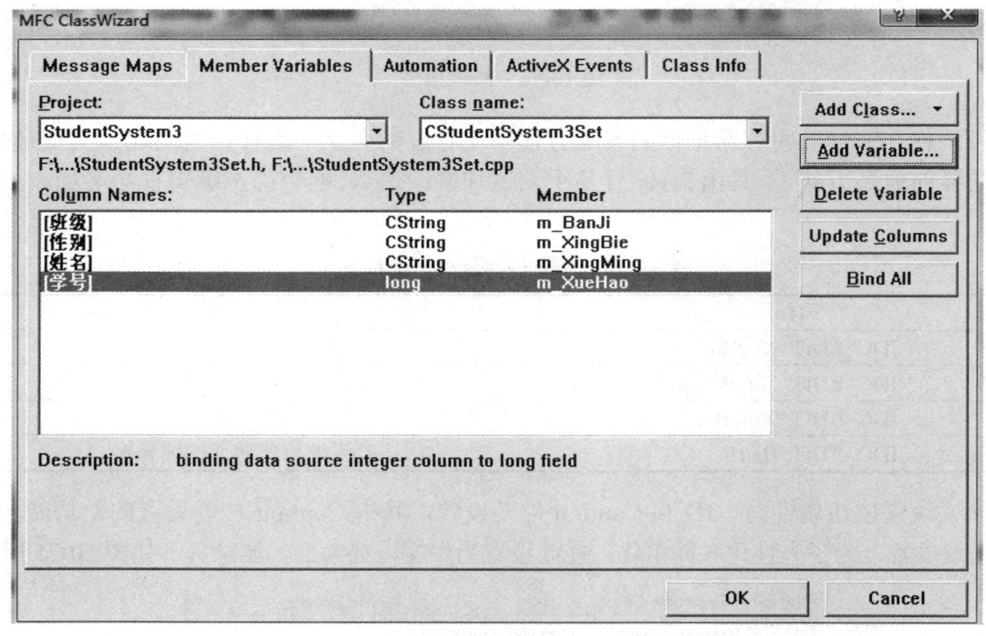

图 10-76　创建类变量

（9）如果需要更改数据源，则可以选中 Member，然后单击 Update Columns 按钮，弹出数据源设置对话框并重新设置，这与创建数据库环境变量时的表格添加是一样的。具体如图 10-77 所示。

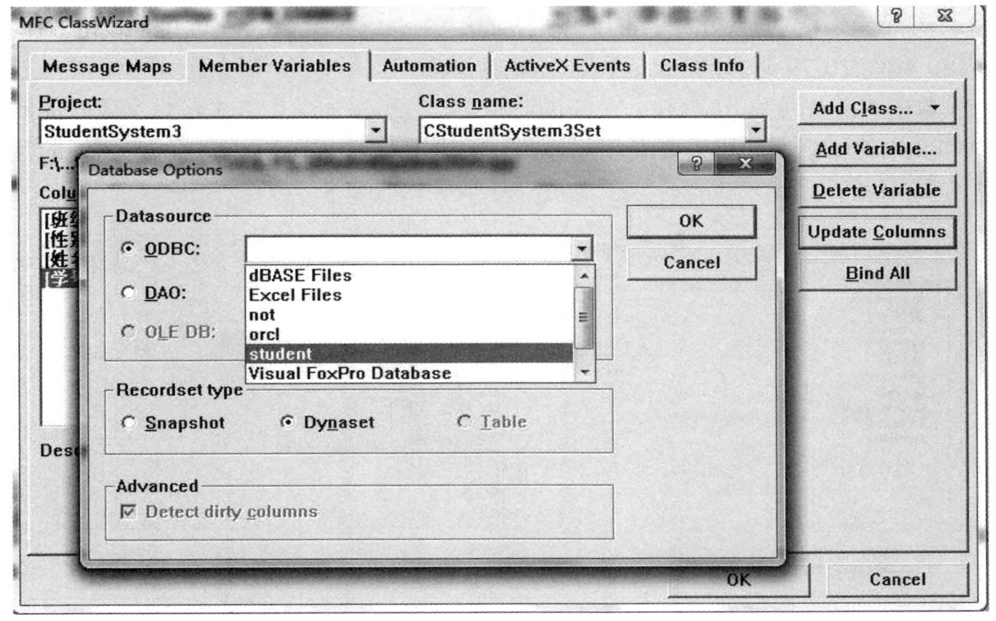

图 10-77　绑定变量

（10）将 Class name 切换到 CStudentSystem3View 添加成员变量，此时只需要在下拉列表里选择对应的字段数据源即可。完成操作后编辑运行，Access 数据库里面的数据已经可以在编辑框里显示了，如图 10-78 所示。

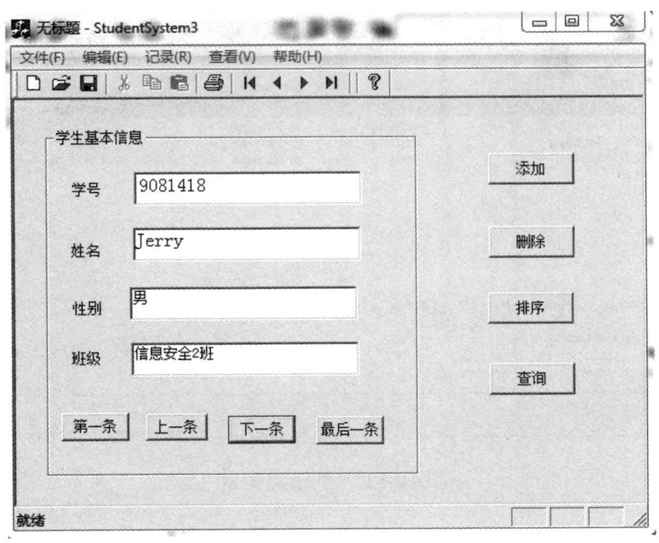

图 10-78　运行主界面

4．添加与查询学生信息窗体设计

当主界面单击添加按钮时，会弹出一个对话框，对话框中包括学生的学号、姓名、性别和班级等编辑框信息，当然也包括确定与取消控制按钮。

（1）添加学生信息对话框的方法：Microsoft Visual C++6.0 主菜单，单击 Insert，选择 Resource，如图 10-79 所示的 Insert Resource 界面。

（2）单击 New 按钮即可创建一个新的对话框，然后添加学生基本信息字段对应的静态文本框和文本编辑框，如果需要细化具体的功能设置，可以单击加号选择所需要的对话框类型，如图 10-80 所示。

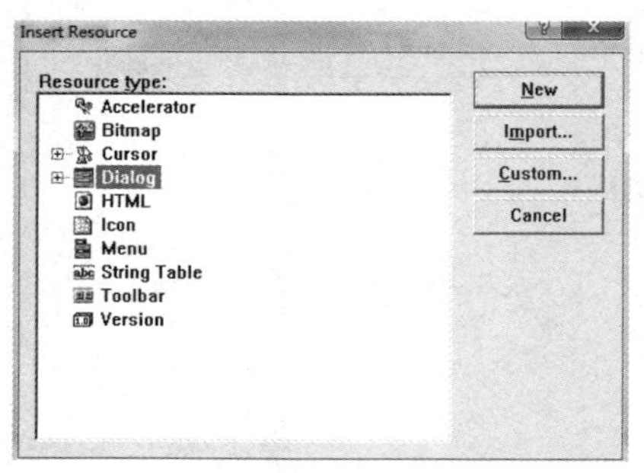

图 10-79　新建对话框

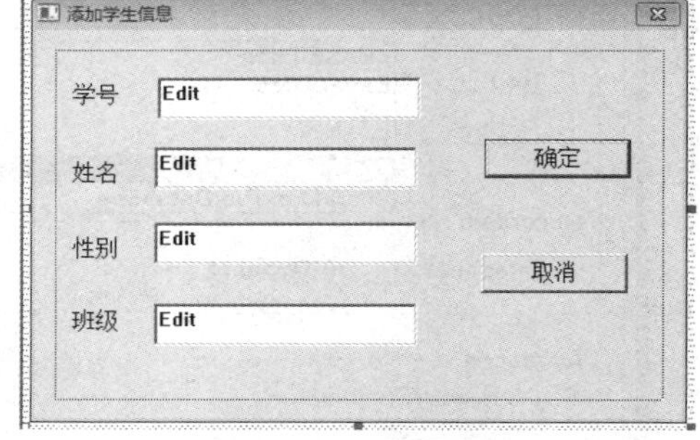

图 10-80　“添加学生信息“界面

（3）建立类向导，同样右击编辑框，选择“建立类向导”进入设置页面，按对应的数据，绑定好刚才设置好的数据变量。此处不需要添加类变量，在下拉列表里选择就可以，如图 10-81 所示。

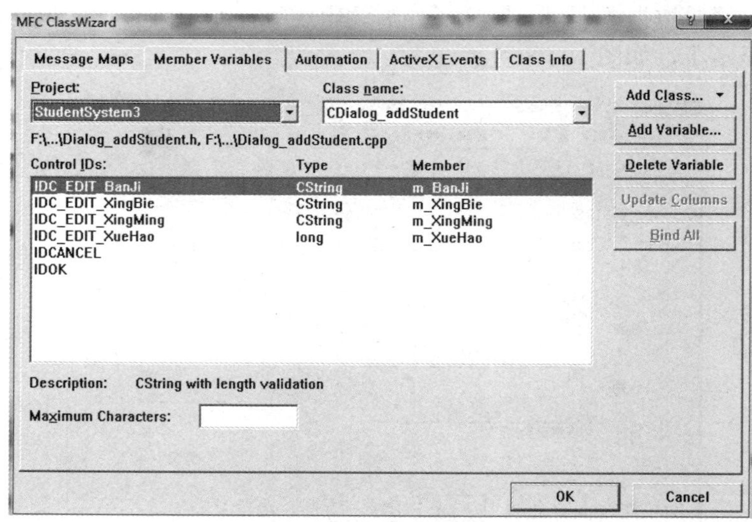

图 10-81　添加类变量

（4）双击添加学生信息对话框的“确定”按钮，添加如下代码：

```
void CDialog_addStudent::OnOK()
{
    UpdateData();
    if (m_XueHao==0||m_XingMing==""||m_XingBie==""||m_BanJi=="")
    {
```

```
        MessageBox("请输入完成的数据！");
        return;
    }
    CDialog::OnOK();
}
```

（5）用同样的方式添加查询学生信息窗体，根据学生学号来查询学生信息。学号的数据类型是 long 类型，因此只能是数据类型数据，而且不能超过 long 所承受的最大值。具体如图 10-82 所示。

图 10-82　查询学生信息窗体

5. 创建消息映射

（1）双击"主界面"上的"添加"按钮，添加如下代码：

```
void CStudentSystem3View::OnButtonAdd ()
{
    CDialog_addStudent DialogAdd;
    if (DialogAdd.DoModal () ==IDOK)
    {
        m_pSet->AddNew ();
        m_pSet->m_XueHao=DialogAdd.m_XueHao;
        m_pSet->m_XingMing=DialogAdd.m_XingMing;
        m_pSet->m_XingBie=DialogAdd.m_XingBie;
        m_pSet->m_BanJi=DialogAdd.m_BanJi;
```

```
        m_pSet->Update();                //更新记录集
        m_pSet->Requery();               //重新提取数据
        m_pSet->MoveLast();              //移动下一条记录
        UpdateData(FALSE);               //更新视图
    }
}
```

（2）此时需要在 CStudentSystem3View.cpp 中添加头文件#include "Dialog_addStudent.h"，这样程序才能正常运行，否则编译时会出现一个错误，如图 10-83 所示。

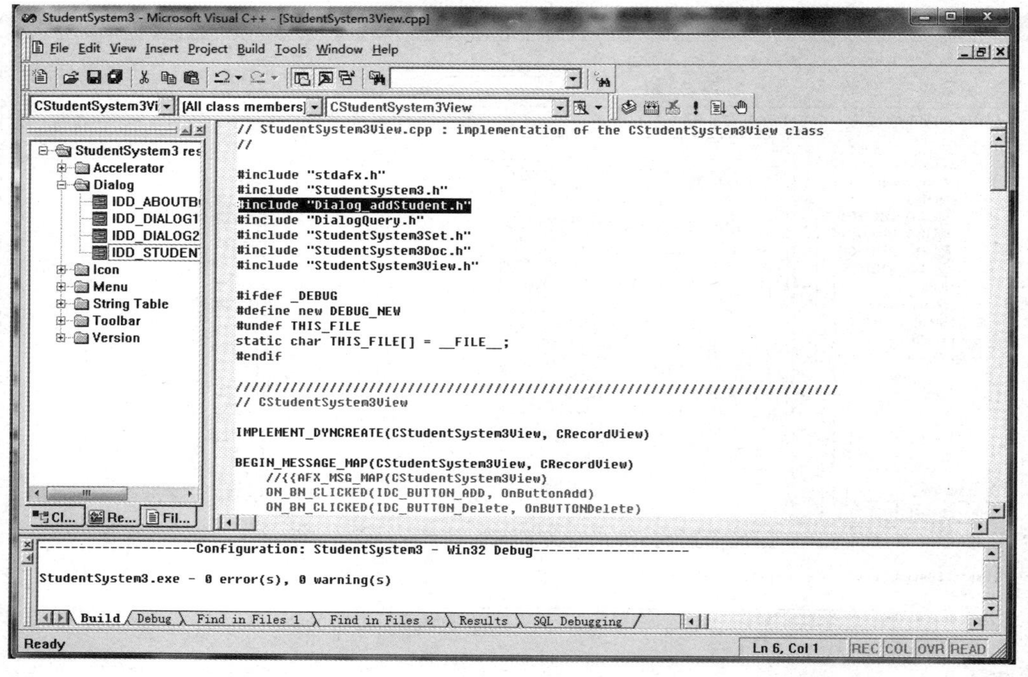

图 10-83　添加头文件

（3）双击“删除”按钮，删除可能不会显示的像添加那么明显，但是可以通过刷新数据库来看到结果。添加如下代码：

```
void CStudentSystem3View::OnBUTTONDelete ()
{
    bool b=0;
    if(IDYES==AfxMessageBox("确认删除？", MB_YESNO|MB_ICONQUESTION))
    {
        m_pSet->Delete ();
        b=1;
        MessageBox("删除成功！");
        m_pSet->MoveNext ();
        UpdateData (false);
    }
}
```

（4）双击界面上的“排序”按钮，添加如下代码：

```
void CStudentSystem3View::OnBUTTONPaiXu ()
{
    m_pSet->m_strSort="学号";          //按学号查找
    m_pSet->Requery ();
    UpdateData (FALSE);
}
```

（5）双击向前查询按钮“上一条”，添加如下代码：

```
void CStudentSystem3View::OnBUTTONpre ()
{
    UpdateData (FALSE);
    if (! m_pSet->IsBOF ())
    {
        m_pSet->MovePrev ();
    } else {
        MessageBox("已经是第一条记录!");
    }
    UpdateData (FALSE);
}
```

（6）双击“第一条”按钮，添加如下代码：

```
void CStudentSystem3View::OnBUTTONfirst ()
{
    UpdateData (FALSE);
    m_pSet->MoveFirst ();
    UpdateData (FALSE);
}
```

（7）双击“最后一条”按钮，添加如下代码：

```
void CStudentSystem3View::OnBUTTONlast ()
{
    UpdateData (FALSE);
    m_pSet->MoveLast ();
    UpdateData (FALSE);
}
```

（8）双击向后查询按钮“下一条”，添加如下代码：

```
void CStudentSystem3View::OnBUTTONnext ()
{
    UpdateData (FALSE);
    if (! m_pSet->IsEOF ())
    {
        m_pSet->MoveNext ();
```

```
    } else {
        MessageBox("已经是最后一条记录!");
    }
    UpdateData (FALSE);
}
```

（9）双击“主界面”上的“查询”按钮，添加如下代码：

```
void CStudentSystem3View::OnBUTTONShaiXuan ()
{
DialogQuery Dialogquery;
    CString value;
    if (Dialogquery.DoModal () ==IDOK)
    {
        if (Dialogquery.m_ChaXun.IsEmpty ())
        {
            MessageBox("请输入学号!");
            return;
        }
        if (m_pSet->IsOpen ())
            m_pSet->Close ();
        value="学号="+Dialogquery.m_ChaXun +"";
        m_pSet->m_strFilter =value;
        m_pSet->Open ();
        if (! m_pSet->IsEOF ())
        {
            UpdateData(FALSE);
        } else {
            MessageBox("没有找到相关学生信息!");
        }
    }
}
```

因为查询界面有一个新的对话框，也即一个新的类被创建，而且查询需要数据库里面有的数据，不然系统会报错，查询会失败，因此需要在代码文件头包含头文件#include "DialogQuery.h"。

6．系统演示

（1）编译、运行。界面将自动连接数据库，学生个人信息将显示在主界面上。可以通过“上一条”“下一条”“第一条”和“最后一条”按钮上下查看其他学生信息，如图 10-84 所示。

（2）将数据库打开，可以看到界面上的数据与数据库里面对应的数据是一致的。数据库创建时，学号字段设置为自增，因此数据是有序的，如图 10-85 所示。

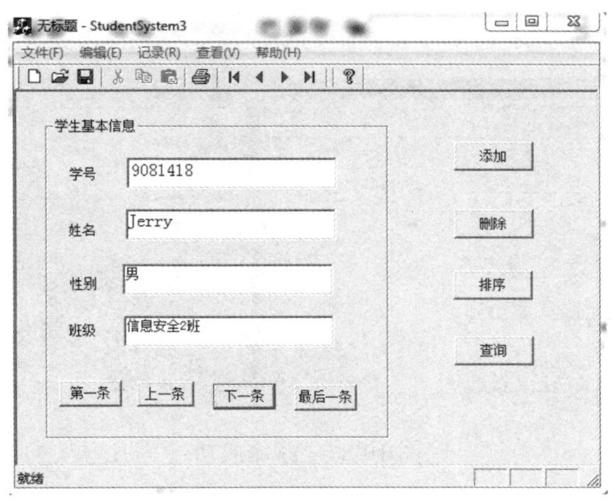

图 10-84 系统启动，运行主界面

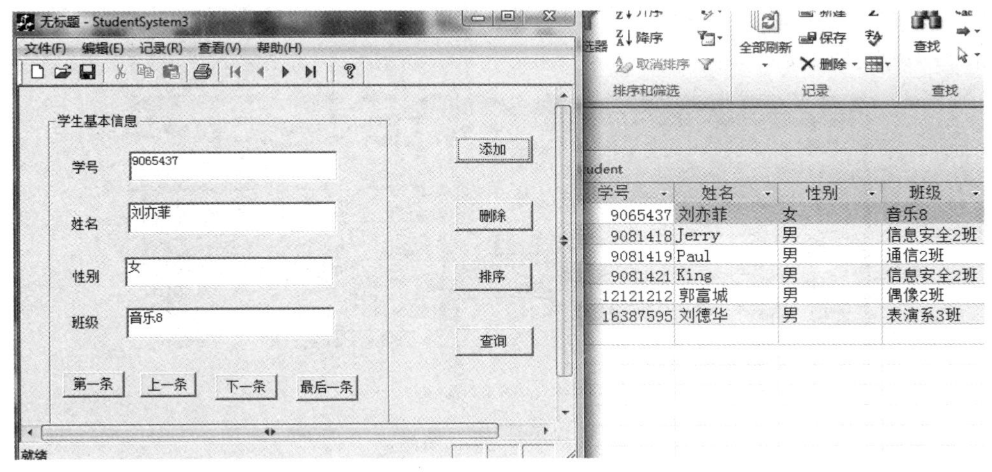

图 10-85 添加学生信息

（3）单击界面上的“添加”按钮，将弹出添加学生信息的图形界面，如图 10-86 所示。

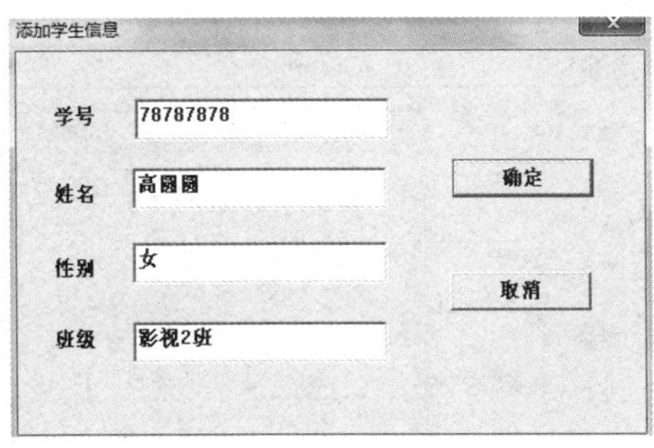

图 10-86 添加信息

（4）输入相对应的数据（注意：学号是数字类型），如果没有输入所有信息，系统将提示将信息输入完整，单击“确定”按钮，然后刷新数据库，可以看到数据库中显示“高圆圆”的个人信息，具体如图 10-87 所示。

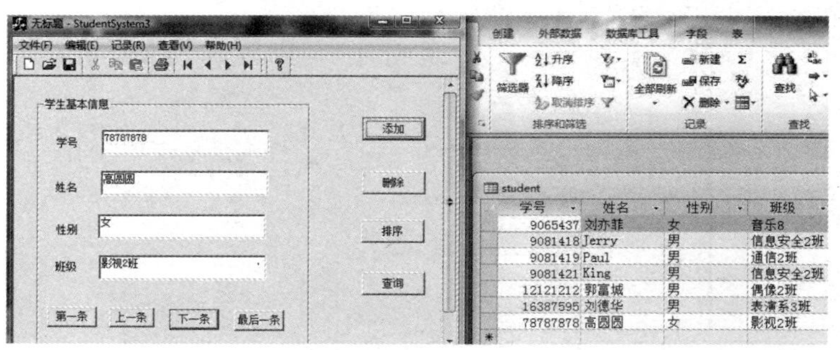

图 10-87　添加成功

（5）删除操作（如删除“高圆圆”的信息），通过“上一条”或“下一条”查找到“高圆圆”的信息，单击“删除”，弹出确认提示框，单击“确定”，则删除成功，单击“取消”则返回主界面。然后刷新数据库，可以看到，数据库中相应信息不存在了，则删除成功。具体如图 10-88 所示。

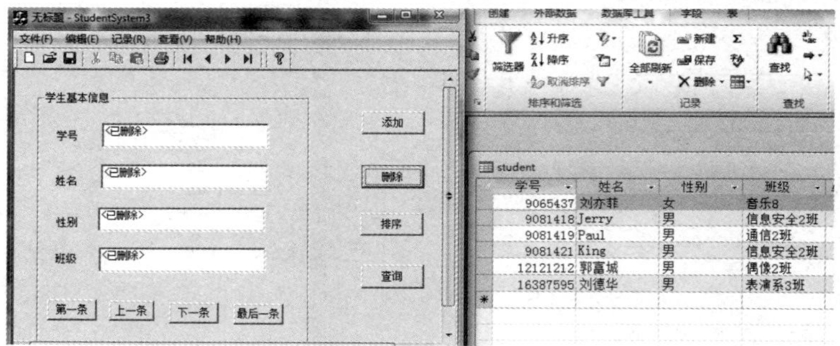

图 10-88　查看结果

（6）查询功能，单击“查询”按钮，弹出查询对话框，提示输入学号，学号的数据类型是 long 类型，因此如果在“学号”前面加上“0”是不能显示的，如图 10-89 所示。

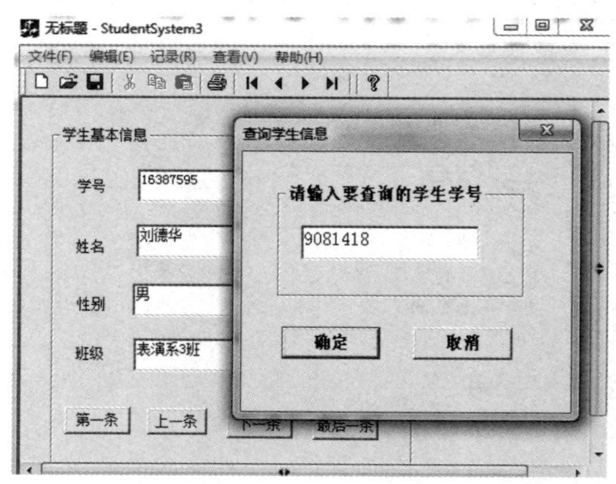

图 10-89　输入要查询学号

（7）输入要查询的学生学号后，单击“确定”按钮，返回主界面，就可以看到对应学号下的学生信息。选择“取消”，将不做任何操作并返回主界面。如果数据库中不存在对应学号学生信息，则系统会提示“没有找到需要的学生相关信息！”，如图 10-90 所示。

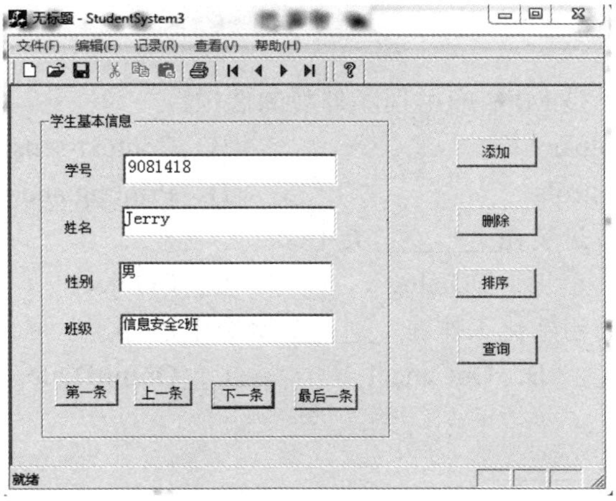

图 10-90　查询结果

由于创建数据库时学号的数据类型设置为 long 类型，因此对话框中不要输入非数字的字符，这样系统将会出现错误。本系统的界面设计和逻辑操作还可以进一步改进和优化，读者可以按照个人界面设计喜好和编程习惯自行修改。

本章小结

本章主要讲解了 MFC 程序设计的基础知识，阐述了 MFC 应用程序的基本框架，分析了 MFC 类库的层次结构，使用 MFC 向导创建 MFC 应用程序框架，重点介绍了如何用工具和控件设计程序界面并建立应用程序的消息处理机制。本章还讲解了 Access 数据库的使用，并进一步阐述了 MFC ODBC 操作数据库的过程，将控制台下的学生信息管理系统转化为利用 MFC 和 Access 数据库开发和实现，进一步提高了系统实现的交互性和可使用性。

课后练习

一、选择题

1．对 MFC 类的下列描述中，________是错误的。

A．应用程序类 CWinApp 是 CWinThread 的子类

B．窗口类 CWnd 提供了 MFC 中所有窗口类的基本功能

C．CView 是 CWnd 类的子类

D．CDocTemplate 类是 Template 类的子类

2．Windows 应用程序是按照________顺序的机制运行的。

A．事件→消息→处理

B．消息→事件→处理

C．事件→处理→消息

D．以上都不对

3．下面________不是 MFC 应用程序外观的选项。

A．Docking toolbar　　B．Context-sensitive Help

C．ActiveX Controls　　D．Printing and print preview

4．对话框的功能被封装在________类中。

A．CWnd　　B．CDialog　　C．CObject　　D．CCmdTarget

5．通常将对话框的初始化工作在________函数中进行。

A．OnOK　　B．OnCancel　　C．OnInitDialog　　D．DoModal

二、填空题

1．MFC 的全称是________。

2．利用 MFC AppWizard[exe]可以创建三种类型的应用程序，即________。

3．MFC 采用________来处理消息。

4．对话框的主要功能是________和________。

5．Windows 系统提供的标准控件主要包括________、________、________、________、________、________和________等。

6．MFC 的 ODBC 类主要包括 5 个类，分别是________、________、________、________、________，其中________类是用户实际使用过程中最关心的。

7. 可以利用 CRecordset 类的成员函数________添加一条新记录；可以利用 CRecordset 类的成员函数________将记录指针移动到第一条记录上；可以利用 CRecordset 类的成员函数________完成保存记录的功能。

三、简答题

1．简述 MFC 应用程序的执行过程。

2．简述 MFC 消息映射机制。

3．如何向对话框模板资源添加控件？如何添加与控件关联的成员变量？

4．应用程序中访问控件的方法有哪些？

5．什么是 ODBC？它有何特点？

6．简述用 MFC ODBC 进行数据库编程的基本步骤。

四、编程题

利用 MFC 和 ODBC 编程实现一个基于界面的学生信息管理系统。

附录 A

ASCII 表

ASCII 码表是为保证人和设备、设备和计算机之间能进行正确的信息交换而编制的统一信息交换代码，它的全称是“美国信息交换标准代码”。

<table>
<tr><th>控制字符</th><th>ASCII 值</th><th>控制字符</th><th>ASCII 值</th><th>控制字符</th><th>ASCII 值</th><th>控制字符</th><th>ASCII 值</th></tr>
<tr><td>NUL</td><td>0</td><td>(space)</td><td>32</td><td>@</td><td>64</td><td>、</td><td>96</td></tr>
<tr><td>SOH</td><td>1</td><td>!</td><td>33</td><td>A</td><td>65</td><td>a</td><td>97</td></tr>
<tr><td>STX</td><td>2</td><td>”</td><td>34</td><td>B</td><td>66</td><td>b</td><td>98</td></tr>
<tr><td>ETX</td><td>3</td><td>#</td><td>35</td><td>C</td><td>67</td><td>c</td><td>99</td></tr>
<tr><td>EOT</td><td>4</td><td>$</td><td>36</td><td>D</td><td>68</td><td>d</td><td>100</td></tr>
<tr><td>ENQ</td><td>5</td><td>%</td><td>37</td><td>E</td><td>69</td><td>e</td><td>101</td></tr>
<tr><td>ACK</td><td>6</td><td>&</td><td>38</td><td>F</td><td>70</td><td>f</td><td>102</td></tr>
<tr><td>BEL</td><td>7</td><td>,</td><td>39</td><td>G</td><td>71</td><td>g</td><td>103</td></tr>
<tr><td>BS</td><td>8</td><td>(</td><td>40</td><td>H</td><td>72</td><td>h</td><td>104</td></tr>
<tr><td>HT</td><td>9</td><td>)</td><td>41</td><td>I</td><td>73</td><td>i</td><td>105</td></tr>
<tr><td>LF</td><td>10</td><td>*</td><td>42</td><td>J</td><td>74</td><td>j</td><td>106</td></tr>
<tr><td>VT</td><td>11</td><td>+</td><td>43</td><td>K</td><td>75</td><td>k</td><td>107</td></tr>
<tr><td>FF</td><td>12</td><td>,</td><td>44</td><td>L</td><td>76</td><td>l</td><td>108</td></tr>
<tr><td>CR</td><td>13</td><td>-</td><td>45</td><td>M</td><td>77</td><td>m</td><td>109</td></tr>
<tr><td>SO</td><td>14</td><td>.</td><td>46</td><td>N</td><td>78</td><td>n</td><td>110</td></tr>
<tr><td>SI</td><td>15</td><td>/</td><td>47</td><td>O</td><td>79</td><td>o</td><td>111</td></tr>
<tr><td>DLE</td><td>16</td><td>0</td><td>48</td><td>P</td><td>80</td><td>p</td><td>112</td></tr>
<tr><td>DCI</td><td>17</td><td>1</td><td>49</td><td>Q</td><td>81</td><td>q</td><td>113</td></tr>
<tr><td>DC2</td><td>18</td><td>2</td><td>50</td><td>R</td><td>82</td><td>r</td><td>114</td></tr>
<tr><td>DC3</td><td>19</td><td>3</td><td>51</td><td>X</td><td>83</td><td>s</td><td>115</td></tr>
<tr><td>DC4</td><td>20</td><td>4</td><td>52</td><td>T</td><td>84</td><td>t</td><td>116</td></tr>
<tr><td>NAK</td><td>21</td><td>5</td><td>53</td><td>U</td><td>85</td><td>u</td><td>117</td></tr>
<tr><td>SYN</td><td>22</td><td>6</td><td>54</td><td>V</td><td>86</td><td>v</td><td>118</td></tr>
<tr><td>TB</td><td>23</td><td>7</td><td>55</td><td>W</td><td>87</td><td>w</td><td>119</td></tr>
<tr><td>CAN</td><td>24</td><td>8</td><td>56</td><td>X</td><td>88</td><td>x</td><td>120</td></tr>
<tr><td>EM</td><td>25</td><td>9</td><td>57</td><td>Y</td><td>89</td><td>y</td><td>121</td></tr>
<tr><td>SUB</td><td>26</td><td>:</td><td>58</td><td>Z</td><td>90</td><td>z</td><td>122</td></tr>
<tr><td>ESC</td><td>27</td><td>;</td><td>59</td><td>[</td><td>91</td><td>{</td><td>123</td></tr>
<tr><td>FS</td><td>28</td><td><</td><td>60</td><td>/</td><td>92</td><td>|</td><td>124</td></tr>
<tr><td>GS</td><td>29</td><td>=</td><td>61</td><td>]</td><td>93</td><td>}</td><td>125</td></tr>
<tr><td>RS</td><td>30</td><td>></td><td>62</td><td>^</td><td>94</td><td>～</td><td>126</td></tr>
<tr><td>US</td><td>31</td><td>?</td><td>63</td><td>—</td><td>95</td><td>DEL</td><td>127</td></tr>
</table>

附录 B

运算符优先级与结合性表

<table>
<tr><th>优先级</th><th>运　算　符</th><th>功能及说明</th><th>结　合　性</th><th>目　　数</th></tr>
<tr><td rowspan="5">1</td><td>()</td><td>改变运算优先级</td><td rowspan="5">左结合</td><td rowspan="5">双目</td></tr>
<tr><td>::</td><td>作用域运算符</td></tr>
<tr><td>[]</td><td>数组下标</td></tr>
<tr><td>.　-></td><td>访问成员运算符</td></tr>
<tr><td>.*　->*</td><td>成员指针运算符</td></tr>
<tr><td rowspan="9">2</td><td>!</td><td>逻辑非</td><td rowspan="9">右结合</td><td rowspan="9">单目</td></tr>
<tr><td>~</td><td>按位取反</td></tr>
<tr><td>++　--</td><td>自增、自减运算符</td></tr>
<tr><td>*</td><td>间接访问运算符</td></tr>
<tr><td>&</td><td>取地址</td></tr>
<tr><td>+　-</td><td>正、负号</td></tr>
<tr><td>(type)</td><td>强制类型转换</td></tr>
<tr><td>sizeof</td><td>测试类型长度</td></tr>
<tr><td>new　delete</td><td>动态分配或释放内存</td></tr>
<tr><td>3</td><td>*　/　%</td><td>乘、除、取余</td><td>左结合</td><td>双目</td></tr>
<tr><td>4</td><td>+（双目加）　-（双目减）</td><td>加、减</td><td>左结合</td><td>双目</td></tr>
<tr><td>5</td><td><<　>></td><td>左移位、右移位</td><td>左结合</td><td>双目</td></tr>
<tr><td>6</td><td><　<=　>　>=</td><td>小于、小于等于、大于、大于等于</td><td>左结合</td><td>双目</td></tr>
<tr><td>7</td><td>==　!=</td><td>等于、不等于</td><td>左结合</td><td>双目</td></tr>
<tr><td>8</td><td>&</td><td>按位与</td><td>左结合</td><td>双目</td></tr>
<tr><td>9</td><td>^</td><td>按位异或</td><td>左结合</td><td>双目</td></tr>
<tr><td>10</td><td>|</td><td>按位或</td><td>左结合</td><td>双目</td></tr>
<tr><td>11</td><td>&&</td><td>逻辑与</td><td>左结合</td><td>双目</td></tr>
<tr><td>12</td><td>||</td><td>逻辑或</td><td>左结合</td><td>双目</td></tr>
<tr><td>13</td><td>?:</td><td>条件运算符</td><td>右结合</td><td>三目</td></tr>
<tr><td>14</td><td>=　+=　-=　*=　/=　%=
<<=　>>=　&=　^=　|=</td><td>赋值运算符</td><td>右结合</td><td>双目</td></tr>
<tr><td>15</td><td>,</td><td>逗号运算符</td><td>左结合</td><td>双目</td></tr>
</table>

附录 C

常用典型类库函数

1. 常用数学函数，需包含头文件#include <math>或者#include <math.h>

函数原型	功　　能	返　回　值
int abs(int x)	求整数 x 的绝对值	绝对值
double acos(double x)	计算 arcos(x)的值	计算结果
double asin(double x)	计算 arsin(x)的值	计算结果
double atan(double x)	计算 arctan(x)的值	计算结果
double cos(double x)	计算 cos(x)的值	计算结果
double cosh(double x)	计算 x 的双曲余弦 cosh(x)的值	计算结果
double exp(double x)	求 e^x 的值	计算结果
double fabs(double x)	求实数 x 的绝对值	绝对值
double fmod(double x)	求 x/y 的余数	余数的双精度数
long labs(long x)	求长整型数的绝对值	绝对值
double log(double x)	计算 ln(x)的值	计算结果
double log10(double x)	计算 $\log_{10}(x)$ 的值	计算结果
double modf(double x, double *y)	取 x 的整数部分送到 y 所指向的单元格中	x 的小数部分
double pow(double x, double y)	求 x^y 的值	计算结果
double sin(double x)	计算 sin(x)的值	计算结果
double sqrt(double x)	求 $\sqrt{x}$ 的值	计算结果
double tan(double x)	计算 tan(x)的值	计算结果
fcvt	将浮点型数转化为字符串	

2. 常用字符串处理函数，需包含头文件#include <string>或者#include <string.h>

函 数 原 型	功　　能	返　回　值
void *memcpy(void *p1, const void *p2 size_t n)	存储器复制，将 p2 所指向的共 n 个字节复制到 p1 所指向的存储区中	目的存储区的起始地址（实现任意数据类型之间的复制）
void *memset(void *p int v, size_t n)	将 v 的值作为 p 所指向的区域的值，n 是 p 所指向区域的大小	该区域的起始地址
char *strcpy(char *p1, const char *p2)	将 p2 所指向的字符串复制到 p1 所指向的存储区中	目的存储区的起始地址
char *strcat(char *p1, const char *p2)	将 p2 所指向的字符串连接到 p1 所指向的字符串后面	目的存储区的起始地址

续表

函数原型	功能	返回值
int strcmp(const char *p1, const char *p2)	比较 p1、p2 所指向的两个字符串的大小	两个字符串相同，返回 0；若 p1 所指向的字符串小于 p2 所指的字符串，返回负值；否则，返回正值
int strlen(const char *p)	求 p 所指向的字符串的长度	字符串所包含的字符个数（不包括字符串结束标志'\n'）
char *strncpy(char *p1, const char *p2, size_t n)	将 p2 所指向的字符串（至多 *n* 个字符）复制到 p1 所指向的存储区中	目的存储区的起始地址（与 strcpy()类似）
char *strncat(char *p1, const char *p2, size_t n)	将 p2 所指向的字符串（至多 *n* 个字符）连接到 p1 所指向的字符串的后面	目的存储区的起始地址（与 strcpy()类似）
char *strncmp(const char *p1, const char *p2, size_t n)	比较 p1、p2 所指向的两个字符串的大小，至多比较 *n* 个字符	两个字符串相同，返回 0；若 p1 所指向的字符串小于 p2 所指的字符串，返回负值；否则，返回正值（与 strcpy()类似）
char *strstr(const char *p1, const char *p2)	判断 p2 所指向的字符串是否是 p1 所指向的字符串的子串	若是子串，返回开始位置的地址；否则返回 0

3．实现键盘和文件输入输出的成员函数，需包含头文件#include <iostream>或者#include <iostream.h>

函数原型	功能	返回值
cin >> v	输入值送给变量	
cout << exp	输出表达式 exp 的值	
istream & istream::get(char &c)	输入字符送给变量 *c*	
istream & istream::get(char *, int , char = '\n')	输入一行字符串	
istream & istream::getline(char *, int , char = '\n')	输入一行字符串	
void ifstream::open(const char*,int=ios::in, int = filebuf::openprot)	打开输入文件	
void ofstream::open(const char*,int=ios::out, int = filebuf::openprot)	打开输出文件	
void fsream::open(const char*,int , int = filebuf::openprot)	打开输入输出文件	
ifstream::ifstream(const char*,int = ios::in, int = filebuf::openprot)	构造函数打开输入文件	
ofstream::ofstream(const char*,int=ios::out, int = filebuf::openprot)	构造函数打开输出函数	
fstream::fstream(const char*, int, int = filebuf::openprot)	构造函数打开输入输出文件	
void istream::close()	关闭输入文件	
void ofsream::close()	关闭输出文件	
void fsream::close()	关闭输入输出文件	
istream & istream::read(char*, int)	从文件中读取数据	
ostream & istream::write(const char*,int)	将数据写入文件中	

续表

函数原型	功　能	返回值
int ios::eof()	判断是否到达打开文件的尾部	1 为到达，2 为没有
istream & istream::seekg(streampos)	移动输入文件的指针	
istream & istream::seekg(streamoff,ios::seek_dir)	移动输入文件的指针	
streampos istream::tellg()	取输入文件的指针	
ostream & ostream::seekp(streampos)	移动输出文件的指针	
ostream & ostream::seekp(streamoff,ios::seek_dir)	移动输出文件的指针	
streampos ostream::tellp()	取输出文件的指针	

4．其他常用函数，头文件#include <stdlib>或者#include <stdlib.h>

函数原型	功　能	返回值	说　明
void abort(void)	终止程序执行		不能结束工作
void exit(int)	终止程序执行		做结束工作
double atof(const char *s)	将 s 所指向的字符串转换成实数	实数值	
int atoi(const char *s)	将 s 所指向的字符串转换成整数	整数值	
long atol(const char *s)	将 s 所指向的字符串转换成长整数	长整数值	
int rand(void)	产生一个随机整数	随机整数	
void srand(unsigned int)	初始化随机数产生器		
int system(const char *s)	将 s 所指向的字符串作为一个可执行文件，并加以执行		
max(a, b)	求两个数中的大数	大数	参数为任意类型
min(a,b)	求两个数中的小数	小数	参数为任意类型

参考文献

[1] 谭浩强. C++程序设计[M]. 北京：清华大学出版社，2004.

[2] 朱金付. C++程序设计解析[M]. 北京：清华大学出版社，2007.

[3] 张岳新. Visual C++程序设计[M]. 苏州：苏州大学出版社，2002.